工程招投标与合同管理

微课版

（第三版）

主　编　徐田柏　付　红

副主编　宋晓刚

大连理工大学出版社

图书在版编目(CIP)数据

工程招投标与合同管理 / 徐田柏，付红主编. -- 3版. -- 大连 ：大连理工大学出版社，2022.1(2024.6 重印)
ISBN 978-7-5685-3717-9

Ⅰ. ①工… Ⅱ. ①徐… ②付… Ⅲ. ①建筑工程－招标－教材②建筑工程－投标－教材③建筑工程－经济合同－管理－教材 Ⅳ. ①TU723

中国版本图书馆 CIP 数据核字(2022)第 021771 号

大连理工大学出版社出版

地址:大连市软件园路 80 号　邮政编码:116023
发行:0411-84708842　邮购:0411-84708943　传真:0411-84701466
E-mail:dutp@dutp.cn　URL:http://dutp.dlut.edu.cn

大连天骄彩色印刷有限公司印刷　　大连理工大学出版社发行

幅面尺寸:185mm×260mm　印张:15.25　字数:390 千字
2010 年 6 月第 1 版　　2022 年 1 月第 3 版
2024 年 6 月第 5 次印刷

责任编辑:康云霞　　责任校对:吴媛媛
封面设计:张　莹

ISBN 978-7-5685-3717-9　　定　价:49.80 元

本书如有印装质量问题,请与我社发行部联系更换。

前　言

《工程招投标与合同管理》(第四版)是"十四五"职业教育国家规划教材,及"十三五"职业教育国家规划教材。

为充分发挥市场在资源配置中的决定性作用,激发市场活力和社会创造力,国务院、发改委和住建部自2017年以来对工程建设相关法律、法规进行了大量的修订,招投标的实际工作也发生了很大的变化,为了更好地适应目前我国招投标市场的变化,编者在第二版的基础上对本教材进行了如下修订:

一、根据《中华人民共和国民法典》《建设工程施工合同(示范文本)》(GF－2017－0201)等对预备知识和合同管理内容进行了修订。

二、根据《中华人民共和国建筑法》(2019修正)、《中华人民共和国招标投标法实施条例》(2019年修订)、《中华人民共和国城乡规划法》(2019修正)等对招投标程序及内容进行了修订。

三、根据《关于深化公共资源交易平台整合共享的指导意见》(国办函〔2019〕41号)、《公共资源交易平台服务标准(试行)》(发改办法规〔2019〕509号)等有关规定,增加了公共资源交易平台、电子招标和电子投标内容。

四、根据《房屋建筑和市政基础设施项目工程总承包管理办法》(建市规〔2019〕12号))、《政府和社会资本合作(PPP)综合信息平台信息公开管理办法》(财金〔2021〕110号)等增加了EPC和PPP招标两部分内容。

五、本教材紧密结合党的二十大报告精神，通过一系列行业相关案例，让学生在掌握知识、实践技能的过程中，潜移默化地践行社会主义核心价值观。

本书由河北经贸大学徐田柏和付红担任主编，河北经贸大学宋晓刚担任副主编。具体编写分工为：学习情境一、学习情境三由徐田柏编写；学习情境二、学习情境四、学习情境五项目一～项目四及全书的实训项目由付红编写；学习情境五项目五由宋晓刚编写。全书由徐田柏统稿。

在编写本书的过程中，编者参考、引用和改编了国内外出版物中的相关资料以及网络资源，在此对相关作者表示深深的感谢！相关著作权人看到本教材后，请与我社联系，我社将按照相关法律的规定支付稿酬。

由于时间仓促，书中仍可能存在不足，恳请读者批评指正。

编　者

所有意见和建议请发往：dutpgz@163.com
欢迎访问职教数字化服务平台：https://www.dutp.cn/sve/
联系电话：0411-84708979　84707424

目 录

微课展示

确定招标方式

招标资格审查

发布招标公告

发放资格预审文件

组织资格审查

发放招标文件

现场踏勘答疑

编制投标文件

开标会议

评标与定标

发放中标通知

学习情境一

预备知识

教学导航图

教	知识重点	1.合同 2.工程中的合同
	知识难点	1.合同与协议 2.工程法律法规体系 3.合同的内容 4.合同的签订
	推荐教学方式	1.理论部分讲授采用多媒体教学 2.实训中指导学生完成一份工程协议的签署
	建议学时	4 学时
学	推荐学习方法	以签订工程合同为载体，设立相关的学习单元，创建相应的学习环境，将合同的内容、签订的程序和效力贯穿其中，通过学习，学生能够独立签订一份工程合同
	必须掌握的理论知识	1.合同的种类 2.法律、合同和协议的关系 3.合同的内容
	必须掌握的技能	1.设计合同 2.签订一份合同或协议
做	学习任务	1.举例说明生活中有哪些合同和协议，分析它们的差异 2.分析合同的主要内容应该包括哪些方面，它们对合同有什么样的影响 3.签订一份合同主要包括两个阶段的工作：一是选定好合同的内容；二是合同订立的步骤和工作内容 4.工程中为什么必须有担保？列出工程常用的几种担保形式 5.工程中主要有哪些险种

实训项目 签订合同

一、实训目的

1.掌握合同内容的组成。
2.掌握合同签订的程序和步骤。
3.进一步理解法律、合同与协议之间的关系。

二、预习要求

1.预习教材中有关合同内容和签订程序的知识。
2.预习教材中工程合同的知识。

三、实训内容和步骤

1.由每一个实训小组确定自己将要签订的合同类型。
2.各小组进行成员工作分工,绘制责任分配矩阵(RAM)和工作分解结构图(WBS)。
3.设计合同的结构和主要内容。
4.发出要约或承诺。
5.签订合同。

四、分析与讨论

1.总结本次实训项目完成过程中遇到的问题及解决办法。
2.每组选择一名学生代表该组就实训过程和结果总结发言。
3.教师对讨论结果进行点评。

项目一 了解生活中的法律与合同

知识分布网络

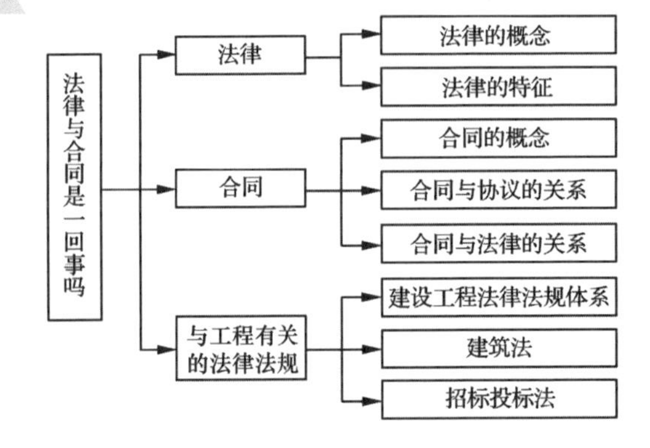

一、法律

1.法律的概念

什么是法律？人们从不同的角度对法律现象的本质属性有不同的认识，从而形成了不同的关于法律的定义。有的认为法律是人们的行为准则，有的认为只有在法院判决中所确定的原则和规则才是法律，还有的认为法律是维护正义的工具，等等。《中国大百科全书》上关于法律的解释是：国家按照统治阶级的利益和意志制定或认可并由国家强制力保证其实施的行为规范的总和。

从形式上讲，法律有广义和狭义之分。广义的法律与“法”的含义相同，即“法”的整体，泛指国家的全部规范性文件。狭义的法律仅指法的一种表现形式，在我国仅指全国人民代表大会及其常务委员会所制定的规范性文件。

2.法律的特征

(1)法律是一种行为规范系统。法律作为一种行为规范系统具有两个基本特征：第一，具有规范性和普遍性。法律是一种一般的、抽象的行为规则，不针对具体事或具体人，而是为人们规定一种行为模式或行为方案，在相同的条件下可以反复适用。但是法律在国家权力所及的范围内具有普遍的约束力，对社会全体成员有效，人人必须遵守。第二，具有严格的结构和层次。不同等级的规范性文件之间有严格的效力从属关系。

(2)法律是由国家制定或认可的行为规范系统。制定和认可是国家创制法律规范的两种基本形式。制定是指由国家机关在其职权范围内按照法定的程序创制规范性法律文件的活动，一般是指成文法创制的过程。认可是指国家承认某些社会上已有的行为规则具有法律效力。国家认可的法律主要指判例法、习惯法和其他不成文法。不论是制定的还是认可的法律，都与国家权力有不可分割的联系，体现了法的国家意志属性。

(3)法律是由国家强制力保证实施的具有普遍约束力的行为规范系统。

(4)法律是以规定人们的权利义务作为主要调整手段的行为规范系统。法律所规定的权利与义务，不仅是指公民、社会组织、国家的权利和义务，而且包括国家机关及其公职人员的职权和职责。

二、合同

1.合同的概念

合同也称为契约，我国学者一般认为，合同在本质上是一种合意或者协议。《中华人民共和国民法典》第四百六十四条规定，“合同是民事主体之间设立、变更、终止民事法律关系的协议”。合同具有以下法律特征：

(1)合同是平等主体的自然人、法人和非法人组织所实施的一种民事法律行为。民事法律行为是民事主体实施的能够引起民事权利和民事义务的产生、变更或终止的合法行为。因此，只有在合同当事人所做出的意思表示符合法律要求时，合同才具有法律约束力，并受到国家法律的保护。如果当事人做出了违法的意思表示，即使达成协议，也不能产生合同的效力。同时，由于合同是一种民事法律行为，因此《民典法》关于民事法律行为的一般规定，如民事法律行为的生效要件、民事行为的无效和撤销等，均可适用于合同。另外，合同是由平等主体的自然人、法人或非法人组织所订立的。这就是说，订立合同的主体在法律地位上是平等的，任何一方都不得将自己的意志强加给另一方。

(2)合同以设立、变更或终止民事法律关系为目的。设立民事法律关系，是指当事人订立合同旨在形成某种法律关系(如买卖关系)，从而具体地享受民事权利、承担民事义务。变更民事法律关系，是指当事人通过订立合同使原有的合同关系在内容上发生变化。变更合同关系通常是在继续保持原合同关系效力的前提下变更合同内容，如果因为变更使原合同关系终止并产生一个新的合同关系，则不属于变更的范畴。终止民事法律关系，是指当事人通过订立合同，旨在终止原合同关系。

(3)合同是当事人协商一致的产物，即意思表示一致达成的协议。合同是合意的结果，它必须包括三个要素：第一，合同的成立必须要有两个及以上的当事人；第二，各方当事人必须互相做出意思表示；第三，各个意思表示达成一致。

2.合同与协议的关系

从合同的概念中可以看出，合同就是具有特定内容的协议，用来约定当事人相互之间的权利义务关系。同样具备上述特征的协议就是合同。合同与协议是同一概念，协议是人们习惯上的一种叫法。

但根据逻辑学的原理，协议是合同的总概念，即所有的合同都是协议，但并非所有的协议都是合同，所以说合同是具有特定内容的协议。

协议是指机关、企事业单位、社会团体或个人，相互之间为了某个经济问题或者合作办理某项事情，经过共同协商后，订立的共同遵守和执行的条文。

协议与合同的细微区别在于：

(1)合同有违约责任的规定，协议没有。

(2)合同有《中华人民共和国民法典》中《第三编合同》作为依据，协议暂时没有具体法规可依。

(3)协议比合同应用范围广，但内容不如合同具体。因此，协议签订以后，往往还要分项签订一些专门合同。

实践中，合同可以以不同的名称出现，如合同、合同书、协议、协议书、备忘录等，所以称呼并不重要，关键是其内容。

在工程中最常用的《建设工程施工合同》示范文本中，譬如《建设工程施工合同(示范文本)》(GF—2017—0201)、《FIDIC施工合同条件》，分别出现了协议书、合同等不同的字样，如文本的第一部分是“协议书”，此外还有“合同专用条款”“合同通用条款”。既然在一份合同的组成文件中出现了不同的表述，我们就不能不细细体味它们之间的细微差别。

3.合同与法律的关系

从合同与法律的定义中可以看出，合同和法律在实质上都是社会行为规范，用来约束社会中各行为当事人的活动，但是作为社会行为规范，合同和法律所涉及的范围是不同的。

合同本质上是两个或两个以上签订合同的当事人一致的意思表示，是当事人协商一致的产物。其实归根结底，合同是当事人意志外化，互相交流、碰撞，趋向均衡，最终耦合的产物，即“合意”。它以设立、变更、终止民事法律关系为目的，规定的是平等民事主体双方的民事权利义务关系。在工程中，合同的范围很广泛，不仅包括合同协议书、合同条件，而且包括中标函、投标书、规范图纸、工程量表、进度计划等。具体地讲，工程中的合同有三层含义：

(1)两个或两个以上的、相互独立的当事人（业主、承包商、监理及材料供应商等）进行商品或者劳务交换。

(2)这种交换建立在当事人双方平等、自愿协商、双向选择的基础上，并要互相做出意思表示。

(3)合同作为协商的结果，反映了当事人一致的真实意志，即工程建设的各方对工程建设的各个相应环节达成的一致意见。

作为行为规范，工程中的合同只对合同当事人如业主、承包商、监理及材料供应商等起约束作用，对与合同无关的人员没有丝毫约束力，从这个角度上说，合同是一种作用范围较小的特殊的行为规范，目的是维护当事人的权利义务关系，作用范围仅限于当事人之间。

而法律则不同，它是针对社会生活的方方面面的行为规范，依照法律规范所调整的社会关系的不同，大体可以分为宪政规范、行政规范、刑事规范、民事规范、经济管理规范、环境管理规范和社会管理规范等等，它的目的是维护整个社会的公共利益。因此，法律几乎可以调整全部的社会生活，所有社会成员都要受到法律约束，违反了法律一定会受到国家机关的强制性惩罚，作用范围非常大。

三、与工程有关的法律法规

1.建设工程法律法规体系

建设工程法律法规体系是指根据《中华人民共和国立法法》的规定，制定和公布施行的有关建设工程的各项法律、行政法规、地方性法规、自治条例、单行条例、部门规章和地方政府规章的总称。

(1)建设工程法律、法规、规章的制定机关和法律效力

建设工程法律是指由全国人民代表大会及其常务委员会通过的规范工程建设活动的法律规范，由国家主席签署主席令予以公布。如《中华人民共和国建筑法》《中华人民共和国招标投标法》《中华人民共和国民法典》。

建设工程行政法规是指由国务院根据宪法和法律制定的规范工程建设活动的各项法规，由国务院总理签署国务院令予以公布。如《建设工程质量管理条例》《中华人民共和国招标投标法实施条例》等。

建设工程部门规章是指住房和城乡建设部按照国务院规定的职权范围，独立或同国务院有关部门联合根据法律和国务院的行政法规、决定、命令，制定的规范工程建设活动的各种办法，如《工程建设项目施工招标投标办法》。

上述法律、法规、规章的效力关系为：法律的效力高于行政法规；行政法规的效力高于部门规章。

(2)有关的建设工程法律、法规、规章

工程及管理人员应当了解和熟悉我国建设工程法律、法规、规章体系，并熟悉和掌握其中与工作关系比较密切的法律、法规、规章。

①法律

如《中华人民共和国建筑法》《中华人民共和国招标投标法》《中华人民共和国民法典》《中华

人民共和国城市房地产管理法》《中华人民共和国电子签名法》等。

②国家行政法规

如《建设工程安全生产管理条例》《建设工程勘察设计管理条例》《建设工程质量管理条例》《中华人民共和国招标投标法实施条例》。

③部门规章

如《工程建设项目勘察设计招标投标办法》《工程建设项目施工招标投标办法》《关于健全和规范有形建筑市场若干意见》《评标专家和评标专家库管理暂行办法》《评标委员会和评标方法暂行规定》《国家重大建设项目招标投标监督暂行办法》《工程建设项目可行性研究报告增加招标内容和核准招标事项暂行规定》《国务院有关部门实施招标投标活动行政监督的职责分工意见》《建筑施工企业安全生产许可证管理规定》《房屋建筑和市政基础设施工程施工分包管理办法》《建设工程监理范围和规模标准规定》《建筑工程设计招标投标管理办法》《关于禁止在工程建设中垄断市场和肢解发包工程的通知》《建筑工程施工发包与承包计价管理办法》《房屋建筑和市政基础设施工程施工招标投标管理办法》。

2.建筑法

《中华人民共和国建筑法》于1997年11月1日第八届全国人民代表大会常务委员会第二十八次会议通过，自1998年3月1日起施行，根据2011年4月22日第十一届全国人民代表大会常务委员会第二十次会议《关于修改〈中华人民共和国建筑法〉的决定》第一次修正，根据2019年4月23日第十三届全国人民代表大会常务委员会第十次会议《关于修改〈中华人民共和国建筑法〉等八部法律的决定》第二次修正。《中华人民共和国建筑法》是我国工程建设领域的一部大法。整部法律共分为总则、建筑许可、建筑工程发包与承包、建筑工程监理、建筑安全生产管理、建筑工程质量管理、法律责任和附则，其内容是以建筑市场管理为中心，以建筑工程质量和安全为重点，以建筑活动监督管理为主线形成的。

3.招标投标法

《中华人民共和国招标投标法》于1999年8月30日第九届全国人民代表大会常务委员会第十一次会议通过，2000年1月1日起开始施行。2017年12月27日第十二届全国人民代表大会常务委员会第三十一次会议通过对《中华人民共和国招标投标法》进行修正，并于2017年12月28日起施行。

制定《中华人民共和国招标投标法》是为了规范招标投标活动，保护国家利益、社会公共利益和招标投标当事人的合法权益，提高经济效益，保证项目质量。

整部法律共分为总则、招标、投标、开标、评标和中标、法律责任和附则等六章共68条，内容是以招标投标管理为中心，以招标和投标为重点而形成的。

4.中华人民共和国招标投标法实施条例

《中华人民共和国招标投标法实施条例》于2011年12月20日中华人民共和国国务院令第613号公布自2012年2月1日起施行。根据2017年3月1日国务院令第676号公布的《国务院关于修改和废止部分行政法规的决定》第一次修改，根据2018年3月19日《国务院关于修改和废止部分行政法规的决定》第二次修改，根据2019年3月2日《国务院关于修改部分行政法规的决定》第三次修改。

该条例根据《中华人民共和国招标投标法》制定，为了规范招标投标活动。该条例包括总则、招标、投标、开标评标和中标、投诉与处理、法律责任、附则共七章 84 条。

该条例在总则中首先定义了建设工程；其次是要求必须进行招标的工程建设项目的具体范围和规模标准，由国务院发展改革部门会同国务院有关部门制定，报国务院批准后公布施行；再次是招标投标工作的监督，由国务院发展改革部门指导和协调全国招标投标工作，对国家重大建设项目的工程招标投标活动实施监督检查。国务院工业和信息化、住房城乡建设、交通运输、铁道、水利、商务等部门，按照规定的职责分工，对有关招标投标活动实施监督。县级以上地方人民政府发展改革部门指导和协调本行政区域的招标投标工作；财政部门依法对实行招标投标的政府采购工程建设项目的预算执行情况和政府采购政策执行情况实施监督；监察机关依法对与招标投标活动有关的监察对象实施监察。最后强调设区的市级以上地方人民政府可以根据实际需要，建立统一规范的招标投标交易场所，为招标投标活动提供服务。招标投标交易场所不得与行政监督部门存在隶属关系，不得以营利为目的。国家鼓励利用信息网络进行电子招标投标。

该条例的重点是对《中华人民共和国招标投标法》的第二章招标、第三章投标和第四章开标、评标和中标中各条款进行了细化，更具有现实可操作性，这部分内容将在本书的第三章和第四章进行详细的论述。

5.必须招标的项目及范围

《必须招标的工程项目规定》(国家发展改革委 2018 年第 16 号令)2018 年 3 月 27 日经国务院批准，正式发布，自 2018 年 6 月 1 日起施行，《工程建设项目招标范围和规模标准规定》被废止。《必须招标的工程项目规定》共 6 条，规定了全部或者部分使用国有资金投资或者国家融资、使用国际组织或者外国政府贷款和援助资金的以及分项等必须招标的项目。

《必须招标的基础设施和公用事业项目范围规定》(发改法规规〔2018〕843 号)2018 年 6 月 6 日经国务院批准，正式发布，自发布之日起施行；该规定共 3 条，规定了不属于《必须招标的工程项目规定》范围内的大型基础设施、公用事业等关系社会公共利益、公众安全的项目，必须招标的具体范围。

2020 年 10 月 19 日国家发展改革委办公厅关于进一步做好《必须招标的工程项目规定》和《必须招标的基础设施和公用事业项目范围规定》实施工作的通知(发改办法规〔2020〕770 号)，要求各地方应当严格执行 16 号令和 843 号文规定的范围和规模标准，不得另行制定必须进行招标的范围和规模标准，也不得作出与 16 号令、843 号文和本通知相抵触的规定，持续深化招标投标领域“放管服”改革，努力营造良好市场环境。

6.工程建设项目施工招标投标办法

《工程建设项目施工招标投标办法》(七部委 30 号令)由国家发改委等七部委制定，2003 年发布并于 2003 年 5 月 1 日起施行，后于 2013 年 4 月修订，从 2013 年 5 月 1 日执行，内容包括总则、招标、投标、开标评标和定标、法律责任和附则等六章内容共 92 条。其目的是规范工程建设项目施工招标投标活动。根据《中华人民共和国招标投标法》《中华人民共和国招标投标法实施条例》和国务院有关部门的职责分工，制定本办法。具体条款内容和《中华人民共和国招标投标法实施条例》类似。

项目二 签订工程合同

知识分布网络

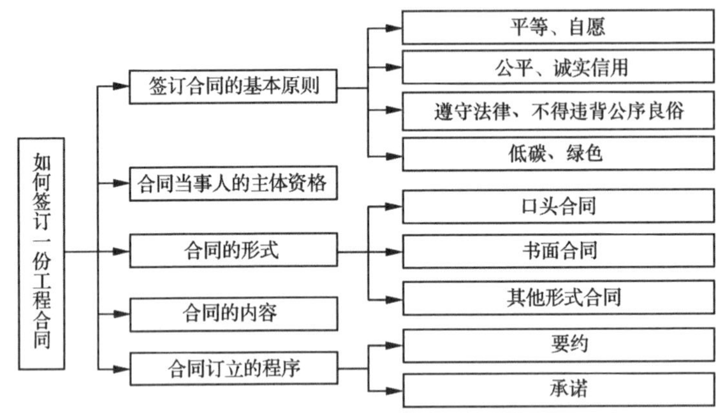

2020 年 5 月 28 日，十三届全国人大三次会议表决通过了《中华人民共和国民法典》，自 2021 年 1 月 1 日起施行。《中华人民共和国合同法》同时废止。

《中华人民共和国民法典》对合同订立的基本法律要求做出了明确规定，所以，签订一份工程合同必须以《中华人民共和国民法典》为基础。

一、签订合同的基本原则

1.平等、自愿原则

《中华人民共和国民法典》第四条规定，民事主体在民事活动中法律地位一律平等，一方不得将自己的意志强加给另一方。《中华人民共和国民法典》第五条规定，民事主体在民事活动中应当遵循自愿原则，按照自己的意思设立、变更、终止民事法律关系。

自愿原则，既表现在当事人之间，因一方欺诈、胁迫订立的合同无效，也表现在合同当事人与其他人之间，任何单位和个人不得非法干预。这里自愿即意思自治，一是合同当事人有依法缔结合同的自由；二是合同当事人有选择合同相对人、合同内容和履约方式的自由。自愿原则是法律赋予的，同时也受到其他法律规定的限制，是在法律规定范围内的“自愿”。

法律的限制主要有两方面：一是实体法的规定。有的法律规定某些物品不得买卖，比如毒品；合同法明确规定损害社会公共利益的合同无效，对此当事人不能“自愿”认为有效；国家根据需要下达指令性任务或者国家订货任务的，有关法人、其他组织之间应当依照有关法律、行政法规规定的权利和义务订立合同，不能“自愿”不订立。这里讲的实体法，都是法律的强制性规定，涉及社会公共秩序。二是程序法的规定。有的法律规定当事人订立某类合同，需经批准；转移某类财产，主要是不动产，应当办理登记手续。那么，当事人依照有关法律规定，应当办理批准、登记等手续，不能“自愿”地不去办理。

2.公平、诚实信用原则

《中华人民共和国民法典》第六条规定，民事主体从事民事活动应当遵循公平原则，合理确定各方的权利和义务。这里讲的公平，既表现在订立合同时的公平，显失公平的合同可以撤销；也表现在发生合同纠纷时公平处理，既要切实保护守约方的合法利益，也不能使违约方因较小的过失承担过重的责任；还表现在极个别的情况下，因客观情势发生异常变化，履行合同使当事人之间的利益重大失衡，公平地调整当事人之间的利益。

《中华人民共和国民法典》第七条规定，民事主体从事民事活动应当遵循诚信原则，秉持诚实，恪守承诺。诚信主要包括三层含义：一是合同订立时，当事人负有先合同义务，即要表里如一，因欺诈订立的合同无效或者可以撤销；二是合同履行时，当事人应同时履行附随义务，即守信，要言行一致，认真履约；三是合同履行后，应负后合同义务，即合同履约完毕后，当事人仍然恪守商业道德，履行保密等义务。

《中华人民共和国民法典》规定，当事人应当遵循公平原则确定各方的权利和义务。这里讲的公平，既表现在订立合同时的公平，显失公平的合同可以撤销；也表现在发生合同纠纷时公平处理，既要切实保护守约方的合法利益，也不能使违约方因较小的过失承担过重的责任；还表现在极个别的情况下，因客观情势发生异常变化，履行合同使当事人之间的利益重大失衡，公平地调整当事人之间的利益。诚实信用，主要包括三层含义：一是诚实，要表里如一，因欺诈订立的合同无效或者可以撤销。二是守信，要言行一致，不能反复无常，也不能口惠而实不至。三是从当事人协商合同条款时起，就处于特殊的合作关系中，当事人应当恪守商业道德，履行相互协助、通知、保密等义务。

3.遵守法律、不得违背公序良俗原则

《中华人民共和国民法典》第八条、第十条规定，民事主体从事民事活动，不得违反法律，不得违背公序良俗；处理民事纠纷，应当依照法律；法律没有规定的，可以适用习惯，但是不得违背公序良俗。也就是民事主体应当遵守法律、行政法规，尊重社会公德，不得扰乱社会经济秩序，损害社会公共利益。

4.低碳、绿色原则

《中华人民共和国民法典》第九条规定，民事主体从事民事活动，应当有利于节约资源、保护生态环境。

二、合同当事人主体资格

合同当事人是指签订合同的各方，是合同的权利和义务的主体。合同的主体资格由自然人、法人和非法人组织构成，其中自然人作为合同的当事人，必须具有相应的民事行为能力，如果不符合《中华人民共和国民法典》关于民事行为能力条件的，应当由其法定代理人或监护人代为行使订立合同的权利，或者承担由合同生效而产生的合同责任。法人作为合同的当事人必须要具备相应的民事权利能力，也就是指该法人的章程规定其可以进行某种合同行为，至少该合同行为没有违反国家对限制经营和凭一定条件和资格经营的规定。例如，签订建设工程承包合同的承包商，不仅需要工程承包企业的营业执照（民事权利能力），而且还应有与该工程的专业类别、规模相对应的资质许可证（民事行为能力）。

在日常的经济活动中，有许多合同是由当事人委托代理人签订的。这里该合同当事人被称为被代理人。代理人在代理权限内，以被代理人的名义实施民事法律行为。被代理人对代理人的代理行为，承担民事责任。代理人必须要有授权委托书，委托或者授权证明中要明确当事人双方名称、委托事项、权限和期限等，并且应在授权范围内以委托人的名义签约。被委托人超越授权范围订立的经济合同所带来的法律后果应当由代理人自己承担。

三、合同的形式

《中华人民共和国民法典》第四百六十九条规定，当事人订立合同，可以采用书面形式、口头形式或者其他形式。

1.口头合同

在日常的商品交换（买卖、互易关系）中，口头形式的合同普遍和广泛地被人们应用。其优点是简便、迅速、易行；缺点是一旦发生争议就难以查证，对合同的履行难以形成法律约束力。因此，口头合同要建立在双方相互信任的基础上，适用于不太复杂、不易产生争执的经济活动。

在当前运用现代化通信工具，如电话订货等，作为一种口头要约，也是被承认的。

2.书面合同

书面合同是用文字书面表达的合同。对于数量较大、内容比较复杂、容易产生争执的经济活动，必须采用书面形式的合同。《中华人民共和国民法典》第四百六十九条规定，书面形式是合同书、信件、电报、电传、传真等可以有形地表现所载内容的形式。以电子数据交换、电子邮件等方式能够有形地表现所载内容，并可以随时调取查用的数据电文，视为书面形式。书面合同有如下优点：

(1)有利于合同形式和内容的规范化。

(2)合同管理规范化，便于检查、管理和监督，有利于双方依约执行。

(3)有利于合同的执行和争执的解决，举证方便，有凭有据。

(4)有利于更有效地保护合同双方当事人的权益。

书面合同由当事人经过协商达成一致后签署。如果委托他人代签，代签人必须事先取得委托书作为合同附件，证明其具有法律代表资格。书面合同是最常用，也是最重要的合同形式，人们通常所指的合同就是书面合同。

3.其他形式合同（如行为默示等）

四、合同的内容

合同的内容由合同双方当事人约定。不同种类的合同其内容不一，繁简程度差别很大。签订一个完备周全的合同，是实现合同目的、维护自己合法权益、减少合同争执的最基本的要求。合同通常包括如下几方面内容：

(1)当事人的姓名或者名称和住所。

(2)标的，是合同双方当事人的权利、义务共同指向的对象。无标的或标的不明确的合同是不能成立的，也无法履行，因此标的是合同必须具备的条款。

标的可能是实物（如生产资料、生活资料、动产、不动产等）、行为（如工程承包、委托），服务性工作（如劳务、加工）、智力成果（如专利、商标、专有技术）等。如工程施工合同，其标的是建筑产品。合同标的是合同最本质的特征，合同的分类主要就是按照标的物分类的。

(3)数量，是对标的的计量。一般以度量衡单位作为计算单位，以数字作为衡量标的的尺度；没有数量就无法确定双方当事人的权利和义务的大小。

(4)质量，是指标的的内在素质和外观形态的综合。如产品的规格、标准、功能、技术要求、服务条件等。

没有标的数量和质量的定义，合同是无法生效和履行的，发生纠纷也不易分清责任。

(5)合同价款或酬金，即为取得标的（物品、劳务或服务）的一方向对方支付的代价，作为对方完成合同义务的抵偿。合同中应写明价款数量、付款方式和结算程序。

(6)合同期限、履行的地点和方式。合同期限指履行合同期限，即从合同生效到合同结束的时间。履行地点指合同标的物所在地，如以承包工程为标的的合同，其履行地点是工程计划文件所规定的工程所在地。

由于一切经济活动都是在一定的时间和空间上进行的,离开具体的时间和空间,经济活动是没有意义的,所以合同中应非常具体地规定合同期限和履行地点。

(7)违约责任,即合同一方或双方因过失不能履行或不能完全履行合同责任,侵犯了另一方权利时所应负的责任。违约责任是合同的关键条款之一。如果没有规定违约责任,则合同对双方难以形成法律约束力,即难以确保合同的圆满履行和争议的解决。

(8)解决争议的方法。解决争议的方法多种多样,由双方当事人根据情况而定,此处不做过多说明。

上述内容是一般合同必须具备的条款。不同类型的合同按需要还可以增加其他内容。

五、合同订立的程序

合同订立的整体程序一般为:要约和承诺。

1.要约

(1)要约的概念

要约又称为发价、发盘。《中华人民共和国民法典》第四百七十二条规定,要约是希望与他人订立合同的意思表示。

①内容要具体确定。

②表明经受要约人承诺,要约人接受该意思表示约束。

如果当事人一方所做的是“希望他人向自己发出要约的表示”,则是要约邀请,或称为要约引诱,而不是要约。

另外,还要正确地理解要约的内涵:

第一,要约是希望和他人订立合同的意思表示,而不是向要约邀请那样是希望他人向自己发出要约的表示。

第二,要约是一种意思表示,但是该意思表示并不等同于一种法律行为。意思表示是法律行为不可缺少的组成部分,但是意思表示并不等同于法律行为。

第三,要求要约的内容具体确定。

例如,甲向乙发出一份信函:我处现有存粮若干,欲卖与你方,速派人前来。是不是要约?分析:在这个例子中,既没有要卖粮食的数量、种类和规格,也没有价格等具体的内容,因此不是要约,只能是下文提到的要约邀请。

(2)要约与要约邀请的区别

《中华人民共和国民法典》第四百七十三条规定,要约邀请是希望他人向自己发出要约的表示。拍卖公告、招标公告、招股说明书、债券募集办法、基金招募说明书、商业广告和宣传、寄送的价目表等为要约邀请。商业广告和宣传的内容符合要约条件的,构成要约。

例如,最典型的,在报纸上刊登的广告,某某牌床垫,原价800元,现价280元,售完为止。这样的规定当然属于一个要约,因为它已经包含足以能够使买卖合同成立的条件,既有价款的规定,又有具体商品的确定,另外,明确规定售完为止,给自己豁免条款也是明确的。所以这样的一个规定,已经足以构成一个要约。对于这一点,在双方买卖合同的解释第三条中也有明确的规定。再例如,房地产开发商对商品房开发、规划范围内的房屋及相关设施等,所做的说明或者允诺是具体确定的。如小区的绿化率是多少,小区旁边有一个花园和一个绿化带等内容。对商品房屋买卖合同的订立以及房屋价格的确定有重大影响的内容,都应当作为要约来处理,即使这些内容没有放到商品买卖合同中，也应当被视为合同的内容，如果违反，则要承担相应的违约责任。

拍卖公告是一个要约邀请，那么，在拍卖里面什么是要约？什么是承诺？举牌是要约，在正常的拍卖里面，竞价是要约，拍定则是承诺。

招标公告是要约邀请，投标是要约。一般来说，投标是要约，这是没有问题的，但到底什么是承诺，有时候并不特别明确，我们一般把中标通知书作为承诺。

要约与要约邀请的区别如图1-1所示。第一，要约是当事人自己主动表示愿意与他人订立合同，而要约邀请则是希望他人向自己提出要约；第二，要约的内容必须包括将要订立的合同的实质条件，而要约邀请则不一定包含合同的主要内容；第三，要约经受要约人承诺，要约人受其要约的约束，要约邀请则不含有受其要约邀请约束的意思。

(3)受要约人对要约可能做出反应的方式

当受要约人受到要约人的要约时，有以下四种处理方式：

①如果要约能使自己满意，就进行承诺使得合同成立。

②如果自己对要约不满意，受要约人提出新的要约。

③如果自己对要约不满意，受要约人提出一个自己单独的要约邀请，希望对方重新发出要约。

④如果自己对要约不满意，受要约人对要约进行直接拒绝。

《中华人民共和国民法典》第一百三十七条规定，以对话方式作出的要约，受要约人知道其内容时生效。以非对话方式作出的要约，要约到达受要约人时生效；以非对话方式作出的采用数据电文形式的要约，受要约人指定特定系统接收数据电文的，该数据电文进入该特定系统时生效；未指定特定系统的，受要约人知道或者应当知道该数据电文进入其系统时生效。当事人对采用数据电文形式的要约的生效时间另有约定的，按照其约定。

要约生效后，对要约人和受要约人产生不同的法律后果，具体表现为使受要约人取得承诺的资格，而对要约人则受到一定的拘束。

《中华人民共和国民法典》对要约效力做出了如下规定，如图1-2所示。

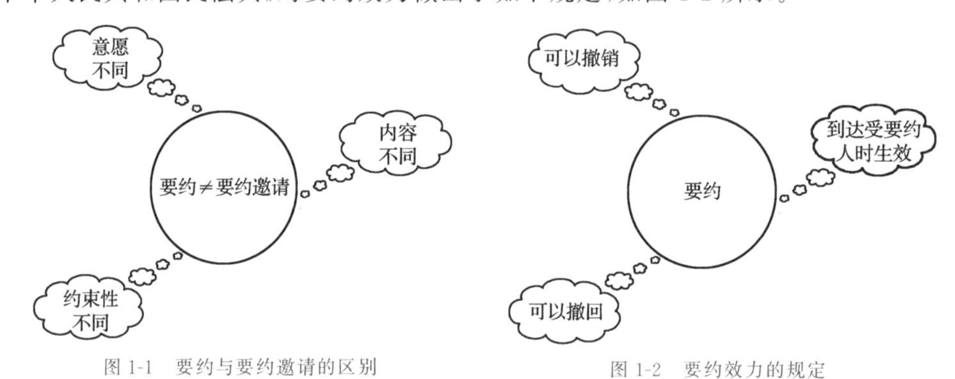

图1-1　要约与要约邀请的区别　　图1-2　要约效力的规定

(4)要约的撤回和撤销

①要约的撤回

撤回要约是指要约人发出要约后，在其送达受要约人之前，将要约收回，使其不生效。《中华人民共和国民法典》规定，“要约可以撤回。撤回要约的通知应当在要约到达受要约人之前或者与要约同时到达受要约人。”

②要约的撤销

撤销要约是指要约生效后，在受要约人承诺之前，要约人通过一定的方式，使要约的效力归于消灭。《中华人民共和国民法典》规定，撤销要约的意思表示以对话方式作出的，该意思表示的内容应当在受要约人作出承诺之前为受要约人所知道；撤销要约的意思表示以非对话方式作出的，应当在受要约人作出承诺之前到达受要约人。同时，《中华人民共和国民法典》也规定了不得撤销要约的情形：要约人确定了承诺期限或者以其他形式明示要约不可撤销；受要约人有理由认为要约是不可撤销的，并已经为履行合同做了合理准备工作。例如，请按要求三日内将水泥运到工地，请在15天内答复，三个月内款到即发货。所有的规定，都应当理解为是对承诺期限的规定。

(5)要约失效

要约失效即要约的效力归于消灭。《中华人民共和国民法典》规定了要约失效的四种情形：

①要约被拒绝。

②要约被依法撤销。

③承诺期限届满，受要约人未做出承诺。

④受要约人对要约的内容做出实质性变更。

2.承诺

(1)承诺的概念

承诺是受要约人同意要约的意思表示。

承诺原则上以通知的方式做出，通知可以为口头形式，也可以为书面的形式。可以根据要约要求、交易习惯或要约表明，也可以通过行为方式做出承诺。

根据《中华人民共和国民法典》的规定，承诺生效应符合以下条件：

①承诺必须由受要约人向要约人做出。因为要约生效后，只有受要约人取得了承诺资格；如果第三人了解了要约内容，向要约人做出同意的意思表示不是承诺，而是第三人发出的要约。

②承诺的内容应当与要约的内容相一致。因为要约失效的原因之一是受要约人对要约的内容做出实质性变更，因此，如果受要约人对要约的内容做出实质性变更的，则不构成承诺，而是受要约人向要约人做出的新要约。如果承诺对要约的内容作出非实质性变更的，除要约人及时表示反对或者要约表明承诺不得对要约的内容作出任何变更外，该承诺有效，合同的内容以承诺的内容为准。至于哪些变更属于实质性的，《中华人民共和国民法典》做出了明确规定，“有关合同标的、数量、质量、价款或者报酬、履行期限、履行地点和方式、违约责任和解决争议方法等的变更，是对要约内容的实质性变更。”

③受要约人应当在承诺期限内做出承诺。承诺期限有两种规定方式：一种是在要约中规定；另一种是要约没有确定承诺期限的，承诺应当依照下列规定到达：一是要约以对话方式作出的，应当即时作出承诺；二是要约以非对话方式作出的，承诺应当在合理期限内到达。

要约以信件或者电报作出的，承诺期限自信件载明的日期或者电报交发之日开始计算。信件未载明日期的，自投寄该信件的邮戳日期开始计算。要约以电话、传真、电子邮件等方式作出的，承诺期限自要约到达受要约人时开始计算。

如果受要约人未在承诺期限内做出承诺，则要约人就不再受其要约的约束。对此，《中华人民共和国民法典》规定了两种情况：一是受要约人超过承诺期限发出承诺，或者在承诺期限内发出承诺，按照通常情形不能及时到达要约人的，为新要约；但是，要约人及时通知受要约人该承诺有效的除外。二是受要约人在承诺期限内发出承诺，按照通常情形能够及时到达要约人，但是因其他原因致使承诺到达要约人时超过承诺期限的，除要约人及时通知受要约人因承诺超过期限不接受该承诺外，该承诺有效。

(2)承诺的效力

《中华人民共和国民法典》规定，“承诺通知到达要约人时生效。”承诺生效时合同即告成立，对要约人和承诺人来讲，他们相互之间就确立了权利和义务关系。《中华人民共和国民法典》对合同成立的时间规定了四种情况，如图 1-3 所示。

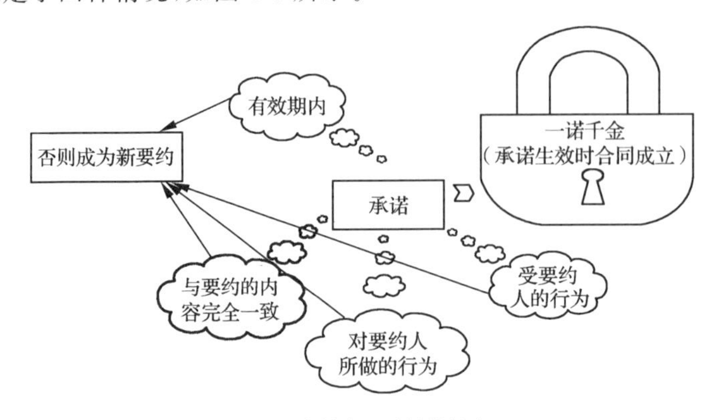

图 1-3　合同成立时间的规定

①承诺通知到达要约人时生效。

②当事人采用合同书形式订立合同的，自当事人签名、盖章或者按指印时合同成立。在签名、盖章或者按指印之前，当事人一方已经履行主要义务，对方接受时，该合同成立。

③当事人采用信件、数据电文等形式订立合同要求签订确认书的，签订确认书时合同成立。当事人一方通过互联网等信息网络发布的商品或者服务信息符合要约条件的，对方选择该商品或者服务并提交订单成功时合同成立，但是当事人另有约定的除外。

④法律、行政法规规定或者当事人约定合同应当采用书面形式订立，当事人未采用书面形式但是一方已经履行主要义务，对方接受时，该合同成立。

关于承诺的撤回，《中华人民共和国民法典》第一百四十一条规定，受要约人可以撤回意思表示。撤回意思表示的通知应当在意思表示到达要约人前或者与意思表示同时到达要约人。

因此，合同订立的过程为：要约→新要约→再要约→再新要约→承诺，如图 1-4 所示。

图 1-4　合同订立的过程

(3)合同成立的时间和地点

①合同成立的时间。承诺生效时合同成立，承诺通知到达要约人时生效；承诺不需要通知的，根据交易习惯或者要约的要求作出承诺的行为时生效。

②合同成立的地点，即承诺生效的地点。采用数据电文形式订立合同的，收件人的主营业地为合同成立的地点；没有主营业地的，其住所地为合同成立的地点。当事人另有约定的，按照其约定。当事人采用合同书形式订立合同的，最后签名、盖章或者按指印的地点为合同成立的地点，但是当事人另有约定的除外。

(4)合同的效力

合同效力是指法律赋予依法成立的合同所产生的约束力,也就是通常所说的法律效力。

合同根据其效力可分为四大类,即有效合同、无效合同、效力待定合同、可撤销合同,只有有效合同才受到法律保护。

《中华人民共和国民法典》规定,依法成立的合同,自成立时生效,但也有两种特殊的情况:

①按照法律或行政法规规定,有些合同应当在办理批准、登记等手续后生效。例如,《中华人民共和国民法典》规定,以土地使用权、城市房地产等抵押的,应当办理抵押物登记,抵押合同自登记之日起生效。

②当事人对合同的效力可以约定附条件或者附期限,那么自条件成立或者期限届至时生效。

(5)合同成立与合同生效的关系

合同成立是指双方当事人意思表示达成了一致,合同生效是指合同成立后在法律上得到肯定性评价,产生了法律效力。合同的一般生效要件包括:

①主体合格,行为人具有相应的民事行为能力。

②意思表示真实。

③不违反法律和社会公共利益。某些特殊合同,须办理特殊手续,如批准、登记等。

合同成立与合同生效的关系如下:

①合同生效以合同成立为前提,合同不成立就无所谓生效。反之,一个合同生效了,意味着它已经成立了。

②合同成立并不意味着合同生效。合同成立后是否生效,主要看两个方面:一是其是否为有效合同;二是合同中是否存在约定生效附条件或者附期限。

项目三 工程担保与工程保险

知识分布网络

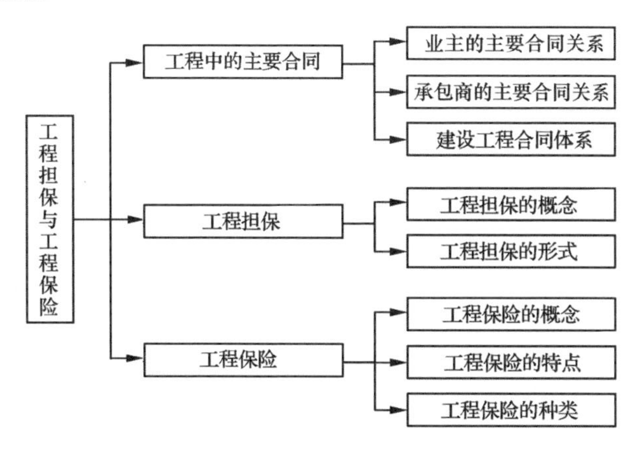

一、工程中的主要合同

工程建设是一个极为复杂的社会生产过程，它分别经历可行性研究、勘察、设计、工程施工和运行等阶段，进行土建、水电、机械设备、通信等专业设计和施工活动，需要各种材料、设备、资金和劳动力的供应。由于现代的社会化大生产和专业化分工，稍大一点的工程，其参加单位就有十几个、几十个，甚至成百上千个，它们之间形成各式各样的经济关系。因为工程中维系这种关系的纽带是合同，所以就有了各式各样的合同。工程项目的建设过程实质上又是一系列经济合同的签订和履行过程。

一个工程中相关的合同形成一个复杂的合同网络。业主和承包商是这个网络中两个最主要的节点。

1.业主的主要合同关系

业主作为工程或服务的买方，是工程的所有者，其可能是政府、企业、其他投资者、几个企业的组合、政府与企业的组合。业主投资一个项目，通常委派一个代表或项目管理公司以业主的身份进行工程的管理。

业主根据对工程的需求，确定工程项目的目标。这个目标是所有相关工程合同的核心。要实现工程目标，业主必须将工程的贷款、项目管理、勘察设计、工程施工、监理、设备和材料的供应等工作委托出去，与有关单位签订贷款合同、项目管理合同、勘测合同、设计合同、施工合同、监理合同、保险合同、采购合同等，如图 1-5 所示。

按照工程承包方式和范围的不同，业主可能订立几十份合同。例如将工程分专业、分阶段委托，将材料和设备供应分别委托，也可能将上述工作以各种形式合并委托，如把土建和安装委托给一个承包商，把整个设备供应委托给一个成套设备供应企业。当然，业主还可以与一个承包商订立一个总承包合同，由承包商负责整个工程的设计、供应、施工，甚至管理等工作。因此，不同合同的工程范围和内容会有很大区别。

2.承包商的主要合同关系

承包商是工程施工的具体实施者，是工程承包合同的执行者。承包商通过投标接受业主的委托，签订工程总承包合同。承包商要完成承包合同的责任，包括由工程量表所确定的工程范围的施工、竣工和保修，为完成这些工程提供劳动力、施工设备、材料，有时也包括技术设计。承包商很可能不具备所有的专业工程的施工能力、材料和设备的生产和供应能力，他同样可以将许多专业工作委托出去。所以承包商需要签订分包合同、采购合同、运输合同、加工合同、租赁合同、劳务供应合同和保险合同等，如图 1-6 所示。

3.工程合同体系

按照上述的分析和项目任务的结构分解，就得到不同层次、不同种类的工程合同，它们共同构成工程合同体系，如图 1-7 所示。

在该合同体系中，这些合同都是为了实现业主的工程项目目标而签订和实施的。这些合同之间存在着复杂的内部联系，所以构成了工程的合同网络。其中，建设工程施工合同是最有代表性、最普遍，也是最复杂的合同类型。它在建设工程项目的合同体系中处于主导地位，是整个建设工程项目合同管理的重点。无论是业主、监理工程师，还是承包商，都将它作为合同管理的主要对象。

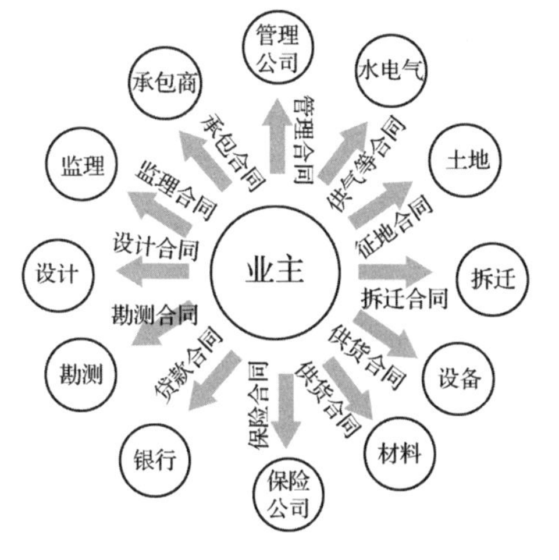

图 1-5　业主的主要合同关系

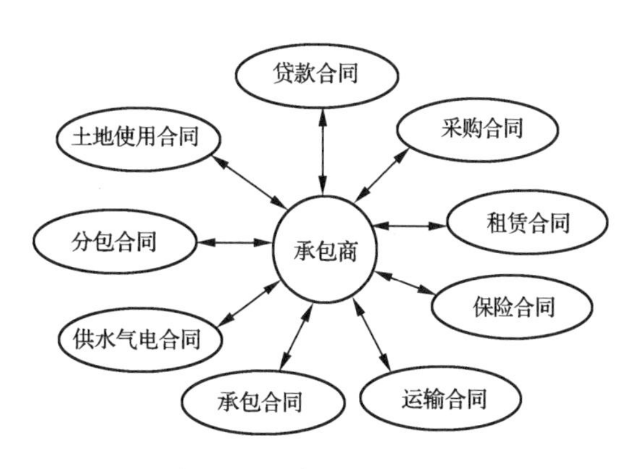

图 1-6　承包商的主要合同关系

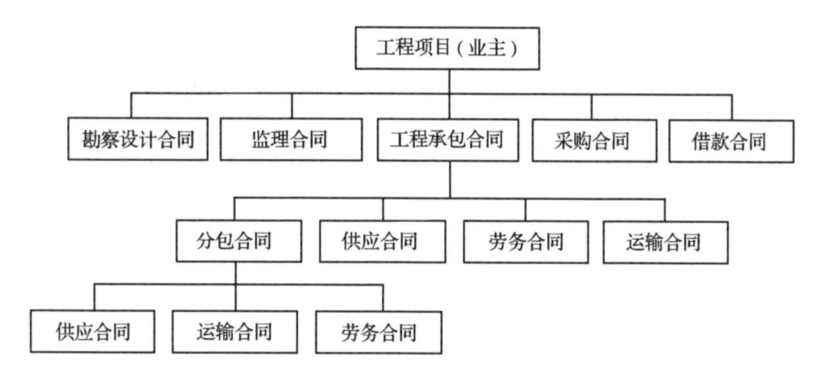

图 1-7　工程合同关系

建设工程项目的合同体系在项目管理中也是一个非常重要的概念。它从一个角度反映了项目的形象,对整个项目管理的运作有很大的影响:

(1)反映了项目任务的范围和划分方式。

(2)反映了项目所采用的管理模式(例如监理制度、总包方式或平行承包方式)。

(3)在很大程度上决定了项目的组织形式,因为不同层次的合同常常决定了该合同的实施者在项目组织结构中的地位。

二、工程担保

1.工程担保的概念

工程担保制度起源于美国公共投资建设领域,至今已有一百多年的历史,这项制度的推行保证了建筑业快速健康的发展。国际咨询工程师联合会(FIDIC)将其列入施工合同条件,国际贸易组织及许多国家政府文件都对工程担保做出了具体的规定。工程担保已经成为世界建筑行业普遍接受和应用的一种国际惯例。

工程担保制度是一种维护建设市场秩序、保证参与工程各方守信履约,实现公开、公正、公平的风险管理机制。依据 FIDIC 条款,工程保证担保的来源主要有两个方面:一是专业化的保证担保公司;二是银行。工程担保合同是建设工程合同的从合同。

2.我国常用的担保方式

《中华人民共和国担保法》经1995年6月30日第八届全国人民代表大会常务委员会第十四次会议通过,自1995年10月1日起施行;2020年5月28日,十三届全国人大三次会议表决通过了《中华人民共和国民法典》,自2021年1月1日起施行。《中华人民共和国担保法》同时废止。《中华人民共和国民法典》规定我国担保方式为保证、抵押、质押、留置和定金五种。

(1)保证是指保证人和债权人约定,与债务人不履行债务时,由保证人按照约定履行主合同的义务或者承担责任的行为。

(2)抵押是指债务人或者第三人不转移抵押财产的占有,将抵押财产作为债权的担保。

(3)质押是指债务人或者第三人将其动产移交债权人占有,或者将其财产权利交由债权人控制,将该动产或者财产权利作为债权的担保。

(4)留置是指在保管合同、运输合同、加工承揽合同中,债权人依照合同约定占有债务人的动产,债务人不按照合同约定的期限履行债务的,债权人有权依照担保法规定留置该财产,以该财产折价或者以拍卖、变卖该财产的价款优先受偿。

(5)定金是指合同当事人一方为了担保合同的履行,预先支付另一方一定数额的金钱的行为。定金的数额由当事人约定,但是,不得超过主合同标的额的百分之二十,超过部分不产生定金的效力。实际交付的定金数额多于或者少于约定数额的,视为变更约定的定金数额。债务人履行债务后,定金应当抵作价款或者收回。给付定金的一方不履行合同约定的债务的,无权要回定金;收受定金的一方不履行合同约定的债务的,应当双倍返还定金。

3.工程担保的形式

工程担保可以采用保证、抵押、质押三种担保方式,采用最多的方式是保证方式。具体采用何种担保方式,由担保人与被担保人在合同中约定。

(1)投标担保

投标担保是投标人在投标报价前或者投标报价时向招标人提供的担保,保证投标人一旦中标,即签约承包工程。

投标担保可以采用银行保函、担保公司担保书、保险公司保证保险函等方式,也可以采用投标人直接向招标人提交支票或银行汇票的方式,具体方式由招标人在招标文件中规定。

采用银行保函、担保公司担保书或者保险公司保证保险函的,担保金额应当在担保合同中约定,并符合招标文件的要求。除不可抗力外,投标人在投标有效期内(指招标文件中规定的投标文件截止时间后的一定期限)撤回投标文件,或者中标后在规定时间内不与招标人签订工程合同,或者在规定时间内不提交履约担保的,由提供担保的银行、担保公司或者保险公司按照担保合同承担赔偿责任。

投标保证金不得超过招标项目估算价的2%(国务院颁布的《中华人民共和国招标投标法实施条例》中规定为估算价的2%,在《工程建设项目施工招标投标办法(七部委30号令)》规定为估算价的2%,但最高不得超过80万元人民币,因为条例的法律效力大于办法的法律效力,因此只采用2%)。

对未能按要求提交投标担保的投标,应视为不响应招标文件而予以拒绝。

(2)履约担保

履约担保是保证承包商按照合同约定履行义务的一种经济承诺方式。

履约担保可以采用银行保函、担保公司担保书或保险公司保证保险函等方式,一般采用银行保函的方式。中标人在收到中标通知书后,签订合同之前向招标人提交履约担保,具体时间由招标人在招标文件中规定。

采用保证担保的,在承包商因其自身原因而不履行合同义务时,由银行(保险公司)提供保函(保证保险函)的,银行(保险公司)主要承担在担保额度内赔偿业主损失的责任。

履约保证金不得超过中标合同金额的10%。

对于一些大型工程或者特大工程采用第三方担保(保证担保)时,可以由若干保证人实行共同保证,并按照《中华人民共和国民法典》的规定,在保证合同中约定保证份额,承担保证责任;没有约定保证份额的,承担连带责任。业主可以要求任何一个保证人承担全部保证责任,保证人都负有担保全部债权实现的义务。已经承担保证责任的保证人,有权向债务人追偿,或者要求承担连带责任的其他保证人清偿其应当承担的份额。

因承包人原因导致工期延长的,继续提供履约担保所增加的费用由承包人承担;非因承包人原因导致工期延长的,继续提供履约担保所增加的费用由发包人承担。

(3)业主支付担保

业主支付担保是保证业主按照合同约定履行支付工程款义务的一种经济承诺方式。其实质是业主的履约担保,应当同承包商履约担保对等实行,即业主要求承包商提供履约担保的,也应当同时向承包商提供支付担保。

业主支付担保可以采用银行保函、担保公司担保书或者保险公司保证保险函的方式。

业主支付担保按工程承发包合同确定的付款周期实行分段滚动担保,本段清算后进入下一段。业主支付担保额度不低于工程中标价的10%,且一般不低于每个付款周期的付款额度。

对业主由于非承包商的原因而不履行支付工程款义务的,承包商可依据工程担保合同要求担保人承担工程款支付责任。

承包商还可以依照《中华人民共和国民法典》的规定,对于业主未按照合同约定支付价款的,催告其在合理期限内支付价款;业主逾期不支付的,除按照建设工程的性质不宜折价、拍卖的以外,承包商可以与业主协议将该工程折价,也可以申请由人民法院将该工程依法拍卖。建设工程的价款就该工程折价或者拍卖的价款优先受偿。

(4)预付款担保

预付款担保是指承包人与发包人签订合同后,承包人正确、合理使用发包人支付的预付款的担保。建设工程合同签订以后,发包人给承包人一定比例的预付款,一般不超过合同金额的30%,但需由承包人的开户银行向发包人出具预付款担保。

承包人应在签订合同或向发包人提供与预付款等额的预付款担保(如有)后向发包人提交预付款支付申请。发包人应对在收到支付申请的7天内进行核实后向承包人发出预付款支付证书,并在签发支付证书后的7天内向承包人支付预付款。发包人没有按时支付预付款的,承包人可催告发包人支付;发包人在付款期满后的7天内仍未支付的,承包人可在付款期满后的第8天起暂停施工。发包人应承担由此增加的费用和(或)延误的工期,并向承包人支付合理利润。

预付款担保可以采用银行保函、保证担保公司担保，或采取抵押等担保形式。预付款担保的主要形式即银行保函。

预付款担保的担保金额通常与发包人的预付款是等值的。预付款一般逐月从工程预付款中扣除，预付款担保的担保金额也相应逐月减少。承包人在施工期间，应当定期从发包人处取得同意此保函减值的文件，并送交银行确认。承包人还清全部预付款后，发包人应退还预付款担保，承包人将其退回银行注销，解除担保责任。

预付款担保的主要作用在于保证承包人能够按合同规定进行施工，偿还发包人已支付的全部预付金额。如果承包人中途毁约，中止工程，使发包人不能在规定期限内从应付工程款中扣除全部预付款，则发包人作为保函的受益人，有权将凭预付款担保向银行索赔该保函的担保金额作为补偿。

(5)保修担保

保修担保是为了确保在缺陷责任期内，由于承包商未能履行合同义务，由业主(或工程师)指定他人完成应由承包商承担的工作所发生的费用。我国清单计价规范和工程合同示范文本中把保修担保称为质量保证金，而IFDIC中称为保留金。

保修担保可以采用银行保函、担保公司担保书、保险公司保证保险函或者保修保证金的方式。

根据《建设工程质量保证金管理办法》(建质〔2017〕138号)和《建设工程施工合同(示范文本)》(GF—2017—0201)的规定，工程质量保证金比例不得高于工程价款结算总额的3%。

质量保证金的扣留有以下三种方式：①在支付工程进度款时逐次扣留，在此情形下，质量保证金的计算基数不包括预付款的支付、扣回以及价格调整的金额；②工程竣工结算时一次性扣留质量保证金；③双方约定的其他扣留方式。除专用合同条款另有约定外，质量保证金的扣留原则上采用上述第①种方式。发包人累计扣留的质量保证金不得超过结算合同价格的5%，如承包人在发包人签发竣工付款证书后28天内提交质量保证金保函，发包人应同时退还扣留的作为质量保证金的工程价款。

FIDIC合同条件规定，保留金的款额为合同总价的5%，从第一次付款证书开始，按期中支付工程款的10%扣留，直到累计扣留达到合同总额的5%止。

保留金的退还一般分两次进行。当颁发整个工程的移交证书时，将一半保留金退还给承包商；当工程的缺陷责任期满时，另一半保留金将由工程师开具证书付给承包商。如果签发的移交证书，仅是永久工程的某一区域或部分的移交证书时，则退还的保留金仅是移交部分的保留金，并且也只是一半。如果工程的缺陷责任期满时，承包商仍有未完成工作，则工程师有权在剩余工程完成之前扣发他认为与需要完成的工程费用相应的保留金余款。

例如，广州白云机场迁建工程是国家重点建设项目和广州市的重点基础设施工程，它的稳定可靠实施和风险有效控制，备受国内外广泛关注。2000年9月15日，广州白云国际机场拆迁工程指挥部与长安保证担保公司签署协议，根据协议，长安保证担保公司将为其提供投标、履约、预付款等各项保证担保，确定对总投资147亿元的新建项目实行保证担保，强化守信守约，保障业主权益和投资效益，使国家重点工程的信用风险降到最低。此举标志着与国际接轨的工程保证担保业在我国取得重要进展。

三、工程保险

1.工程保险的概念

工程保险是指通过工程参与各方购买相应的保险，将风险因素转移给保险公司，以求在意外事件发生时，其蒙受的损失能得到保险公司的经济补偿。在发达国家和地区，工程保险是工程风险管理采用较多的方法之一。

工程保险起源于20世纪30年代的英国。1929年，英国对泰晤士河上兴建的拉姆贝斯大桥提供了建筑工程的一切保险，开创了工程保险的先例。英国也是最早制定保险法律的国家。第二次世界大战后，欧洲进行了大规模的恢复生产、重建家园的活动，使工程保险业务得到了迅速发展。一些国家组织在援助发展中国家兴建水利、公路、桥梁以及工业与民用建筑的过程中，也要求通过工程保险来提供风险保障。特别是在国际咨询工程师联合会（FIDIC）将其列入施工合同条款后，工程保险制度在许多国家都迅速发展起来。

在我国，尽管保险业的历史可以追溯到20世纪初叶，但工程保险是伴随着改革开放的形势而出现和发展的。究其原因：一是随着我国的对外开放，许多国外投资者到中国投资，兴建大量的工程项目，而这些国外的投资者从自身风险分散的角度出发，需要工程保险的保障。二是在对外开放的形势下，我国的一些工程企业开始涉足海外工程市场，而这些工程企业在海外工程的投标过程中，作为履约的条件需要办理工程保险。三是国内的一些建设项目，由于业主单位的企业化和承包单位推行项目经理制，客观上需要对风险进行有效的控制和管理，也为工程保险的发展提供了机会。从1979年中国人民保险公司开办工程保险至今，我国的工程保险已经发展成为财产保险领域中的一个主要险种，发挥着巨大的风险保障作用。

2.工程保险的特点

尽管工程保险属于财产保险的领域，但与普通的财产保险相比，它具有显著的特点。

（1）工程保险承保的风险具有特殊性

工程保险承保的风险具有的特殊性表现在：首先，工程保险既承保被保险人财产损失的风险，同时还承保被保险人的责任风险。其次，承保的风险标的中大部分处于裸露风险中，对于抵御风险的能力大大低于普通财产保险的标的。第三，工程在施工工程中始终处于一种动态的过程，各种风险因素错综复杂，使风险加大。

（2）工程保险的保障具有综合性

工程保险针对承保风险的特殊性提供的保障具有综合性，工程保险的主要责任范围一般由物质损失部分和第三者责任部分构成。同时，工程保险还可以针对工程项目风险的具体情况提供运输过程中、工地外储存过程中、保证期过程中等各类风险的专门保障。

（3）工程保险的被保险人具有广泛性

普通财产保险的被保险人的情况较为单一，但是，由于工程建设过程中的复杂性，可能涉及的当事人和关系方较多，包括业主、主承包商、分包商、设备供应商、设计商、技术顾问、工程监理等，他们均可能对工程项目拥有保险利益，成为被保险人。

（4）工程保险的保险期限具有不确定性

普通财产保险的保险期限是相对固定的，通常是一年。而工程保险的保险期限一般是根据工期确定的，往往是几年，甚至十几年。与普通财产保险不同的是，工程保险的保险期限的起止点不是确定的具体日期，而是根据保险单的规定和工程的具体情况确定的。为此，工程保险采用的是工期费率，而不是年度费率。

（5）工程保险的保险金额具有变动性

财产保险的保险金额在保险期限内是相对固定不变的，但是工程保险的保险金额，在保险期限内是随着工程建设的进度不断增长的。所以在保险期限内的任何一个时点，保险金额是不同的。

3.工程保险的种类

工程保险又分为强制性保险和自愿性保险。所谓强制性保险，就是按照法律的规定，工程项目当事人必须投保的险种，但投保人可以自主选择保险公司。自愿性保险，则是根据自己的需要自愿参加的保险，其赔偿或给付的范围以及保险条件等，均由投保人与保险公司根据签订的保险合同确定。工程保险通常有下列险种：

（1）工程一切险

工程一切险通常剔除了那些发生概率很小或要支付的保费相当高的风险以外的一切风险。但是，保险公司在保险条款中均指出下列风险不在赔偿之列：战争、敌对行动、暴动、核污染、音速或超声速飞行器的冲击等。

承包商或雇主应对工程（连同材料和配套设备）进行保险。保险的数额应不低于所保险项目的重置成本，包括拆除、运走废弃物的费用以及专业费用和利润。实际的投保额要根据工程项目的具体情况确定。

投保的期限一般为从现场开始工作到工程的任何区段或全部工程颁发移交证书为止。如果由于未投保或未能从承保人那里收回有关金额所招致的损失，应由雇主和承包商根据具体情况及合同条件的有关规定分担。

（2）施工设备保险

承包商的设备和其他物品由承包商投保，投保金额为重置这些物品的金额。此种保险类似于一般财产保险。

（3）第三者责任险

按法律或合同规定，承包商或业主要对因自身过失而引起的第三方损失承担责任。承包商应以雇主和承包商的联合名义，对由于工程施工可能引起的现场周围任何人员（包括雇主及其雇用人员、行人等）的伤亡及财产的损失进行责任保险。保险金额至少应为投标书附件中规定的数额，若承包商认为有必要，可以加大该金额。

（4）工伤保险

业主应依照法律或合同规定参加工伤保险，并为在施工现场的全部员工办理工伤保险，缴纳工伤保险费。承包商应依照法律或合同规定参加工伤保险，并为其履行合同的全部员工办理工伤保险，缴纳工伤保险费，并要求分包人及由承包人为履行合同聘请的第三方依法参加工伤保险。

（5）意外伤害保险

承包商和业主可以为其施工现场的全部人员（包括其员工及为履行合同聘请的第三方的人员）办理意外伤害保险并支付保险费。

什么是工程招标与投标

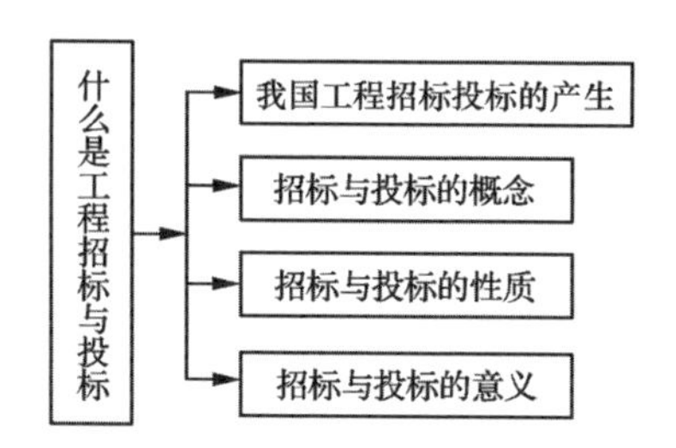

一、我国工程招标投标的产生

1.招标投标产生的背景与历史沿革程

20 世纪 80 年代，随着我国改革开放的不断深入，迫切要求在建筑领域开始进行改革。

首先，把计划经济时代由国家下达指令计划，建筑企业根据国家的计划值进行加工生产的模式，改变为由国家有关部委通过政策进行宏观调控，建筑企业根据自身的情况，通过贷款、发行各种债券、股票等融资手段有偿使用资金，自负盈亏的市场经济模式。

其次，引进国际上的工程监督模式，加强和完善工程项目的管理模式，开始实行工程建设监理制度和招标投标制度。这就是俗称建筑领域的三大改革。改革开放以来招标投标事业发展的历程，大体可以分为三个阶段。

(1)探索发展阶段(1980 年—1999 年)

①探索推广阶段(1980 年—1984 年)，开创并推广了中国的招标投标事业

1980 年国务院颁布了《关于开展和保护社会主义竞争的暂行规定》，提出对一些适于承包的生产建设项目和经营项目，可以试行招标投标办法。1984 年国务院颁布了《关于改革建筑业和基本建设管理体制若干问题的暂行规定》，再一次强调要改变单纯用行政手段分派建设任务的老办法，实行招标投标。1984 年，我国在国家工程建设中实行招标投标承发包制度，建筑业的经营体制发生了质的变化，并在深圳和吉林开始招标投标的试点工作。

②全面发展阶段(1985 年—1999 年)，招标投标发展迅速，管理体系基本形成

1985 年 11 月，《建设工程招标投标暂行规定》颁布，以后各省市相继制定了与之相适应的《建设工程招标投标管理办法》。1992 年建设部发布《工程建设施工招标投标管理办法》和《招标投标公证程序细则》。

1992 年 12 月，国家建设部发布《工程建设施工招标投标管理办法》，对招标投标各个环节作出了明确规定，进一步规范招标投标制度。

1997 年 2 月 5 日，建设部印发《关于建立建设工程交易中心的指导意见》，要求各直辖市、计

划单列市、各试点城市和绝大多数省会城市在当年建立交易中心，有关工程建设项目管理机构原则上全部进入中心集中办公，统一管理，规范市场主体行为。

1998 年 3 月 1 日，《中华人民共和国建筑法》在全国施行，确立了建筑工程发包与承包招标投标活动的法律地位。8 月，国家建设部印发《关于进一步加强工程招标投标管理的规定》，要求凡未建立有形建筑市场的地级以上城市，在年内要建立起有形建筑市场（即建设工程交易中心）。至此，开始初步形成建筑市场监督管理新模式，结束了工程建设招标投标工作各自为政、执法监察不力等状况。

（2）规范化阶段（2000 年—2012 年），招标投标事业开始全面走上依法治理轨道

2000 年 1 月 1 日实施《中华人民共和国招标投标法》、2003 年 1 月 1 日实施《政府采购法》、2012 年 2 月 1 日施行《中华人民共和国招标投标法实施条例》，标志着招标投标活动步入法制化、制度化和规范化的管理轨道，极大地推动了招标投标工作，有力促进了我国市场经济的健康发展，成为我国招标投标事业发展的重要里程碑，标志着我国招标投标事业发展进入了全新的历史阶段。

（3）信息化阶段（2013 年至今），全面推进招标投标体制创新、机制创新和科技创新

从 1999 年开始开展电子招标投标系统至今，电子招标投标覆盖货物采购、重大装备招标采购、建筑工程招标采购、政府采购、药品采购等领域，整个招标过程全部实现电子化。2013 年 5 月 1 日，国家发改委等 8 个部门联合发布的《电子招标投标办法》及其技术规范正式施行，统一了技术规范，改变了技术标准不一的局面，使电子招标投标逐步走上规范化、程序化、标准化、常规化的发展轨道。2015 年国务院办公厅印发了《关于整合建立统一的公共资源交易平台工作方案的通知》，要求积极推动整合成立公共资源交易中心，并将招标投标过程信息化、电子化。为深化“放管服”和供给侧改革的要求，从 2017 年开始我国对招标投标相关法律、法规进行了全面修订。这标志着全社会依法招标投标意识显著增强。

2.鲁布革水电站简介

鲁布革水电站项目是我国第一个实行国际招标的水电建设工程，它运用先进的项目管理手段，最终实现了工期短、成本低、质量好的效果。1987 年 9 月，国务院召开的全国施工会议提出了推广鲁布革经验。日本大成公司以比中国与其他外国公司联营体投标价低 3 600 万元中标。同时，挪威和澳大利亚政府决定向工程提供贷款和咨询。于是形成了一项工程三方施工的格局：一方是由挪威专家咨询，由十四局三公司承建的厂房枢纽工程；一方是由澳大利亚专家咨询，由十四局二公司承建的首部枢纽工程；一方是由日本大成公司承建的引水系统工程。

按照世界银行关于贷款使用的规定，对引水隧洞工程的施工及主要机电设备实行了国际招标，此外，由世界银行推荐澳大利亚 SMCE 公司和挪威 AGN 公司作为咨询单位。

引水隧洞工程标底为 14 958 万元，日本大成公司以 8 463 万元的标价中标，1984 年 10 月 15 日就正式施工，从下达开工令到正式开工仅用了两个半月时间，隧洞开挖仅用了两年半时间，于 1987 年 10 月全线贯通，比计划提前五个月，1988 年 7 月引水系统工程全部竣工，比合同工期还提前了 122 天。实际工程造价按开标汇率计算约为标底的 60%。

鲁布革工程在施工组织上，承包方只用了 30 人组成的项目管理班子进行管理，施工人员是

我国水电十四局的500名职工。在建设过程中,实行了国际通行的工程监理制(工程师制)和项目法人责任制等管理办法。

大成公司先进的施工机械、精干的施工队伍、先进的管理机制、科学的管理方法引起了人们极大的关注。大成公司雇用中方劳务平均424人,劳务管理严格,施工高效,均衡生产,他们开挖两三个月,单头月平均进尺222.5米,全员劳动生产率4.57万元每人每年。1986年8月,在开挖直径8.8米的圆形发电隧道中,创造出单头进尺373.7米的国际先进纪录。当时曾流传过在大成公司施工的隧道里,穿着布鞋可以走到开挖工作面的佳话。

从1998年7月1日开始,鲁布革电厂率先在云南电网中实施无人值守(或少数人值守)管理模式。截至2005年年底,鲁布革总厂"厂房无人值守"已安全运行十多个月,以"零事故"完成发电任务。该厂自2005年1月正式实行厂房无人值守以来,运行人员从最初的每班12人逐渐减少到0,在1.5公里之外的远控室仅留一人值守。运行人员总数也由46人减少到16人,减幅达65%。实现厂房无人值守在我国常规水电站中尚属首例。

二、招标与投标的概念

招标与投标是国际经济来往中广泛采用的一种形式,也是市场经济的一种竞争方式。它是在市场经济条件下进行设计咨询、承包工程、采购物资设备、财产出租、中介服务等经济活动的一种贸易行为和交易方式,也是引入竞争机制定立合同(契约)的一种特殊形式。

招标与投标是指招标人对工程建设、货物买卖、劳务承担等交易业务,事先公布选择采购的条件和要求,招引他人承接,若干或众多投标人做出愿意参加业务承接竞争的意思表示,招标人按照规定的程序和办法择优选定中标人的活动。

工程招标是指招标人在发包建设项目之前,公开招标或邀请投标人,根据招标人的意图和要求提出报价,择日当场开标,以便从中择优选定中标人的一种经济活动。招标是利用报价的经济手段,择优选购商品的购买行为。

工程投标是工程招标的对称概念,指具有合法资格和能力的投标人根据招标条件,经过初步研究和估算,在指定期限内填写标书,提出报价,并等候开标,等待能否中标的经济活动。投标是利用报价的经济手段销售商品的交易行为。

三、招标与投标的性质

招标投标的目的在于选择中标人,并与之签订合同。因此,招标是签订合同的具体行为,是要约与承诺的特殊表现形式。招标投标中主要的具体法律行为有招标行为、投标行为和确定中标人行为。

1.招标行为的法律性质是要约邀请

依据合同订立的一般原理,招标人发布招标通告或投标邀请书的直接目的在于邀请投标人投标,投标人投标之后并不当然要订立合同,因此,招标行为仅仅是要约邀请,一般没有法律约束力。招标人可以修改招标公告和招标文件。实际上,各国政府采购规则都允许对招标文件进行澄清和修改。但是由于招标行为的特殊性,采购机构为了实现采购的效率及公平性等原则,在对招标文件进行修改时也往往要遵循一些基本原则，比如各国政府采购规则都规定，修改应在投标有效期内进行，应向所有的投标人提供相同的修改信息，并不得在此过程中对投标人造成歧视。

2.投标行为的法律性质是要约行为

投标文件中包含有将来订立合同的具体条款，只要招标人承诺（宣布中标）就可签订合同。作为要约的投标行为具有法律约束力，表现在投标是一次性的，同一投标人不能就同一招标项目进行一次以上的投标；各个投标人对自己的报价负责；在投标文件发出后的投标有效期内，投标人不得随意修改投标文件的内容和撤回投标文件。

3.确定中标人行为的法律性质是承诺行为

招标人一旦宣布确定中标人，就是对中标人的承诺。招标人和中标人各自都有权利要求对方签订合同，也有义务与对方签订合同。另外，在确定中标结果和签订合同前，双方不能就合同的内容进行谈判。

四、招标与投标的意义

实行建设项目的招标投标是我国建筑市场趋向规范化、完善化的重要举措，对于择优选择承包单位，全面降低工程造价，进而使工程造价得到合理有效的控制，具有十分重要的意义，具体表现在：

1.形成了由市场定价的价格机制

建设项目的招标投标基本形成了由市场定价的价格机制，使工程价格更加趋于合理。其最明显的表现是若干投标人之间出现激烈竞争（相互竞标），这种市场竞争最直接、最集中的表现就是在价格上的竞争。通过竞争确定出工程价格，使其趋于合理或下降，这将有利于节约投资、提高投资效益。

2.不断降低社会平均劳动消耗水平

建设项目的招标投标能够不断降低社会平均劳动消耗水平，使工程价格得到有效控制。在建筑市场中，不同投标者的个别劳动消耗水平是有差异的。通过推行招标投标，最终使那些个别劳动消耗水平最低或接近最低的投标者获胜，这样便实现了生产力资源较优配置，也对不同投标者实行了优胜劣汰。面对激烈竞争的压力，为了自身的生存与发展，每个投标者都必须切实在降低自己个别劳动消耗水平上下功夫，这样才能逐步而全面地降低社会平均劳动消耗水平，使工程价格更为合理。

3.工程价格更加符合价值基础

建设项目的招标投标便于供求双方更好地相互选择，使工程价格更加符合价值基础，进而更好地控制工程造价。由于供求双方各自出发点不同，存在利益矛盾，采用招标投标方式就为供求双方在较大范围内进行相互选择创造了条件，为需求者（如建设单位、业主）与供给者（如勘察设计单位、施工企业）在最佳点上结合提供了可能。需求者对供给者选择（即建设单位、业主对勘察设计单位和施工单位的选择）的基本出发点是“择优选择”，即选择那些报价较低、工期较短、具有良好业绩和管理水平的供给者，这样即为合理控制工程造价奠定了基础。

4.体现了公开、公平、公正的原则

建设项目的招标投标有利于规范价格行为，使公开、公平、公正的原则得以贯彻。我国招标投标活动有特定的机构进行管理，有严格的程序必须遵循，有高素质的专家支持系统和工程技术人员的群体评估与决策，能够避免盲目过度的竞争和营私舞弊现象的发生，强有力地遏制建筑领域中的腐败现象，使价格形成过程变得透明而较为规范。

5.减少交易费用

建设项目的招标投标能够减少交易费用，节省人力、物力、财力，进而使工程造价有所降低。我国目前从招标、投标、开标、评标直至定标，均在统一的建筑市场中进行，并有较完善的一些法律、法规规定，已进入制度化操作。招标投标中，若干投标人在同一时间同一地点报价竞争，在专家支持系统的评估下，以群体决策方式确定中标者，必然减少交易过程的费用，这本身就意味着招标人收益的增加，对工程造价必然产生积极的影响。

建设项目招标投标活动包含的内容十分广泛，具体来说包括建设项目强制招标的范围、建设项目招标的种类与方式、建设项目招标的程序、建设项目招标投标文件的编制、标底编制与审查、投标报价以及开标、评标、定标等。所有这些环节的工作均应按照国家有关法律、法规的规定认真执行并落实。

项目五　工程交易方式

知识分布网络

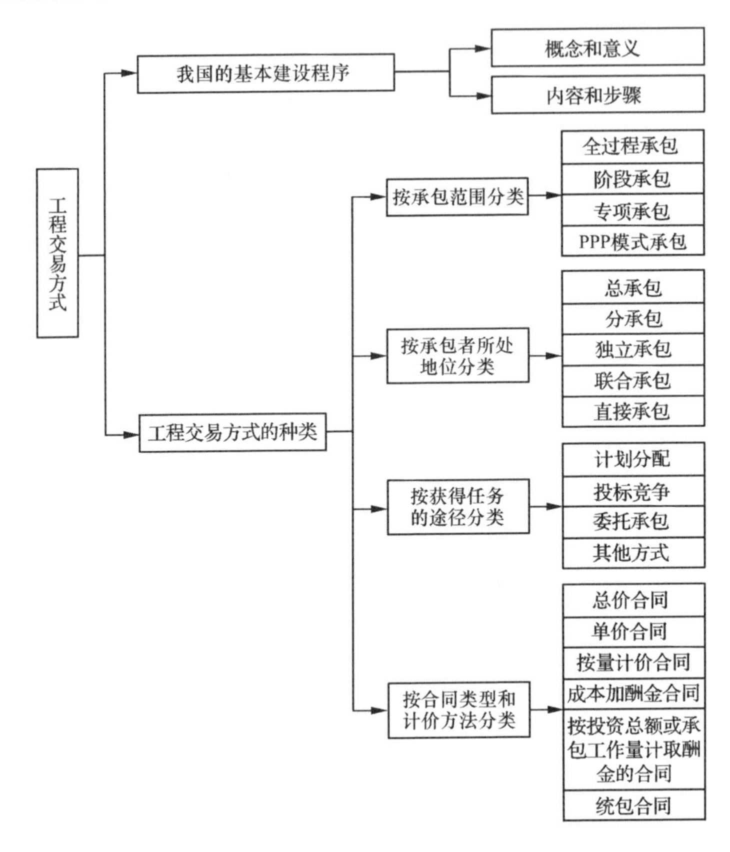

工程项目的交易是指建筑产品在建筑市场中的买卖活动。从业主的角度就是项目的发包或采购，是交易中的买方；从承包商的角度来说就是对项目的承包或承接，是交易中的卖方。

项目的交易内容和范围非常大，涉及项目的整个生命周期或者全过程，因此，要了解工程的交易必须先了解项目的基本建设程序。

一、我国的基本建设程序

1.基本建设程序的概念和意义

基本建设程序是指建设项目从设想、选择、评估、决策、设计、施工到竣工验收、投入生产整个建设过程中，各项工作必须遵循的先后次序的法则，也叫作项目的生命周期，如图1-8所示。按照建设项目的内在联系和发展过程，可将基本建设程序分成若干阶段，这些发展阶段有严格的先后次序，不能任意颠倒、违反其发展规律。遵循基本建设程序，先规划研究，后设计施工，有利于加强宏观经济计划管理，保持建设规模和国力相适应；还有利于保证项目决策正确，又快又好又省地完成建设任务，提高基本建设的投资效果。

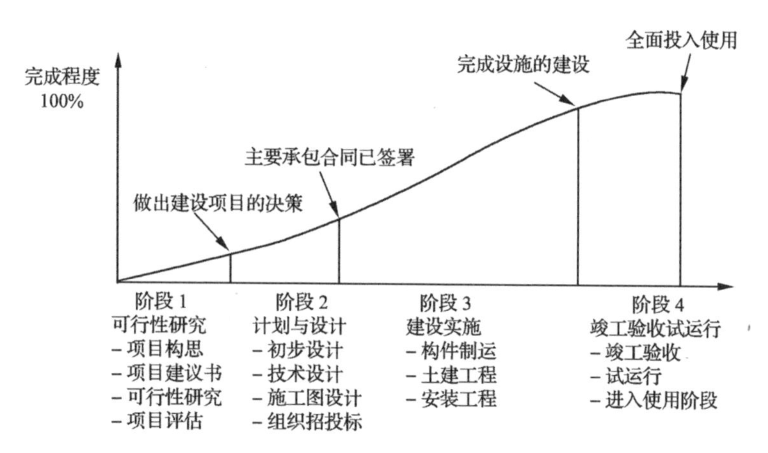

图 1-8 一般工程建设项目生命周期

2.基本建设程序的内容和步骤

目前我国基本建设程序的内容和步骤主要有：前期工作阶段，主要包括项目建议书、可行性研究、设计工作；建设实施阶段，主要包括施工准备、建设实施；竣工验收试运行阶段和后评价阶段，如图 1-9 所示。

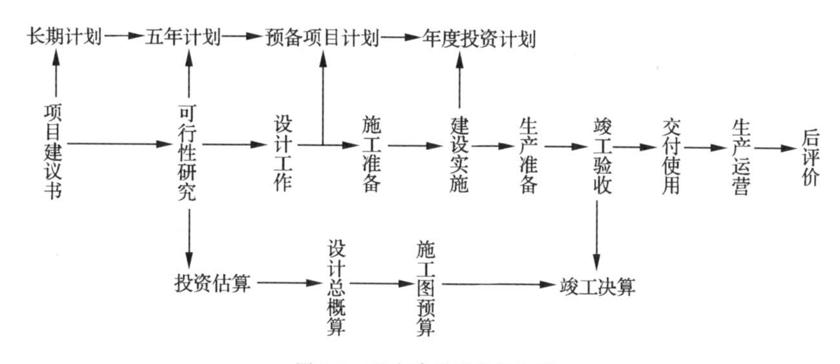

图 1-9 基本建设程序的步骤

在我国按现行规定，基本建设项目从建设前期工作到建设、投产，一般要经历以下几个阶段的工作程序：

(1)项目的前期策划和确立阶段

项目的前期策划和确立阶段的工作重点是对项目的目标进行研究、论证、决策。其工作内容包括项目的构思、项目建议书、可行性研究和项目评估，最后进行决策。如果决策结果是肯定的(即立项)，项目继续实施下去；如果决策结果是否定的，项目就到此结束。

(2)项目的设计与计划阶段

项目的设计与计划阶段的工作包括设计、计划、设备和工程采购等工作。

一般工程项目设计过程划分为初步设计和施工图设计两个阶段。对技术复杂而又缺乏经验的项目，可根据不同行业的特点和需要，增加技术设计阶段。

①初步设计(基础设计)。一般来说，初步设计是项目的宏观设计，其内容依项目的类型不同

而有所变化，主要包括项目的总体设计、布局设计，主要的工艺流程、设备的选型和安装设计，土建工程量及费用的估算等。初步设计文件应当满足编制施工招标文件、主要设备材料订货和编制施工图设计文件的需要，是下一阶段施工图设计的基础。

②施工图设计（详细设计）。其主要内容是根据批准的初步设计，绘制出正确、完整和尽可能详细的建筑、安装图纸。施工图设计完成后，必须委托由施工图设计审查单位审查并加盖审查专用章后使用。

③组织招标投标。其包括监理、施工、设备采购、设备安装等方面的招标投标，并择优选择施工单位，签订施工合同。

(3)项目的实施阶段

项目的实施阶段从现场开工直到工程建成交付使用为止。工作内容主要包括施工准备和施工两部分内容。

(4)竣工验收和试运行阶段

项目全部建设完成，通过各单项工程的验收，就进入了项目的试运行阶段。

(5)后评价阶段

建设项目后评价是工程项目竣工投产、生产运营一段时间后，再对项目的立项决策、设计施工、竣工投产、生产运营等全过程进行系统评价的一种技术经济活动。通过建设项目后评价，可以达到肯定成绩、总结经验、研究问题、吸取教训、提出建议、改进工作、不断提高项目决策水平和投资效果的目的。

二、工程交易方式的种类

1.按承包范围（内容）划分交易方式

按工程承包范围即承包内容划分的承包方式，有建设全过程承包、阶段承包、专项承包和PPP模式承包四种。

(1)建设全过程承包

建设全过程承包也叫“统包”或“一揽子承包”，即通常所说的“交钥匙工程”或“EPC工程”。采用这种承包方式，建设单位一般只要提出使用要求和竣工期限，承包单位即可对项目建议书、可行性研究、勘察设计、设备询价与选购、材料订货、工程施工、生产职工培训直至竣工投产，实行全过程、全面的总承包，并负责对各项分包任务进行综合管理、协调和监督工作。为了有利于建设和生产的衔接，必要时也可以吸收建设单位的部分力量，在承包单位的统一组织下，参加工程建设的有关工作。这种承包方式要求承发包双方密切配合，涉及决策性质的重大问题仍应由建设单位或其上级主管部门做最后的决定。建设全过程承包方式主要适用于各种大中型建设项目。它的好处是可以积累建设经验和充分利用已有的经验，节约投资，缩短建设周期并保证建设的质量，提高经济效益。当然，要求承包单位必须具有雄厚的技术经济实力和丰富的组织管理经验。为适应这种要求，国外某些大承包商往往和勘察设计单位组成一体化的承包公司，或者更进一步扩大到若干专业承包商和器材生产供应厂商，形成横向的经济联营体。这是近几十年来建筑业一种新的发展趋势。改革开放以来，我国各部门和地方建立的建设工程总承包公司即属于这种性质的承包单位。

(2)阶段承包

阶段承包的内容是建设过程中某一阶段或某些阶段的工作。例如可行性研究、勘察设计、建筑安装施工等。在施工阶段，还可依承包内容的不同，细分为三种方式：

①包工包料。即承包工程施工所用的全部人工和材料。这是国际上较为普遍采用的施工承包方式。

②包工部分包料。即承包者只负责提供施工的全部人工和一部分材料，其余部分则由建设单位或总包单位负责供应。我国改革开放前曾实行多年的施工单位承包全部用工和地方材料，建设单位负责供应统一调配的和部分的材料以及某些特殊材料的方式，这就属于包工部分包料的承包方式。改革开放后已逐步过渡到以包工包料方式为主。

③包工不包料。即承包人仅提供劳务而不承担供应任何材料的义务。在国内外的建筑工程中都存在这种承包方式。

(3)专项承包

专项承包的内容是某一建设阶段中的某一专门项目，由于专业性较强，多由有关的专业承包单位承包，故称专业承包。例如，可行性研究中的辅助研究项目，勘察设计阶段的工程地质勘查、供水水源勘察、基础或结构工程设计、工艺设计、供电系统、空调系统及防灾系统的设计，建设准备过程中的设备选购和生产技术人员培训，以及施工阶段的基础施工、金属结构制作和安装、通风设备和电梯安装等。

(4)PPP 模式承包

PPP(Public-Private Partnership)即政府和社会资本合作模式，是在基础设施及公共服务领域，政府采取竞争性方式择优选择具有投资、运营管理能力的社会资本，双方按照平等协商原则订立合同，明确责权利关系，建立的一种长期合作关系。通常，由社会资本承担设计、建设、运营、维护基础设施的大部分工作提供公共服务或公共产品，并通过“使用者付费”及必要的“政府付费”获得合理投资回报。政府部门负责基础设施及公共服务价格和质量监管，依据公共服务绩效评价结果向社会资本支付相应对价，给予社会资本合理收益，最终保证公共利益最大化。我国从2014 年开始推广 PPP 模式，到 2017 年建立了四批示范项目，截止到 2022 年 1 月 18 日 PPP 管理库项目共有 10 203 个，总金额为 160 719 亿元，已成为基础设施及公共服务领域一种重要的建设模式。PPP 运作流程主要包括五个阶段，如图 1-10 所示，首先是项目识别阶段和项目准备阶段，这两个阶段的主要任务是由地方政府或指定的项目实施机构(代政府)发起项目，并对项目进行物有所值评价、财政承受能力论证和实施方案的审核，简称为“两评一案”。其目的是，保证项目效果比传统政府运营模式具有更高的经济性；地方政府在财政上有能力承担 PPP 项目中政府购买服务的支出，国家规定 PPP 项目的总支出不得超过当地公共预算支出的 10%，并且初步项目方案具有可行性。通过“两评一案”项目进入项目采购阶段，通过招标等形式选择合适的社会资本方。然后由社会资本方负责整个项目的建设和运营，政府负责绩效监督，这就是项目的执行阶段。当项目特许运营期到期后，社会资本方将项目无偿移交给当地政府。PPP 模式主要有租赁运营-移交(LOT)、建设-运营-移交(BOT)、建设-拥有-运营(BOO)、转让-运营-移交(TOT)和改建-运营-移交(ROT)等多种形式。

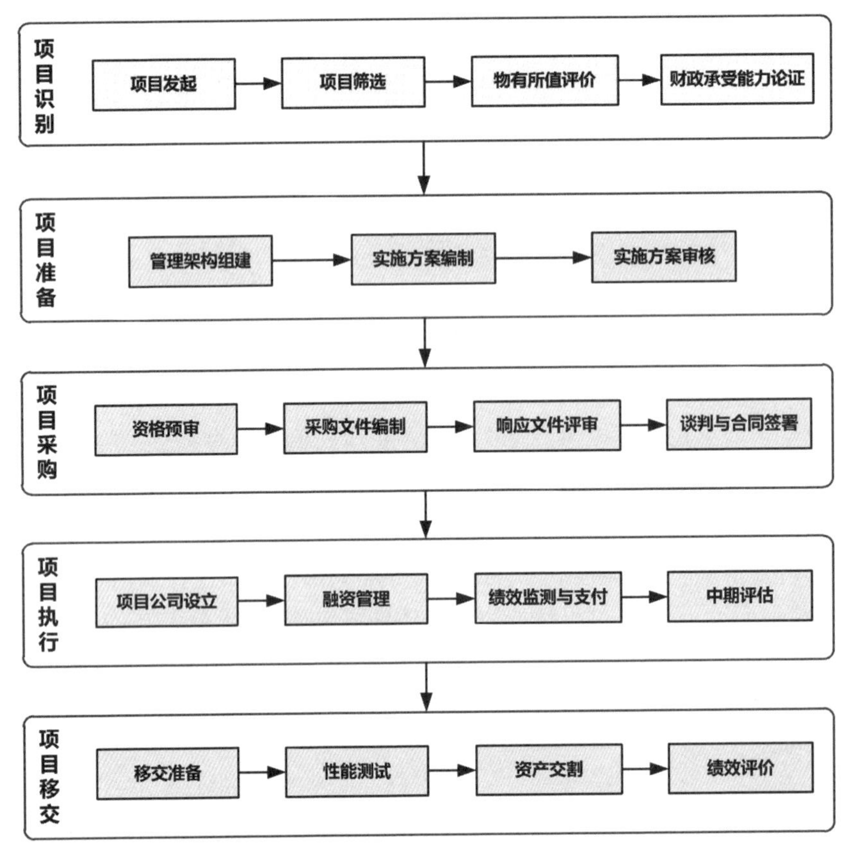

图 1-10　PPP 运作流程图

2.按承包者所处地位划分交易方式

在工程承包中,一个项目上往往有不止一个承包单位。承包单位与建设单位之间,以及不同承包单位之间的关系不同,地位不同,也就形成不同的承包方式,常见的有以下五种:

(1)总承包

一个建设项目建设全过程或其中某个阶段(例如施工阶段)的全部工作,由一个承包单位负责组织实施。该承包单位可以将若干专业性工作交给不同的专业承包单位去完成,并统一协调和监督他们的工作。在一般情况下,建设单位仅同这个承包单位发生直接关系,而不同各专业承包单位发生直接关系。这样的承包方式叫作总承包。承担这种任务的单位叫作总承包单位,或简称总包,通常有咨询设计机构、一般土建公司以及设计施工一体化的大建筑公司等。我国的工程总承包公司就是总包单位的一种组织形式。

(2)分承包

分承包简称分包,是相对总承包而言的,即承包者不与建设单位发生直接关系,而是从总承包单位分包某一分项工程(例如土方、模板、钢筋等)或某种专业工程(例如钢结构制作和安装、卫生设备安装、电梯安装等),在现场上由总包统筹安排其活动,并对总包负责。分包单位通常为专业工程公司,例如基础公司、路桥公司、装饰工程公司等。国际上通行的分包方式主要有两种:一种是由建设单位指定分包单位,与总包单位签订分包合同,称为指定分包商;一种是由总包单位自行选择分包单位并签订分包合同,称为自雇型分包商。

(3)独立承包

独立承包是指承包单位依靠自身的力量完成承包任务,而不实行分包的承包方式。通常仅适用于规模较小、技术要求比较简单的工程以及修缮工程。

(4)联合承包

联合承包是相对于独立承包而言的承包方式,即由两个以上承包单位组成联营体承包一项工程任务,由参加联合的各单位推定代表统一与建设单位签订合同,共同对建设单位负责,并协调他们之间的关系。但参加联合的各单位仍是各自独立经营的企业,只是在共同承包的工程项目上,根据预先达成的协议,承担各自的义务和分享共同的收益,包括投入资金数额、工人和管理人员的派遣、机械设备和临时设施的费用分摊、利润的分享以及风险的分担等。

联合承包方式由于多家联合,资金雄厚,技术和管理上可以取长补短,发挥各自的优势,有能力承包大规模的工程任务。同时由于多家共同协作,在报价及投标策略上互相交流经验,也有助于提高竞争力,较易得标。在国际工程承包中,外国承包企业与工程所在国承包企业联合经营,也有利于了解和适应当地国情民俗、法规条例,便于开展工作。

(5)直接承包

直接承包就是在同一工程项目上,不同的承包单位分别与建设单位签订承包合同,各自直接对建设单位负责。各承包商之间不存在总分包关系,现场上的协调工作可由建设单位自己去做,或委托一个承包商牵头去做,也可聘请专门的项目经理来管理。

3.按获得承包任务的途径划分交易方式

根据承包单位获得任务的不同途径,交易方式可划分为四种。

(1)计划分配

在计划经济体制下,由中央和地方政府的计划部门分配建设工程任务,由设计、施工单位与建设单位签订承包合同。在我国,计划分配曾是多年来采用的主要方式,但随着改革的深化已很少采用。

(2)投标竞争

通过投标竞争,优胜者获得工程任务,与建设单位签订承包合同。这是国际上通行的获得承包任务的主要方式。我国实行社会主义市场经济体制后,建筑业和基本建设管理体制改革的主要内容之一,就是从以计划分配工程任务为主逐步过渡到以在政府宏观调控下实行投标竞争为主的承包方式。

(3)委托承包

委托承包也称协商承包,即不需经过投标竞争,而由建设单位与承包单位协商,签订委托其承包某项工程任务的合同。

(4)获得承包任务的其他途径

《中华人民共和国招标投标法》第六十六条规定,"涉及国家安全、国家机密、抢险救灾或者属于利用扶贫资金实行以工代赈、需要使用农民工等特殊情况,不适宜进行招标的项目,按照国家规定可以不进行招标。"此外,依国际惯例,由于涉及专利权、专卖权等原因,只能从一家厂商获得供应的项目,也属于不适宜进行招标的项目。对于此类项目的实施,可以视为特殊情况,由政府主管部门以行政命令指派适当的单位执行承包任务;或由主管部门授权项目主办单位(业主)或听其自主,与适当的承包单位协商,将项目委托其承包。

4.按合同类型和计价方法划分交易方式

不同的工程项目的条件和承包内容,往往要求不同类型的合同和报价计算方法。因此,在实践中,合同类型和计价方法就成为划分承包方式的重要依据。

(1)总价合同

总价合同就是按照商定的总价承包工程。它的特点是以设计图纸和工程说明书为依据,明确承包内容和计算包价,并一笔包死。在合同执行过程中,除非建设单位要求变更原定的承包内容,承包单位一般不得要求变更包价。这种方式对建设单位来说比较简便,因此受到一般建设单位的欢迎。对承包商来说,如果设计图纸和工程说明书相当详细,能据以比较精确地估算造价,签订合同时考虑得也比较周全,不致有太大的风险,也是一种比较简便的承包方式。但如果设计图纸和工程说明书不够详细,未知数比较多,或者遇到材料突然涨价以及恶劣的气候等意外情况,承包单位需承担应变的风险。为此,往往加大不可预见费用,因而不利于降低造价,最终是对承包单位不利。这种承包方式通常仅适用于规模较小、技术不太复杂的工程。一般可将总价合同分为以下四种:

①固定总价合同。其特点主要是,如果设计图纸及工程要求不变,则总价不变;如果设计图纸及工程要求有变,则总价也变。风险全由承包商承担。

②调值总价合同。其特点主要是,如果没有发生通货膨胀,则总价不变;如果因通货膨胀引起工料成本增加达到一定限度,则总价做相应调整。发包人(业主)承担通货膨胀风险,承包商承担其他风险。

③固定工程量总价合同。其主要特点是:如未改变设计或未增加新项目,则总价不变;如改变设计或增加新项目,则总价也变,具体做法是通过合同中已确定的单价来计算新增的工程量和调整总价。

④管理费总价合同。其主要特点是:由业主聘请管理专家并支付一笔总的管理费。

(2)单价合同

在没有施工详图就需开工,或虽有施工图但对工程的某些条件尚不完全清楚的情况下,既不能比较精确地计算工程量,又要避免凭运气而使建设单位和承包单位任何一方承担过大的风险,采用单价合同是比较适宜的。在实践中,这种承包方式可细分为三种:

①按分部分项工程单价承包,即由建设单位开列分部分项工程名称和计量单位。例如挖土方每立方米、混凝土每立方米、钢结构每吨等等,多由承包单位逐项填报单价;也可以由建设单位先提出单价,再由承包单位认可或提出修订的意见后作为正式报价,经双方磋商确定承包单价,然后签订合同,并根据实际完成的工程数量,按此单价结算工程价款。这种承包方式主要适用于没有施工图、工程量不明急需开工的紧急工程。

②按最终产品单价承包,即按每一平方米住宅、每一平方米道路等最终产品的单价承包。其报价方式与按分部分项工程单价承包相同。这种承包方式通常适用于采用标准设计的住宅,中、小学校舍和通用厂房等工程。但考虑到基础工程因条件不同而造价变化较大,我国按每一平方米单价承包某些房屋建筑工程时,一般仅指±0 标高以上部分,基础工程则以按量计价承包或分部分项工程单价承包。单价可按预算定额或加调价系数一次包死,也可商定允许随工资和材料价格指数的变化而调整。具体的调整办法在合同中应明确规定。

③按总价投标和决标,按单价结算工程价款。这种承包方式适用于设计已达到一定的深度,能据以估算出分部分项工程数量的近似值,但由于某些情况不完全清楚,在实际工作中可能出现

较大变化的工程。例如，在铁路或水电建设中的隧洞开挖，就可能因反常的地质条件而使土石方数量产生较大的变化。为了使承发包双方都能避免由此而来的风险，承包单位可以按估算的工程量和一定的单价提出总报价，建设单位也以总价和单价为评标、决标的主要依据，并签订单价承包合同。随后，双方则按实际完成的工程数量与合同单价结算工程价款。

(3)按量计价合同

按量计价合同以工程量清单和单价表为计算包价的依据。通常由建设单位委托设计单位或专业估算师（造价工程师或测量师）提出工程量清单，列出分部分项工程量，例如挖土若干立方米，填土夯实若干立方米，混凝土若干立方米，墙面抹灰若干平方米，等等，由承包商填报单价，再算出总造价。因为工程量是统一计算出来的，承包商只要经过复核并填上适当的单价，就能得出总造价，其承担风险较小；发包单位也只要审核单价是否合理即可，对双方都方便。目前国际上采用这种承包方式的较多；在我国，作为工程造价计算方法的改革方向，已开始推行。

(4)成本加酬金合同

成本加酬金合同的基本特点是按工程实际发生的成本（包括人工费、材料费、施工机械使用费、其他直接费和施工管理费以及各项独立费，但不包括承包企业的总管理费和应缴税金），加上商定的总管理费和利润，来确定工程总造价。这种承包方式主要适用于开工前对工程内容尚不十分清楚的情况，例如，边设计边施工的紧急工程，或遭受地震、战火等灾害破坏后需修复的工程。在实践中主要有四种不同的具体做法：

①成本加固定百分数酬金

$$C=C_a(1+P) \qquad (式 1\text{-}1)$$

式中 C——总造价；

C_a——实际发生的工程成本；

P——固定的百分数。

从上式中可以看出，总造价 C 将随工程成本 C_a 的增加而增加，显然不能鼓励承包商关心缩短工期和降低成本，因为这对建设单位是不利的。现在这种承包方式已很少采用。

②成本加固定酬金

工程成本实报实销，但酬金是事先商定的一个固定数目。计算式如下：

$$C=C_a+F \qquad (式 1\text{-}2)$$

式中 F——酬金，通常按估算的工程成本的一定百分比确定，数额是固定不变的。

成本加固定酬金的承包方式虽然不能鼓励承包商关心降低成本，但从尽快取得酬金的角度出发，承包商将会关心缩短工期，这是其可取之处。为了鼓励承包单位更好地工作，也有在固定酬金之外，再根据工程质量、工期和降低成本情况另加奖金的。在这种情况下，奖金所占比例的上限可大于固定酬金，以充分发挥奖励的积极作用。

③成本加浮动酬金

成本加浮动酬金的承包方式要事先商定工程成本和酬金的预期水平。如果实际成本恰好等于预期水平，工程造价就是成本加固定酬金；如果实际成本低于预期水平，则增加酬金；如果实际成本高于预期水平，则减少酬金。这三种情况可用如下算式表示

$$\begin{aligned} &C_a=C_0, C=C_a+F \\ &C_a<C_0, C=C_a+F+\Delta F \\ &C_a>C_0, C=C_a+F-\Delta F \end{aligned} \qquad (式 1\text{-}3)$$

式中　C_0——目标成本；

ΔF——酬金增减部分，可以是一个百分数，也可以是一个固定的绝对数。

采用这种承包方式，通常规定，当实际成本超支而减少酬金时，以原定的固定酬金数额为减少的最高限度。即在最坏的情况下，承包人将得不到任何酬金，但不必承担赔偿超支的责任。

从理论上讲，这种承包方式既对承发包双方都没有太多风险，又能促使承包商关心降低成本和缩短工期。但在实践中准确地估算预期成本比较困难，所以要求当事双方具有丰富的经验并掌握充分的信息。

④目标成本加奖罚

在仅有初步设计和工程说明书但迫切要求开工的情况下，可根据粗略估算的工程量和适当的单价表编制概算，作为目标成本；随着详细设计逐步具体化，工程量和目标成本可加以调整，另外规定一个百分数作为酬金；最后结算时，如果实际成本高于目标成本并超过事先商定的界限（例如5%），则减少酬金，如果实际成本低于目标成本（也有一个幅度界限），则增加酬金。用算式表示如下

$$C=C_a+P_1C_0+P_2(C_0-C_a) \quad \text{（式 1-4）}$$

式中　C_0——目标成本；

P_1——基本酬金百分数；

P_2——奖罚百分数。

此外，还可另加工期奖罚。

这种承包方式可以促使承包商关心降低成本和缩短工期，而且目标成本是随设计的进展而加以调整才确定下来的，故建设单位和承包商双方都不会承担多大风险，这是其可取之处。当然也要求承包商和建设单位的代表都需具有比较丰富的经验和掌握充分的信息。

（5）按投资总额或承包工作量计取酬金的合同

按投资总额或承包工作量计取酬金的合同主要适用于可行性研究、勘察设计和材料设备采购供应等分项承包业务，即按概算投资额的一定百分比计算设计费；按完成勘察工作量的一定百分比计算勘察费；按材料设备价款的一定百分比计算采购承包业务费等，这些都要在合同中做出明确规定。

（6）统包合同

统包合同即“交钥匙”合同，其内容见“建设全过程承包”一节。达成统包合同与确定包价的一般步骤如下：

第一步，建设单位委托承包商做拟建项目的可行性研究，承包商在提交可行性研究报告的同时，提出初步设计和工程概算所需的时间和费用。

第二步，建设单位委托承包商做初步设计，并着手施工现场的准备工作。

第三步，建设单位委托承包商做施工图设计，并着手组织施工。

每一步都要签订合同，规定支付给承包商的报酬数额。由于设计是逐步深入，概预算是逐步完善的，而且建设单位要根据前一步工作的结果决定是否进行下一步工作，所以不大可能采用固定总价合同、按量计价合同或单价合同等承包方式，在实践中以采用成本加酬金合同者居多，至于具体采用哪一种成本加酬金合同，则根据实际情况由建设单位和承包商双方协商确定。

案例一

S省某建筑工程公司因施工期紧迫，事先未能与有关厂家订好供货合同，而造成施工过程中水泥短缺，急需100吨水泥。该建筑工程公司同时向A市海天水泥厂和B市丰华水泥厂发函，函件中称，“如贵厂有300号矿渣水泥现货(袋装)，吨价不超过1 500元，请求接到信10天内发货100吨。货到付款，运费由供货方自行承担。”

A市海天水泥厂接信当天回信，表示愿以吨价1 600元发货100吨，并于第三天发货100吨至S省建筑工程公司，建筑工程公司于当天验收并接收了货物。

B市丰华水泥厂接到要货的信件后，积极准备货源，于接信后第七天，将100吨300号袋装矿渣水泥装车，直接送至该建筑工程公司，结果遭到该建筑工程公司的拒收。理由是：本建筑工程仅需要100吨水泥，至于给丰华水泥厂发函，只是进行询问协商，不具有法律约束力。丰华水泥厂不服，遂向人民法院提起了诉讼，要求依法处理。

【问题】

(1)丰华水泥厂与某建筑工程公司之间是否存在生效的合同关系?

(2)某建筑工程公司拒收丰华水泥厂的100吨水泥是否合法有据?

(3)丰华水泥厂能否请求建筑工程公司支付违约金?

(4)对海天水泥厂的发货行为如何定性?

(5)海天水泥厂与建筑工程公司的合同何时成立?合同内容如何确定?

(6)假设建筑工程公司收到海天水泥厂的回信后，于次日再次去函表示愿以吨价1 599元接货，海天水泥厂收到第二份函件后即发货100吨至建筑工程公司。那么，二者之间的合同是否成立?如果成立，则何时成立?合同内容如何确定?

【答案】

(1)丰华水泥厂与建筑工程公司之间存在生效的合同关系。

(2)建筑工程公司拒收丰华水泥厂水泥的行为构成违约行为。

(3)丰华水泥厂不可以请求建筑工程公司支付违约金，但可以请求赔偿因其拒收行为导致丰华水泥厂的损失。

(4)海天水泥厂的发货行为是要约行为。

(5)海天水泥厂与建筑工程公司之间的合同于后者接收货物时成立。合同内容除价款为吨价1 600元外，其余以建筑工程公司的第一份函件内容为准。

(6)海天水泥厂与建筑工程公司之间的合同成立。合同成立的时间为海天水泥厂收到第二份函件之时。合同内容除价款为吨价1 599元外，其余均以建筑工程公司第一份函件为准。

【案例分析】

本题专门考查合同订立中的要约、承诺规则，其法律关系并不复杂，只包括建筑工程公司与海天水泥厂及建筑工程公司与丰华水泥厂的关系。本题共设六问，其中第(1)～(3)问为第一部分，考查建筑工程公司与丰华水泥厂的法律关系，难点有三：一是建筑工程公司的第一份函件的法律性质为何；二是丰华水泥厂的发货行为如何定性；三是无违约金条款时，违约金责任是否适用。第(4)～(6)问为第二部分，考查建筑工程公司与丰华水泥厂的法律关系，难点在于如何界定要约、要约邀请与承诺三者之间的区别。

本题问答的第一部分与第二部分之间并无牵连，考生可以将之分开，分别思考，独立作答。但是，同一部分中的各个问题之间紧密联系，应注意各个问答之间的协调性，统筹兼顾。

(1)(2)(3)根据《中华人民共和国民法典》规定，要约是希望和他人订立合同的意思表示，该意思表示应当符合下列规定：①内容具体确定；②经受要约人承诺，要约人即受该意思表示约束。要约邀请是希望他人向自己发出要约的意思表示。价目表的寄送、拍卖公告、招标公告、招股说明书、商品广告为要约邀请。要约可以撤回，但撤回要约的通知应当在要约到达受要约人之前或者同时到达受要约人。要约中确定了承诺期限或者以其他形式明示要约不可撤销的，要约则不得撤销。承诺的表示应当以通知的方式做出，但根据交易习惯或者要约表明可以通过行为做出承诺的除外。承诺应当在要约确定的期限内到达要约人。

本案中，某建筑工程公司发给丰华水泥厂的函电中，对标的、数量、规格、价款、履行期、履行地点等有明确规定，应认为内容确定。而且从其内容中可以看出，一经丰华水泥厂承诺，某建筑工程公司即受该意思表示约束，所以构成有效的要约。由于某建筑工程公司未行使撤回权，则在其要约有效期内，该建筑工程公司应受其要约的约束。由于该建筑工程公司在其函电中要求受要约人在10天内直接发货，所以丰华水泥厂在接到信件7天后发货的行为是以实际履行行为而对要约的承诺，因此可以认定在两个当事人之间存在生效的合同关系。

由于某建筑工程公司与丰华水泥厂的要约、承诺成立，二者之间存在有效的合同，则某建筑工程公司应履行其合同义务，其拒收丰华水泥厂水泥的行为构成违约行为。

由于某建筑工程公司拒收货物的行为构成违约行为，所以应承担违约责任。由于双方当事人没有约定违约金或损失赔偿额的计算方法，所以人民法院应根据实际情况确定损失赔偿额，其数额应相当于因该建筑工程公司违约给丰华水泥厂所造成的损失，包括合同履行后可以获得的利益，但不得超过某建筑工程公司在订立合同时应当预见到的因违反合同可能造成的损失。这里应注意的是，依《中华人民共和国民法典》第五百八十五条的规定，我国合同法的违约金是约定违约金。只有当事人双方明确约定有违约金条款的，才有违约金责任的适用。否则，一方不能请求另一方承担违约金责任。

(4)(5)海天水泥厂回信及随后的发货行为，应是对建筑工程公司发出反要约，因为其内容对建筑工程公司发出的要约构成了实质性变更。《中华人民共和国民法典》第四百八十八条规定，“承诺的内容应当与要约的内容一致。受要约人对要约的内容做出实质性变更的，为新要约。有关合同标的、数量、质量、价款或者报酬、履行期限、履行地点和方式、违约责任和解决争议方法等的变更，是对要约内容的实质性变更。”《中华人民共和国民法典》第四百八十九条规定，“承诺对要约的内容做出非实质性变更的，除要约人及时表示反对或者要约表明承诺不得对要约的内容做出任何变更的以外，该承诺有效，合同的内容以承诺的内容为准。”

既然海天水泥厂的回信从实质上变更了建筑工程公司的第一份函件，并依此发出货物，那么我们应认为海天水泥厂发出货物时是以单价1 600元/吨的意思进行的。面对这一新要约，建筑工程公司未表示异议，并验收、接收了货物。建筑工程公司的验货、接货行为应视为承诺。故此时二者之间的合同即告成立，合同的内容当然以海天水泥厂的回信为准。

(6)那么，海天水泥厂发出回信后，建筑工程公司发出的第二份函件应如何定性呢？我们认为，海天水泥厂的回信既为要约，那么建筑工程公司发出的第二份函件是对海天水泥厂回信的承诺，至于该承诺是否有效，还要视该函件是否构成了对海天水泥厂回信的实质性变更。对《中华人民共和国民法典》第四百八十八条规定应做灵活理解，即便受要约人对要约中有关合同价款做出了变更，但如果这一变更极其微小，应视为非实质性变更。因此，我们认为该份函件将吨价由1 600元改为1 599元，应为非实质性变更，而要约人海天水泥厂收到函件后即予以发货，表明海天水泥厂未予以及时表示反对。因此，该承诺是有效的，该合同也自海天水泥厂收到函件(承诺)时成立。至于海天水泥厂的发货行为，应是履行合同义务的行为。合同价款当然以建筑工程公司的第二份函件为准，其余内容以第一份函件载明的为准。

案例二

2015年6月10日，上海某房地产开发有限公司(以下简称为“A公司”)与浙江某建筑工程公司(以下简称为“B公司”)签订《建设工程施工合同》，合同中约定：由B公司作为施工总承包单位承建由A公司投资开发的某宾馆工程项目，承包范围是地下2层，地上24层的土建、采暖、给排水等工程项目，其中，玻璃幕墙专业工程由A公司直接发包，工期自2015年6月26日至2016年12月30日，工程款按工程进度支付。同时约定，由B公司履行对玻璃幕墙专业工程项目的施工配合义务，由A公司按玻璃幕墙专业工程项目竣工结算价款的3%向B公司支付总包管理费。

玻璃幕墙工程由江苏某一玻璃幕墙专业施工单位(以下简称“C公司”)施工。施工过程中，在总包工程已完工的情况下，由于C公司自身原因，导致玻璃幕墙工程不仅迟迟不能完工，且已完成工程也存在较多的质量问题。

A公司在多次催促B公司履行总包管理义务和C公司履行专业施工合同所约定的要求未果的情况下，以B公司为第一被告、C公司为第二被告向法院提起诉讼，诉讼请求有三项：

(1)请求判令第一被告与第二被告共同连带向原告承担由于工期延误所造成实际损失和预期利润。

(2)请求判令第一被告与第二被告共同连带承担质量的返修义务。

(3)请求判令第二被告承担案件的诉讼费和财产保全费用。

【争议焦点】

本案的发包人以施工总承包单位B公司收取“总包管理费”却没有履行总包管理职责，而要求与玻璃幕墙专业施工单位C公司共同承担连带责任，而总承包单位B公司则以玻璃幕墙专业工程项目的合同并非是B公司与C公司所签订为由而拒绝承担连带责任，从而产生纠纷。

分清这一纠纷的关键是分清总包配合费与总包管理费的异同之处，具体争议焦点主要是以下几点：

(1)B公司收取的"总包管理费",其实质是什么?而总包管理费与总包配合费的区别主要有哪些?

(2)若B公司在履行配合义务过程中存在瑕疵,是承担按份责任还是承担连带责任?而对于共同责任中的按份责任与连带责任,法律有哪些主要规定?

(3)A公司要求C公司承担宾馆延误开张的预期利润是否有法律依据?

【案例分析】

(1)B公司收取的"总包管理费",其实质是"总包配合费",二者是不同的概念。作为总承包单位的B公司愿意接受所谓的"总包管理费",主要有两个原因:其一是认为总承包人收取总包管理费实属"天经地义";其二是在总包范围外多收取一部分工程价款"何乐而不为"。但是,就是这个看似"你情我愿"的合意,却因为"名不副实"而"祸起萧墙"。因为B公司收取的名曰"总包管理费",其实质是"总包配合费"。

根据《中华人民共和国建筑法》第二十九条规定,建筑工程总承包单位可以将承包工程中的部分工程发包给具有相应资质条件的分包单位;但是,除总承包合同中约定的分包外,必须经建设单位认可。因此,当总承包人要求发包人同意其分包时,发包人往往要求总承包人同意由其直接与分包人结算,并约定以分包工程价款的一定比例向总承包人支付总包管理费。此时总承包单位收取的是名副其实的总包管理费。

《建设工程施工合同(示范文本)》(GF-2017-0201)2.4.2条规定,除专用合同条款另有约定外,发包人应负责提供施工所需要的条件,当发包人采取总包加平行发包模式时,直接发包的专业工程项目的施工条件往往需要总承包人配合才能满足,此时,发包人会与总承包人签订合同,就总包人提供的配合工作(例如脚手架、垂直运输等)而约定双方的权利和义务。往往就出现如同本案中B公司与A公司所约定的情形,虽然双方约定的是由总包人收取总包管理费,但是,其实质上收取的是总包配合费。

B公司虽然收取的是"总包管理费",但其实质上收取的是"总包配合费"。因为总包管理费与总包配合费所约定的主体和取费的形式相同,并且取费比例相近,所以,在实际工作中,二者往往容易混淆,以至于当需要配合的专业工程项目质量或工期出现问题时,发包人往往要求收取"总包管理费"的总承包人承担连带责任。二者的主要区别在于总承包人对该专业工程项目是否有发包权,若有,则对该专业工程项目有管理的义务,则收取的费用无论如何,其性质是总包管理费;若无,则对该专业工程项目无管理的义务,其性质仅是总包配合费。

(2)B公司收取总包管理费实为总包配合费,不应当与C公司共同承担连带责任。

玻璃幕墙工程不属于B公司的总承包范围内,是由A公司直接发包给C公司承建的,因此,对玻璃幕墙工程从法律层面而言,B公司没有总包管理的义务,虽然B公司从A公司收取的费用名称为"总包管理费",但其实质是总包配合费。既然是总包配合费,B公司应只就配合义务承担相应法律责任。

《中华人民共和国民法典》第七百九十一条规定,总承包人或者勘察、设计、施工承包人经发包人同意,可以将自己承包的部分工作交由第三人完成。第三人就其完成的工作成果与总承包人或者勘察、设计、施工承包人向发包人承担连带责任。《建设工程质量管理条例》第二十七条规定,"总承包单位依法将建设工程分包给其他单位的,分包单位应当按照分包合同的约定对其分包工程的质量向总承包单位负责，总承包单位与分包单位对分包工程的质量承担连带责任。”因此，如果收取的费用性质属于总包管理费，当专业工程项目出现质量等问题，总包人与分包人应共同向发包人承担连带责任。如果收取的费用性质是总包配合费，当专业工程项目出现质量等问题，则总承包人仅对履行配合义务的瑕疵承担责任，而不存在与专业工程施工单位共同向发包人承担连带责任。

(3)A公司要求C公司承担宾馆延误开张的预期利润具有法律依据。

《中华人民共和国民法典》第五百八十四条规定，当事人一方不履行合同义务或者履行不符合约定，给对方造成损失的，损失赔偿额应当相当于因违约所造成的损失，包括合同履行后可以获得的利益，但不得超过违反合同一方订立合同时预见到或者应当预见到的因违反合同可能造成的损失。《中华人民共和国民法典》第五百九十一条规定，当事人一方违约后，对方应当采取适当措施防止损失的扩大；没有采取适当措施致使损失扩大的，不得就扩大的损失要求赔偿。当事人因防止损失扩大而支出的合理费用，由违约方承担。

因此，守约方可以要求违约方赔偿两个方面的损失，即直接损失和可得利益，同时，也可以要求违约方承担守约方防止扩大损失的合理费用。但是，“可得利益”要求不得超过违约者预见到或应当预见到因违约对守约者造成的损失，同时，要求这种预见或应当预见的时间节点是在签订合同时，而不是其他别的时候。另外，为了防止违约行为造成进一步的损失，守约者所采取的措施而支出的费用可以要求违约者承担。例如，继续履行、变更合同等所支出的费用。当然，违约者也可以守约方没有采取适当措施为理由来抗辩守约方要求超额的赔偿要求。由此看来，A公司要求C公司承担宾馆延误开张的预期利润是有法律依据的。

在线自测

学习情境一　预备知识

学习情境二 招标投标的场所

教学导航图

教	知识重点	1.建筑市场 2.工程交易中心 3.工程招标与投标的概念 4.工程交易方式
	知识难点	1.建筑市场的含义 2.项目生命周期和交易方式 3.工程交易中心的办事流程
	推荐教学方式	1.理论部分讲授采用多媒体教学 2.实训中指导学生参观当地的工程交易中心，模拟各科室的办事流程
	建议学时	8学时
学	推荐学习方法	以招标投标交易流程项目为载体，设立相关的学习单元，创建相应的学习环境，将建筑市场、交易中心和交易方式贯穿其中，通过学习使学生能够独立承担交易中心的工作任务
	必须掌握的理论知识	1.建筑市场的分类 2.建筑市场的监管体系 3.交易中心的功能 4.招标投标的概述 5.工程承发包方式
	必须掌握的技能	顺利完成工程交易中心要求的任务
做	学习任务	1.什么是建筑市场？什么是建筑有形市场 2.我国为什么要建立建筑有形市场 3.政府如何实现对建筑有形市场的监督和管理 4.建筑有形市场与工程招标投标有何关系 5.建筑市场主体之间存在哪些合同和非合同关系 6.工程交易中心的作用和功能是什么？建筑有形市场与工程交易中心有何关系 7.我国为什么对工程交易实施招标投标制度 8.工程交易的方式有哪些？它们具有什么特点

实训项目 模拟工程交易中心

一、实训目的

1.掌握建筑市场的内涵。
2.掌握工程交易中心的职能和办事程序。
3.进一步理解我国建设有形建筑市场的必要性。

二、预习要求

1.预习教材中建筑市场和工程交易中心的有关知识。
2.预习教材中工程交易的知识。

三、实训内容和步骤

1.由每一个实训小组确定自己的实训计划。
2.各小组进行成员工作分工,绘制责任分配矩阵(RAM)和工作分解结构图(WBS)。
3.编制模拟流程图和准备工程交易中心各部分的职责材料。
4.作为招标人和投标人办理招标投标手续。

四、分析与讨论

1.总结本次实训项目完成过程中遇到的问题及解决办法。
2.每组选择一名学生代表该组就实训过程和结果总结发言。
3.教师对讨论结果进行点评。

项目一 走进建筑市场

知识分布网络

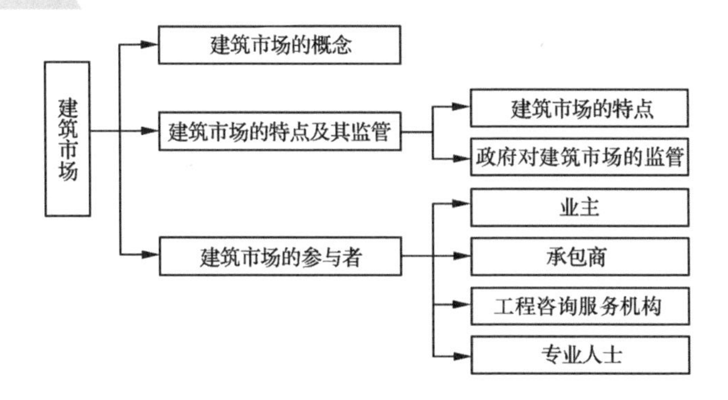

一、建筑市场的概念

市场是指商品交换的场所。但随着商品交换的发展，市场突破了村镇、城市、国家，最终实现了世界贸易乃至网上交易，因而市场的广义定义是商品交换关系的总和。按照这个定义，建筑市场是指建筑产品和有关服务的交换关系的总和，是以工程承发包交易活动为主要内容的市场，也称建设工程市场或建设市场。

建设市场有广义的市场和狭义的市场。狭义的市场一般指有形建设市场，有固定的交易场所。广义的市场包括有形市场和无形市场，无形市场是指没有固定交易场所，靠广告、中间商以及其他交易形式，寻求供应商或买主，沟通买卖双方，促成的交易方式。因此，建筑市场不仅包括工程市场和与工程建设有关的技术、租赁、劳务等各种要素市场，还包括为工程建设提供专业服务的中介组织体系，包括靠广告、通信、中介机构或经纪人等媒介沟通买卖双方或通过招标投标等多种方式成交的各种交易活动。

在商品经济条件下，建筑企业生产的产品大多是为了交换而生产的，建筑产品是商品，但具有与其他商品不同的以下特点：

1.建筑生产和交易的统一性

建筑物与土地相连，不可移动，这就要求施工人员和施工机械只能随建筑物不断流动。从工程的勘察、设计、施工任务的发包，到工程竣工，发包方与承包方、咨询方进行的各种交易与生产活动交织在一起。建筑产品的生产和交易过程均包含于建筑市场之中。

2.建筑产品的单件性

业主对建筑产品的用途、性能要求不同以及建设地点的差异，决定了多数建筑产品不能批量生产，且建筑市场的买方只能通过选择建筑产品的生产单位来完成交易。无论是设计、施工，还是管理服务，发包方都只能以招标要约的方式向一个或一个以上的承包商提出自己对建筑产品的要求。通过承包方之间在价格及其他条件上的竞争，确定承发包关系。业主选择的不是产品，而是产品的生产单位。

3.建筑产品的整体性和分部分项工程的相对独立性

建筑产品的整体性和分部分项工程的相对独立性决定了总包和分包相结合的特殊承包形式。随着经济的发展和建筑技术的进步，施工生产的专业性越来越强。在建筑生产中，由各种专业施工企业分别承担工程的土建、安装、装饰、劳务分包，有利于施工生产技术水平和效率的提高。

4.建筑生产的不可逆性

建筑产品一旦进入生产阶段，其产品不可能退换，更难以重新建造，且建筑最终产品质量是由各阶段成果的质量决定的，所以设计、施工必须按照规范和标准进行，才能保证生产出合格的建筑产品，否则双方都将承受极大的损失。

5.建筑产品的社会性

绝大部分建筑产品都具有相当广泛的社会性，涉及公众的利益和生命财产的安全，即使是私人住宅，也会影响到环境、进入或靠近它的人员的生活和安全。政府作为公众利益的代表，加强对建筑产品的规划、设计、交易、建造的管理是非常必要的，有关建设的市场行为都应受到管理部门的监督和审查。

建筑产品具有生产周期长、价值量大的特点，生产过程的不同阶段对承包单位的能力和特点要求不同，决定了建筑市场交易贯穿于建筑产品生产的整个过程。从工程建设的咨询、设计、施工任务的发包开始，到工程竣工、保修期结束为止，发包方与承包方、分包方进行的各种交易（承包商生产）以及相关的商品混凝土供应、构配件生产、建筑机械租赁等活动，都是在建筑市场中进行的。生产活动和交易活动交织在一起，使得建筑市场在许多方面不同于其他产品市场。

改革开放之后，经过近年来的发展，已形成了以发包方、承包方和中介服务方组成的市场主体；建筑产品和建筑生产过程为对象组成的市场客体；由招标投标为主要交易形式的市场竞争机制；由资质管理为主要内容的市场监督管理体系以及具有我国特色的有形建筑市场等等。它们共同构成了完善的建设市场体系。

建设市场由于引入了竞争机制，促进了资源优化配置，提高了建筑生产效率，推动了建筑企业管理和工程质量的进步。建筑业在国民经济中已占有相当重要的地位，建筑业的建筑市场体系已成为我国社会主义市场经济体系中一个非常重要的生产和消费市场。

二、建筑市场的特点及其监管

1.建筑市场的特点

(1)建筑产品交易主要分三次进行

①首先，项目可行性研究阶段是业主与工程咨询单位之间的交易。

②其次，项目勘察设计阶段是业主与勘察设计单位之间的交易。

③最后，项目实施阶段是业主与施工单位之间的交易。

(2)建筑产品价格是在招标投标竞争中形成的

业主是建筑产品的最后拥有者和使用者，是建筑市场的买方；承包商是建筑产品的生产制造者，在生产过程中暂时对工程实施负有保护的责任，是建筑市场的卖方。因此，工程承发包双方根据建筑市场中建筑产品的供求关系，通过招标投标这种竞争形式，实现建筑产品的买卖。

(3)建筑市场主体之间均应订立合同

业主、承包商和工程咨询单位等建筑市场主体之间均应订立合同。特别是施工合同具有“期限长”“内容多”“涉及面广”等特点，与其他商品交易合同不同，必须认真慎重对待。

2.政府对建筑市场的监管

建筑市场监管，是指政府有关部门针对建筑市场及其相关的建筑活动所进行的依法管制。建筑市场监管中包括行政创制行为、行政监督行为和行政管理行为。

我国政府对建筑市场监管系统实现的是住房和城乡建设部、省和地区的三级监管体系。如图 2-1 所示。

建筑市场的监管除了建设行政主管部门对建筑活动的管理外，还有政府有关部门的工商管理、产权管理、劳动管理、劳动保护和安全管理、财务金融管理等。建筑市场的监管职能是由许多政府职能部门共同完成的。另一方面，虽然建设行政主管部门法定的建筑市场监管职能只是建筑市场监管职能中的一部分，但是这个部分中包含目前建筑市场监管中最主要的部分。

建筑市场监管体系是由多个以不同子市场为管理对象的监管子系统所构成的。仅仅是属于建设行政主管部门职责范围内的建筑市场监管体系，就已经相当复杂了。按照建筑交易活动的不同对象来分，有勘察、设计、施工、监理、项目管理、总承包、专业分包和劳务分包等；按照程序来分，又可分为建筑市场准入、建设工程招标投标制度和工程许可制度等。

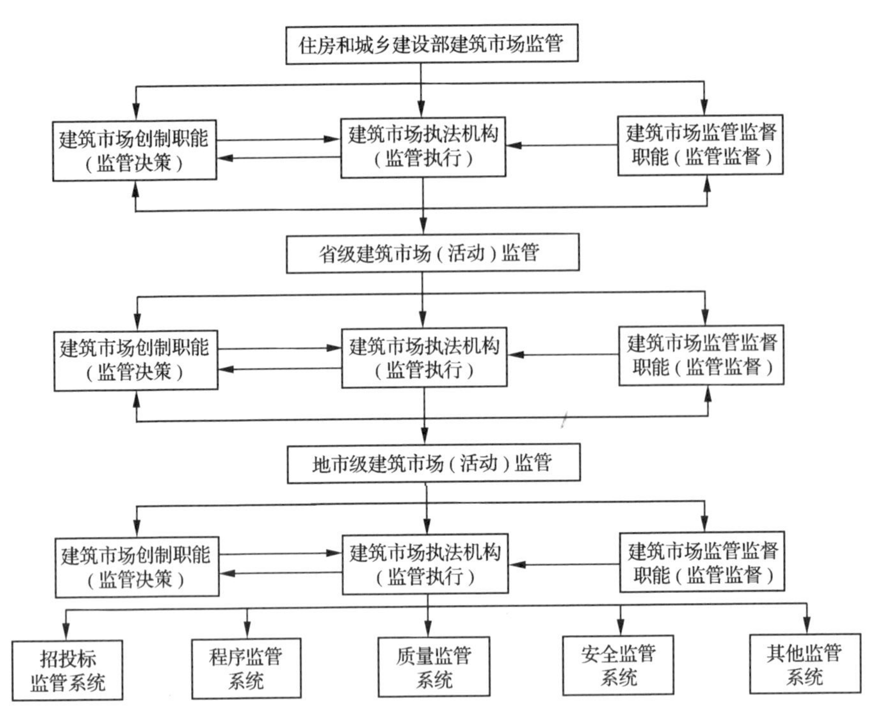

图 2-1　建筑市场监管体系

政府对建筑市场的主要任务是：

(1)制定建筑法律、法规。

(2)制定建筑规范与标准(国外大多由行业协会或专业组织编制)。

(3)对承包商、专业人士资质进行管理。

(4)安全和质量管理(国外主要通过专业人士或机构进行监督检查)。

(5)行业资料统计。

(6)公共工程管理。

(7)国际合作和开拓国际市场。

随着我国社会主义市场经济体制的逐步建立和完善，政府对建筑市场的监管职能的范围必将逐步缩小，而且还会逐步让市场本身自发地对建筑市场进行调节。另一方面，某些涉及公共利益和公共安全的政府管理职能则会进一步细化和加强，比如政府投资建设项目的招标投标。

三、建筑市场的参与者

建筑市场是市场经济的产物。从一般意义来看，建筑市场交易是业主给付建设费，承包商交付工程的过程。实际上，建筑市场交易包括很复杂的内容，其交易贯穿于建筑产品生产的全过程。在这个过程中，不仅存在业主和承包商之间的交易，还有承包商与分包商、材料供应商之间的交易，业主还要同设计单位、设备供应单位、咨询单位进行交易，以及进行与工程建设相关的商品混凝土供应、构配件生产、建筑机械租赁等活动，它们一同构成建筑市场生产和交易的总和。参与建筑生产交易过程的各方构成了建筑市场的主体。不同阶段的生产成果和交易内容即各种形态的建筑产品、工程设施与设备、构配件以及各种图纸和报告等非物化的劳动构成了建筑市场的客体。

1.业主

(1)业主的概念

业主也称为建设单位或雇主,是指工程项目的投资主体或投资者,是项目的拥有者或管理者,既享有项目的利益,同时也承担项目的贷款偿还工作和风险,也是建设项目管理的主体。业主是既有某项工程建设需求,又具有该项工程建设相应的建设资金和各种准建手续,在建筑市场中发包工程建设的勘察、设计、施工任务,并最终得到建筑产品的政府部门、企事业单位和个人。

(2)业主的资质管理

在我国工程建设中,业主只有在发包工程或组织工程建设时才成为市场主体。因此,业主方作为市场主体具有不确定性。在我国,有些地方和部门曾提出过要对业主实行技术资质管理制度,以改善当前业主行为不规范的问题。但无论是从国际惯例还是国内实践来看,对业主资格实行审查约束是不成立的,对其行为进行约束和规范,只能通过法律和经济的手段去实现。

在我国社会主义市场经济体制下,业主大多属于政府公共部门,因而推行项目法人责任制,以期建立项目投资责任制约机制,并规范项目法人行为。项目法人责任制又称业主负责制,即由业主对其项目建设全过程负责。

由项目法人对项目建设全过程负责管理,主要包括进度控制、质量控制、投资控制、合同管理和组织协调。

项目业主的产生,主要有三种方式:

①业主是原企业或单位。企业或机关、事业单位投资的新建、扩建、改建工程,则该企业或单位即为项目业主。

②业主是联合投资董事会。由不同投资方参股或共同投资的项目,则业主是共同投资方组成的董事会或管理委员会。

③业主是各类开发公司。开发公司自行融资、由投资方协商组建或委托开发的工程管理公司也可成为业主。

业主在项目建设过程中的主要职能是:

①项目的立项决策。

②项目的资金筹措与管理。

③项目的招标与合同管理。

④项目的施工与质量管理。

⑤项目的竣工验收和试运行。

⑥项目的统计及文档管理。

2.承包商

(1)承包商的概念

承包商是指拥有一定数量的建筑装备、流动资金、工程技术经济管理人员,取得建设资质证书和营业执照的、能够按照业主的要求提供不同形态的建筑产品并最终得到相应工程价款的施工企业。

上述各类型的业主,只有在其从事工程项目的建设全过程中才成为建筑市场的主体,但承包商在其整个经营期间都是建筑市场的主体。相对于业主,承包商作为建筑市场主体,是长期和持续存在的。因此,无论是在国内还是按照国际惯例,对承包商一般都要实行从业资格管理。

(2)承包商申请施工资质的基本条件

根据住房和城乡建设部2014年11月6日通过,于2015年1月1日起实施的《建筑业企业资质标准》(建市〔2014〕159号)和2020年11月30日住房和城乡建设部印发的《建设工程企业资质管理制度改革方案》(建市〔2020〕94号)的规定,承包商的资质等级一般从以下的四个方面来衡量:

①具有满足本标准要求的资产。

②具有满足本标准要求的注册建造师及其他注册人员、工程技术人员、施工现场管理人员和技术工人。

③具有满足本标准要求的工程业绩。

④具有必要的技术装备。

承包商的资质管理经资格审查合格,取得资质证书和营业执照的承包商,方许可在批准的范围内承包工程。

(3)承包商的资质等级标准

根据《建设工程企业资质管理制度改革方案》(建市〔2020〕94号)相关规定,施工资质分为综合资质、施工总承包资质、专业承包资质和专业作业资质四个序列。

①综合资质。不分等级,可承担各行业、各等级施工总承包业务。

②施工总承包资质。施工总承包资质包括13个类别,分为甲、乙两个等级(部分专业承包资质不分等级)。施工总承包甲级资质在本行业内承揽业务规模不受限制。

施工总承包资质类型及等级

1 建筑工程施工总承包甲、乙级;	8 矿山工程施工总承包甲、乙级;
2 公路工程施工总承包甲、乙级;	9 冶金工程施工总承包甲、乙级;
3 铁路工程施工总承包甲、乙级;	10 石油化工工程施工总承包甲、乙级;
4 港口与航道工程施工总承包甲、乙级;	11 通信工程施工总承包甲、乙级;
5 水利水电工程施工总承包甲、乙级;	12 机电工程施工总承包甲、乙级;
6 市政公用工程施工总承包甲、乙级;	13 民航工程施工总承包甲、乙级
7 电力工程施工总承包甲、乙级;	

③专业承包资质。专业承包资质包括18个类别,分为甲、乙两个等级(部分专业承包资质不分等级)。专业承包企业可以对所承接的专业工程全部自行施工,也可以将专业作业依法分包给具有专业作业资质的企业。

施工专业承包资质类型及等级

1 建筑装修装饰工程专业承包甲、乙级;	10 预拌混凝土专业承包不分等级;
2 建筑机电工程专业承包甲、乙级;	11 模板脚手架专业承包不分等级;
3 公路工程类专业承包甲、乙级;	12 防水防腐保温工程专业承包甲、乙级;
4 港口与航道工程类专业承包甲、乙级;	13 桥梁工程专业承包甲、乙级;
5 铁路电务电气化工程专业承包甲、乙级;	14 隧道工程专业承包甲、乙级;
6 水利水电工程类专业承包甲、乙级;	15 消防设施工程专业承包甲、乙级;
7 通用专业承包不分等级;	16 古建筑工程专业承包甲、乙级;
8 地基基础工程专业承包甲、乙级;	17 输变电工程专业承包甲、乙级;
9 起重设备安装工程专业承包甲、乙级;	18 核工程专业承包甲、乙级

④专业作业资质。专业作业资质不分类别与等级，可以承接以上三类资质的企业分包的专业作业。

3.工程咨询服务机构

(1)工程咨询服务机构的概念

工程咨询服务机构是指具有一定注册资金、工程技术、经济管理人虽，取得工程咨询证书和营业执照，能对工程建设提供估算测量、管理咨询、建设监理等智力型服务并获取相应费用的企业。

工程咨询是一种知识密集型的高智能服务工作。国际上把工程咨询分为两类：一类是技术咨询，另一类是管理咨询。工程设计属于技术咨询，项目管理则属于管理咨询。工程咨询服务企业包括勘察设计、工程造价(测量)、工程管理、招标代理、工程监理等多种业务。这类企业主要是向业主提供工程咨询和管理服务，弥补业主对工程建设过程不熟悉的缺陷。在国际上一般称为咨询公司。在我国，目前数量最多并有明确资质标准的是工程设计院、工程监理公司、工程咨询公司和工程造价(工程测量)事务所等。招标代理公司、工程项目管理公司和其他咨询类企业近年来也有了长足的发展。

在建筑市场中，咨询单位虽然不是工程承发包的当事人，但其受业主聘用，围绕工程建设的主体各方在建筑法规约束下，构成相互制约的合同关系。在这种机制中，咨询方对项目建设的成败起着非常关键的作用。因为他们掌握着工程建设所需的技术、经济、管理方面的知识、技能和经验，将指导和控制工程建设的全过程。咨询单位与业主之间是契约关系，业主聘用工程师作为其技术、经济咨询人，为项目进行咨询、设计、监理和测量，许多情况下，咨询的任务贯穿于自项目可行性研究直至工程验收的全过程。

(2)咨询单位资质管理

我国对工程咨询单位也实行资质管理。目前，已有明确资质等级评定条件的有：勘察设计、工程监理、工程造价、招标代理等咨询专业。

工程咨询单位的资质评定条件一般包括资金、专业技术人员、技术装备和已完成业绩等四个方面的要求。不同资质等级的标准均有具体规定。

①工程勘察企业资质管理

根据《建设工程企业资质管理制度改革方案》(建市〔2020〕94 号)相关规定，工程勘察资质分为综合资质和专业资质两个类别，其中综合资质不分等级，专业资质包括岩土工程、工程测量、勘探测试等 3 类专业，专业资质分为甲、乙两级。

综合资质可以承接各专业、各等级工程勘察业务；专业资质可以承接相应等级及以下的相应专业的工程勘察业务

②工程设计企业资质管理

根据《建设工程企业资质管理制度改革方案》(建市〔2020〕94 号)相关规定，工程设计资质分为综合资质、行业资质、专业和事务所资质等四个类别。行业资质包括 14 类行业；专业和事务所资质包括 70 个类型。综合资质、事务所资质不分等级；行业资质、专业和事务所资质等级分为甲、乙两级(部分资质只设甲级)。

工程设计行业资质类型及等级

1 建筑行业甲、乙级；	8 电力行业甲、乙级；
2 市政行业甲、乙级；	9 煤炭行业甲、乙级；
3 公路行业甲级；	10 冶金建材行业甲、乙级；
4 铁路行业甲、乙级；	11 化工石化医药行业甲、乙级；
5 港口与航道行业甲、乙级；	12 电子通信广电行业甲、乙级；
6 民航行业甲、乙级；	13 机械军工行业甲、乙级；
7 水利行业甲、乙级；	14 轻纺农林商物粮行业甲、乙级

③工程监理资质

根据《建设工程企业资质管理制度改革方案》(建市〔2020〕94 号)相关规定，工程监理资质分为综合资质和专业资质两个类别；行业资质包括 10 专业类型。综合资质不分等级，专业资质等级压减为甲、乙两级。

工程监理专业资质类型及等级

1 建筑工程专业甲、乙级；	6 冶金工程专业甲、乙级；
2 铁路工程专业甲、乙级；	7 石油化工工程专业甲、乙级；
3 市政公用工程专业甲、乙级；	8 通信工程专业甲、乙级；
4 电力工程专业甲、乙级；	9 机电工程专业甲、乙级；
5 矿山工程专业甲、乙级；	10 民航工程专业甲、乙级

④招标代理机构的资质等级标准及管理

《工程建设项目招标代理机构资格认定办法》规定，自 2007 年 3 月 1 日起工程招标代理机构施行资格管理.《中华人民共和国招标投标法》删除了有关招标代理机构资格认定的相关条款，因此，2018 年 3 月 8 日住房和城乡建设部发布了关于废止《工程建设项目招标代理机构资格认定办法》(住建部 38 号令)的决定，废止了招标代理机构资格认定。

4.专业人士

(1)专业人士的概念

在建筑市场中，把具有从事工程咨询资格的专业工程师称为专业人士。

专业人士属于高智能工作者，专业人士的工作是利用他们的知识和技能为项目业主提供咨询服务。专业人士在建筑市场管理中起着非常重要的作用。由于他们的工作水平对工程项目建设成败具有重要的影响，对专业人士的资格条件要求很高。从某种意义上说，政府对建筑市场的管理，一方面要靠完善的建筑法规，另一方面要依靠专业人士。

(2)专业人士的资质管理

我国专业人士制度是近几年才从发达国家引入的。目前，已经确定和将要确定的专业人士有五种：建筑师、结构工程师、监理工程师、造价工程师和建造(营造)工程师。资格和注册条件为：大专以上的专业学历，参加全国统一考试，成绩合格，相关专业的实践经验。

目前我国专业人士制度尚处在初创阶段，其对建筑市场的管理作用还有待于进一步挖掘和确立。

走进工程交易中心

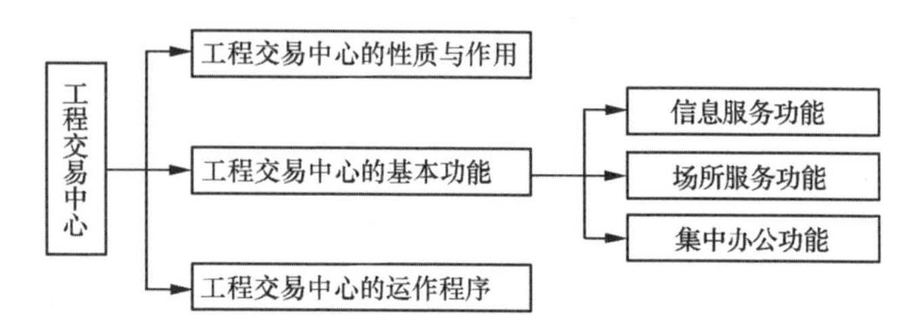

工程交易中心又称为有形建筑市场，是国家在整顿规范建筑市场和深化工程建设管理体制改革，探索适应社会主义市场经济体制的工程建设管理方式的实践中产生和建立的，是招标投标手续办理的场所。

建设工程从投资性质上可分为两大类：一类是国家投资项目，另一类是私人投资项目。在西方发达国家中，私人投资项目占了绝大多数，工程项目管理是业主自己的事情，政府只是监督他们是否依法建设。对国有投资项目，一般设置专门的管理部门，代为行使业主的职能。我国是以社会主义公有制为主体的国家，政府部门、国有企业、事业单位投资在社会投资中占有主导地位。由于我国长期实行专业部门管理体制，工程项目随建设单位的隶属由不同专业的部门管理，形成了行业垄断性强、监督有效性差、交易透明度低，而且难以监督的弊病，图 2-2 所示为我国有形建筑市场产生的原因。

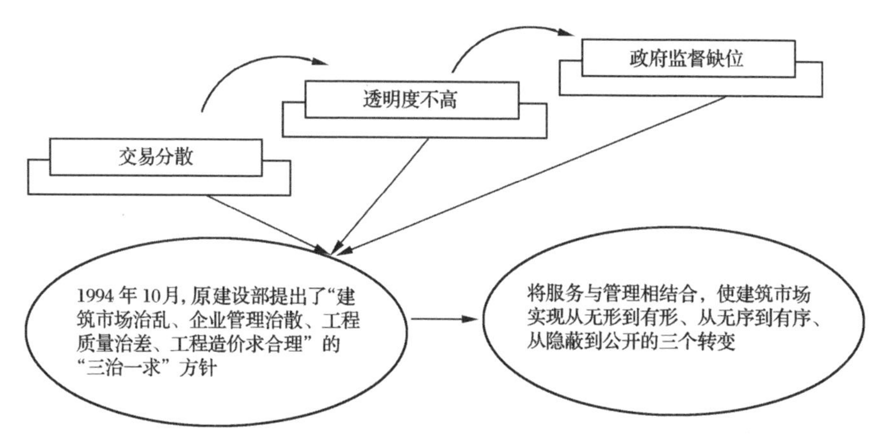

图 2-2 我国有形建筑市场产生的原因

一、工程交易中心的性质与作用

1.工程交易中心的性质

工程交易中心是服务性机构，不是政府管理部门，也不是政府授权的监督机构，本身并不具备监督管理职能。但是，工程交易中心又不是一般意义上的服务机构，其设立需得到政府或政府授权的主管部门的批准，并非任何单位和个人可随意成立。它旨在建立公开、公正、平等竞争的招标投标制度服务，经批准只可收取一定的服务费，工程交易行为不能在场外发生。

2.工程交易中心的作用

按照我国有关规定，所有建设项目都要在工程交易中心内报建、发布招标信息、授予合同、申领施工许可证，如图 2-3 所示。招标投标活动都需在场内进行，并接受政府有关管理部门的监督。工程交易中心的设立，对建立国有投资的监督制约机制，规范建设工程承发包行为和将建筑市场纳入法制管理轨道有重要作用，是符合我国特点的一种好形式。

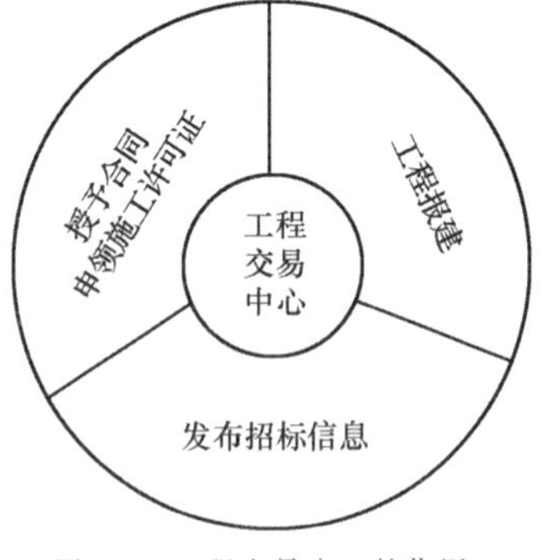

图 2-3　工程交易中心的作用

工程交易中心建立以来，由于实行集中办公、公开办事制度和程序以及一条龙的“窗口化”服务，不仅有力地促进了工程招标投标制度的推行，而且遏制了违法违规行为，对于防止腐败，提高管理透明度也收到了显著的成效。

二、工程交易中心的基本功能

我国的工程交易中心主要有三大功能：

1.信息服务功能

信息服务功能包括收集、存储和发布各类工程信息、法律法规、造价信息、建材价格、承包商信息、咨询单位和专业人士信息等。在设施上配备有大型电子墙、计算机网络工作站，为承发包交易提供广泛的信息服务。工程交易中心一般要定期公布工程造价指数、建筑材料价格、人工费、机械租赁费、工程咨询费以及各类工程指导价等，并指导业主和承包商、咨询单位进行投资控制和投标报价。但在市场经济条件下，工程交易中心公布的价格指数仅是一种参考，投标最终报价还是需要依靠承包商根据本企业的经验或“企业定额”、企业机械装备和生产效率、管理能力和市场竞争需要来决定。

2.场所服务功能

对于政府部门、国有企业、事业单位的投资项目，我国明确规定，一般情况下都必须进行公开招标，只有特殊情况下才允许采用邀请招标。所有建设项目进行招标投标必须在有形建筑市场内进行，且由有关管理部门进行监督。按照这个要求，工程交易中心必须为工程承发包交易包括建设工程的招标、评标、定标、合同谈判等提供设施和场所服务。原建设部《工程交易中心管理办法》规定，工程交易中心应具备信息发布大厅、洽谈室、开标室、会议室及相关设施以满足业主和承包商、分包商、设备材料供应商之间的交易需要。同时，要为政府有关管理部门进驻集中办公办理有关手续和依法监督招标投标活动提供场所服务。

3.集中办公功能

由于众多建设项目要进入有形建筑市场进行报建、招标投标交易和办理有关批准手续，所以要求政府有关建设管理部门进驻工程交易中心集中办理有关审批手续和实施管理,建设行政主管部门的各职能机构进驻工程交易中心。受理申报的内容一般包括:工程报建、招标登记、承包商资质审查、合同登记、质量报监、施工许可证发放等。进驻工程交易中心的相关管理部门集中办公,公布各自的办事制度和程序,这样既能按照各自的职责依法对建设工程交易活动实施有力监督,也方便当事人办事,有利于提高办公效率。一般要求实行"窗口化"的服务,这种集中办公方式决定了工程交易中心只能集中设立,而不可能像其他商品市场随意设立。按照我国有关法规,每个城市原则上只能设立一个工程交易中心,特大城市可增设若干个分中心,但分中心的三项基本功能必须健全,如图 2-4 所示。

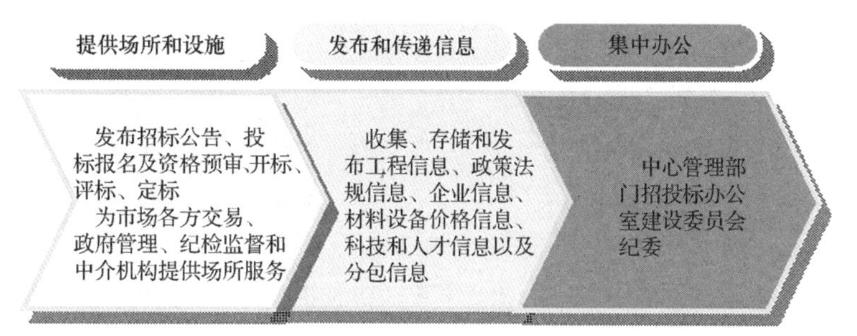

图 2-4　工程交易中心的功能

三、工程交易中心的运作程序

按照有关规定,建设项目进入工程交易中心后,一般按下列程序运行:

(1)拟建工程得到计划管理部门立项(或计划)批准后,到中心办理报建备案手续。工程建设项目的报建内容主要包括:工程名称、建设地点、投资规模、资金来源、当年投资额、工程规模、工程筹建情况、计划开工和竣工日期等。

(2)报建工程由招标监督部门依据《中华人民共和国招标投标法》和有关规定确认招标方式。

(3)招标人依据《中华人民共和国招标投标法》和有关规定,运行建设项目,包括项目的勘察、设计、施工、监理以及与工程建设有关的重要设备、材料等的招标投标程序。

①由招标人组成符合要求的招标工作班子,招标人不具有编制招标文件和组织评标能力的,应委托招标代理机构办理相关招标事宜。

②编制招标文件,招标文件应包括工程的综合说明、施工图纸、工程量清单、工程价款执行的定额标准和支付方式、拟签订合同的主要条款等相关资料。

③招标人向招标投标监督部门进行招标申请,招标申请书的主要内容包括:建设单位的资格、招标工程具备的条件、拟采用的招标方式、对投标人的要求和评标方式等,并附招标文件。

④招标人在工程交易中心统一发布招标公告,招标公告应当载明招标人的名称和地址、招标项目的性质、数量、实施地点和时间以及获取招标文件的办法等事项。

⑤投标人申请投标。

⑥招标人对投标人进行资格预审,并将审查结果通知申请投标的投标人。

⑦在交易中心内向合格的投标人分发招标文件及设计图纸、技术资料等。

⑧组织投标人踏勘现场，并对招标文件答疑。

⑨建立评标委员会，制定评标、定标办法。

⑩在交易中心内接受投标人提交的投标文件，并同时开标。

⑪在交易中心内组织评标，决定中标人。

⑫发出中标通知书。

(4)自中标之日起30日内，发包单位与中标单位签订合同。

(5)按规定进行质量、安全监督登记。

(6)统一交纳有关工程前期费用。

(7)领取建设工程施工许可证。申请领取施工许可证，应当按原建设部第71号部令规定，具备以下条件：

①已经办理该建筑工程用地批准手续。

②在城市规划区的建筑工程，已经取得规划许可证。

③施工场地已经基本具备施工条件，需要拆迁的，其拆迁进度符合施工要求。

④已经确定建筑施工企业。按照规定应该招标的工程没有招标，应该公开招标的工程没有公开招标，或者肢解发包工程，以及将工程发包给不具备相应资质条件的情况下所确定的施工企业无效。

⑤有满足施工需要的施工图纸及技术资料，施工图设计文件已按规定进行审查。

⑥有保证工程质量和安全的具体措施。施工企业编制的施工组织设计中，有根据建筑工程特点制定的相应质量、技术、安全措施，专业性较强的工程项目编制了专项质量、安全施工组织设计，并按照规定办理了工程质量、安全监督手续。

⑦按照规定应该委托监理的工程已委托监理。

⑧建设资金已经落实。建设工期不足一年的，到位资金原则上不得少于工程合同价的50%，建设工期超过一年的，到位资金原则上不得少于工程合同价的30%。建设单位应当提供银行出具的到位资金证明，有条件的可以实行银行付款保函或者第三方担保。

⑨法律、行政法规规定的其他条件。

认识电子招标投标交易平台

我国自1999年在外经贸纺织品配额招标工作中采用“电子招标”的方式以来，电子招标已经在机电产品国际招标中得以成功应用。2005年，首批建设工程交易系统在太原上线运行。直至2013年《电子招标投标办法》和《电子招标投标系统技术规范》(20号令)的颁发，并从2013年5月1日起施行，标志着我国电子招标投标平台已逐步完善，发展成熟。

一、电子招标投标活动的含义

电子招标投标活动是指以数据电文形式,依托电子招标投标系统完成的全部或者部分招标投标交易、公共服务和行政监督活动。

数据电文是指以电子、光学、磁或者类似手段生成、发送、接收或者储存的信息。电子招标投标中的各种招标投标文件都是按照特定用途和规定的内容格式要求编辑生成电子文件。数据电文形式与纸质形式的招标投标活动具有同等法律效力。

电子招标投标系统根据功能的不同,分为交易平台、公共服务平台和行政监督平台。交易平台是以数据电文形式完成招标投标交易活动的信息平台;公共服务平台是满足交易平台之间信息交换、资源共享需要,并为市场主体、行政监督部门和社会公众提供信息服务的信息平台;行政监督平台是行政监督部门和监察机关在线监督电子招标投标活动的信息平台。

二、电子招标投标交易平台

1.电子招标投标交易平台的建设和运营

电子招标投标交易平台是通过计算机、网络等信息技术,对招标投标业务进行重新梳理,优化重组工作流程,在线上执行在线招标、投标、开标、评标和监督监察等一系列业务操作,最终实现高效、专业、规范、安全、低成本的招标投标管理。根据《电子招标投标办法》相关规定,电子招标投标交易平台是由依法设立的招标投标交易场所、招标人、招标代理机构以及其他依法设立的法人组织按行业、专业类别,按照标准统一、互联互通、公开透明、安全高效的原则向市场化、专业化、集约化方向建设和运营。

2.电子招标投标交易平台的功能

电子招标投标交易平台根据《电子招标投标办法》和有关技术规范规定,具备四个方面的主要功能:

(1)在线完成招标投标全部交易过程

从项目登记开始到签订施工承包合同止,整个招标投标过程中的所有程序和内容都可通过电子招标投标交易平台完成。譬如项目登记、审核、信息发布、招标方案、投标邀请、资格预审、发标、投标、开标、评标、定标、费用管理、异议、合同签署等,为招标人(代理机构)、投标人、评标专家等提供全过程各阶段在线招标投标业务支持。

(2)编辑、生成、对接、交换和发布有关招标投标数据信息

招标人以数据电文形式发布的各预审公告、招标公告、资格预审文件、招标文件等资料都是按照《电子招标投标办法》要求的标准化、格式化,并符合有关法律法规以及国家有关部门颁发的标准文本的要求编辑和生成的。投标人提交的资格预审申请文件或者投标文件是按照资格预审公告、招标公告或者投标邀请书载明的电子招标投标交易平台递交数据电文形式要求编制而成的;并可以对投标文件进行整体加密、解密;在投标截止时间前完成投标文件的传输递交,并可以

补充、修改或者撤回投标文件。

(3)提供行政监督部门和监察机关依法实施监督和受理投诉所需的监督通道

电子招标投标交易平台和公共服务平台按照规定和要求，向行政监督平台开放数据接口、公布接口要求，按有关规定及时对接交换和公布有关招标投标信息。电子招标投标交易平台应当依法设置电子招标投标工作人员的职责权限，如实记录招标投标过程、数据信息来源，以及每一操作环节的时间、网络地址和工作人员，并具备电子归档功能。

电子招标投标公共服务平台应当记录和公布相关交换数据信息的来源、时间并进行电子归档备份。行政监督部门和监察机关在依法监督检查招标投标活动或者处理投诉时，通过其平台发出的行政监督或者行政监察指令，招标投标活动当事人和电子招标投标交易平台、公共服务平台的运营机构应当执行，并如实提供相关信息，协助调查处理。

(4)信息共享与公共服务功能

设区的市级以上的发改委会同有关部门，按照政府主导、共建共享、公益服务的原则，推动建立本地区统一的电子招标投标公共服务平台，为电子招标投标交易平台、招标投标活动当事人、社会公众和行政监督部门、监察机关提供信息服务。电子招标投标交易平台连接依法设立的评标专家库，实现专家资源共享。电子招标投标公共服务平台允许社会公众、市场主体免费注册登录和获取依法公开的招标投标信息，为招标人、投标人、行政监督部门和监察机关按各自职责和注册权限登录使用公共服务平台提供必要条件。

3.实施电子招标投标交易平台的优势

(1)消除时空屏障，优化招标投标市场

互联网的开放性以及实时性，打破了地域差别和时空限制，实现了信息的有效传播，增强了信息的透明度。不同地域的投标方可通过网络获取招标信息，实现线上投标。招标方则可以通过投标人之间的充分竞争获得最佳经济效益，实现资源合理配置，优化招标投标市场。

(2)招标投标高效快捷，降低双方成本

招标投标过程中，招标方需要向主管机关报送相关文件，通过电子招标平台，招标方只需要将文件上传至平台，主管机关就可以在网上进行及时的审批，而投标方只需进行网络投递投标文件，即可实现投标。高效快捷的无纸化招标投标流程能够节约双方的经济成本和时间成本，有效推进项目进程。

(3)杜绝暗箱操作，营造阳光的招标投标环境

电子招标平台的透明性和公开性可以有效地避免投标过程中的暗箱操作、腐败等行为。采用电子招标的项目，其公告、公示、变更、评标结果甚至评标过程等都要在网上进行，同时各类操作留有痕迹和日志，招标投标中的行为要受到主管机关、投标商、招标人的共同监督，使暗箱操作、腐败等行为无所遁形。

(4)电子辅助评标智能、省力

电子招标投标平台将投标文件上传至网上评标系统，系统自动对比，按要求筛选投标文件相

关部分，省去了评审人员的大量时间和精力，在一定程度上实现了智能评标。

(5)累积基础数据，建立招标投标资源信息库

电子招标投标平台在业务流程中直接采集相关信息和数据，数据关联紧密，联动效应强。招标投标过程的严谨性，确保了数据信息的准确可靠，通过一定时间的积累形成招标投标资源信息库，有利于招标机构分析总结招标采购工作，为今后的招标投标工作提供依据。

项目四 认识公共资源交易平台

一、公共资源交易平台的内涵

1. 公共资源交易平台的定义

公共资源交易平台是指实施统一的制度和标准、具备开放共享的公共资源交易电子服务系统和规范透明的运行机制，为市场主体、社会公众、行政监督管理部门等提供公共资源交易综合服务的体系。

公共资源，包含一部分存在大自然的天然资源，它是属于所有人的，是可以自由使用的，还有一部分是后天形成的，通过人为建造为全国人民提供基本的生活条件。

根据属性进行分类，可以将公共资源分为自然资源、社会资源、行政资源。自然资源就是通常所说的存在于大自然、天然形成的资源，它们通过买卖形成价值，例如，水资源、天然气资源、林权、石油等等；社会资源就是通过人为的方式建设建造一些公共基础设施，这些基础设施可以为人们的生活提供便利，促进国家经济的发展，例如：供电、供水、供气、铁路、公路、地铁等基础设施；行政资源与政府行为相关，政府在行使自身职能时往往会延伸出一些资源，例如：政府采购、项目招标、经营许可权等等。

2.公共资源交易平台的定位及特点

从公共资源交易平台的定义中可以看出，公共资源交易平台的定位立足于公共服务职能。其具有四个显著的特点：一是电子化平台；二是统一规范，资源互联共享；三是公开透明，阳光交易；四是高效服务、利企便民。

公共资源交易平台通过利用信息网络推进交易电子化，实行公共资源交易全过程信息公开，保证各类交易行为动态留痕、可追溯。大力推进部门协同监管、信用监管和智慧监管，充分发挥市场主体、行业组织、社会公众、新闻媒体外部监督作用，实现全流程透明化管理。通过整合分散设立的工程建设项目招标投标、土地使用权和矿业权出让、国有产权交易、政府采购等交易平台，在政府主导下，进一步完善分类统一的交易制度规则、技术标准和数据规范，促进平台互联互通和信息充分共享。深化“放管服”改革，精简办事流程，推行网上办理，降低制度性交易成本，推动公共资源交易从依托有形场所向以电子化平台为主转变，实现高效服务、利企便民。

3.公共资源交易的类型

公共资源交易是指涉及公共利益、公众安全的具有公有性、公益性的资源交易活动。

公共资源交易主要包括：工程建设项目招标投标、政府采购、国有土地使用权出让、矿业权出

让、国有产权交易、机电产品国际招标、海洋资源交易、林权交易、农村集体产权交易、无形资产交易(譬如基础设施和公用事业特许经营权授予、市政公用设施及公共场地使用权、承包经营权、冠名权有偿转让)、排污权交易、碳排放权交易、用能权交易等。

二、公共资源交易平台产生的原因及发展历程

1. 公共资源交易平台产生的原因

首先,党的十六大以来,在党中央、国务院坚强领导下,政务公开不断深化,政府信息公开、行政权力公开透明运行、公共企事业单位办事公开全方位推进,政务(行政)服务中心发展迅速,服务群众功能不断完善。但是,工作中也还存在一些问题,主要是:政务公开方面,有的存在重形式轻内容现象,有的公开内容不全面、程序不规范,有的不能妥善处理信息公开与保守秘密的关系,政府信息共享机制不够健全;政务服务方面,服务体系建设不够完善,服务中心运行缺乏明确规范,公开办理的行政审批和服务事项不能满足群众需求等。

其次,由于公共资源交易市场总体上仍处于发展初期,各地在建设运行和监督管理中暴露出不少突出问题:各类交易市场分散设立、重复建设,市场资源不共享;有些交易市场职能定位不准,运行不规范,公开性和透明度不够,违法干预交易主体自主权;有些交易市场存在乱收费现象,市场主体负担较重;公共资源交易服务、管理和监督职责不清,监管缺位、越位和错位现象不同程度存在。这些问题严重制约了公共资源交易市场的健康有序发展,加剧了地方保护和市场分割,不利于激发市场活力,亟需通过创新体制机制加以解决。

2. 公共资源交易平台发展历程

改革开放后,我国经济体制由计划经济向市场经济转变,资源由国家统一调配计划转变为由市场起决定性作用。公共资源的配置方式也发生了根本性变化。公共资源交易逐步出现。进入21世纪后,政府由传统向现代转变,由管制型向服务型转变,开始建设现代化治理体制。在公共资源交易方面,公共资源交易整合工作开始兴起。

在2011年,中共中央办公厅、国务院办公厅联合印发《关于深化政务公开加强政务服务的意见》,第一次在国家层面提出要建设公共资源交易平台,进行统一集中的管理,实现交易的公开、公平、公正。通过平台建设让市场参与到公共资源配置、公共资产交易、公共产品生产领域中。

2015年中央印发的《整合建立统一的公共资源交易平台工作方案》,方案中明确了市场在资源配置中的决定性作用但也同时提及要发挥政府作用。重点内容是资源的整合共享、制度规则的统一以及对公共资源交易机制体制的创新。平台建立的目的就是推进公共资源交易法制化、规范化、透明化,提高公共资源配置的效率和效益。将分散设立的工程建设项目招标投标、土地使用权和矿业权出让、国有产权交易、政府采购等交易平台进行整合,在统一的平台体系上实现信息和资源共享。

2016年国家发展改革委会同工信部、财政部等14个部门联合颁布《公共资源交易平台管理暂行办法》,使公共资源交易更加规范化,为公共资源交易平台提供法制支持。

2019年5月国务院办公厅发布《国务院办公厅转发国家发展改革委关于深化公共资源交易平台整合共享指导意见的通知》,通知中提出当前公共资源交易平台整合过程中,仍存在要素市场化配置程度不够高、公共服务供给不充分、多头监管与监管缺失并存等突出问题。公共资源交

易平台整合过程中出现了不同地区整合程度不同、整合模式不同现象，公共资源交易平台建设存在"碎片化"和信息共享程度低等问题。公共资源交易平台的发展仍需改革研究。

三、公共资源交易平台的组成与分类

1.公共资源交易平台的组成

公共资源交易平台主要有公共资源交易中心、公共资源交易电子服务系统、公共资源电子交易系统和公共资源交易电子监管系统四部分组成。

(1)公共资源交易平台运行服务机构。公共资源交易平台运行服务机构是指由政府推动设立或政府通过购买服务等方式确定的，通过资源整合共享方式，为公共资源交易相关市场主体、社会公众、行政监督管理部门等提供公共服务的单位。公共资源交易中心是公共资源交易平台主要运行服务机构。

(2)公共资源交易电子服务系统。公共资源交易电子服务系统(简称电子服务系统)是指联通公共资源电子交易系统、监管系统和其他电子系统，实现公共资源交易信息数据交换共享，并提供公共服务的枢纽。

(3)公共资源电子交易系统。公共资源电子交易系统(简称电子交易系统)是根据工程建设项目招标投标、土地使用权和矿业权出让、国有产权交易、政府采购等各类交易特点，按照有关规定建设、对接和运行，以数据电文形式完成公共资源交易活动的信息系统。

(4)公共资源交易电子监管系统。公共资源交易电子监管系统(简称电子监管系统)是指政府有关部门在线监督公共资源交易活动的信息系统。

2.公共资源交易平台的分类

公共资源交易平台分为全国公共资源交易平台和地方(区域)公共资源交易平台。

(1)全国公共资源交易平台

全国公共资源交易平台实行联席会议制度。联席会议由发展改革委、工业和信息化部、财政部、国土资源部、环境保护部、住房城乡建设部、交通运输部、水利部、商务部、卫生计生委、国资委、税务总局、林业局、国管局、铁路局、民航局等部门组成；由发展改革委主要负责同志担任召集人，发展改革委、财政部、国土资源部、国资委分管负责同志担任副召集人，其他成员单位有关负责同志为联席会议成员。主要职责有：①在国务院领导下，研究和协调公共资源交易平台整合工作中的重大问题，加强对《整合建立统一的公共资源交易平台工作方案》及其配套措施贯彻落实情况的评估和监督；②指导各省级人民政府开展公共资源交易平台整合工作；③审议公共资源交易平台整合年度重点工作任务和年度工作总结；④完成国务院交办的其他事项。

(2)地方(区域)公共资源交易平台

各省级政府应根据经济发展水平和公共资源交易市场发育状况，合理布局本地区公共资源交易平台。设区的市级以上地方政府应整合建立本地区统一的公共资源交易平台。县级政府不再新设公共资源交易平台，已经设立的应整合为市级公共资源交易平台的分支机构；个别需保留的，由省级政府根据县域面积和公共资源交易总量等实际情况，按照便民高效原则确定，并向社会公告。

鼓励整合建立跨行政区域的公共资源交易平台。各省级政府应积极创造条件，通过加强区域合作、引入竞争机制、优化平台结构等手段，在坚持依法监督前提下探索推进交易主体跨行政区域自主选择公共资源交易平台。

四、公共资源交易平台的性质与作用

1. 公共资源交易平台的性质

公共资源交易平台是负责公共资源交易和提供咨询、服务的机构，是公共资源统一进场交易的服务平台，在性质上属于非盈利的公益性事业单位。

2. 公共资源交易平台作用

公共资源交易平台的作用是：整合工程建设项目招标投标、土地使用权和矿业权出让、国有产权交易、政府采购等交易市场，建立统一的公共资源交易平台，这有利于：

(1)防止公共资源交易碎片化，加快形成统一开放、竞争有序的现代市场体系；

(2)推动政府职能转变，提高行政监管和公共服务水平；

(3)促进公共资源交易阳光操作，强化对行政权力的监督制约，推进预防和惩治腐败体系建设。

五、公共资源交易平台的功能

公共资源交易平台具有以下五个方面的功能：

1.统一资源交易功能

将辖区的建设工程交易、政府采购、土地交易和产权交易统一到交易中心进行集中交易，实行监、管、办三分离。

2.统一信息发布功能

将非涉密的招标公告、中标公告、招标代理机构、企业信息和相关政策法规，在公共资源交易信息网、电子屏和公告栏上及时发布。

3.统一交易规则功能

建立招标评标制度，形成良性合理的公平竞争机制；建立交易准入制度，强化审核把关；建立保证金账户管理制度，实行统一代收代支的管理模式；建立交易市场不良行为记录和公示制度，严格执行“黑名单”管理方式；建立监督考评制度，维护公平有序的市场秩序。

4.统一运作程序功能

将工程建设、政府采购、土地交易和产权交易等业务流程分解成若干环节，将每一环节的办理条件、时限等要素细化固定成程序模块，工作人员按照各自权限和系统提示进行相关操作，并全程记录在案，可以实时查询工作进度情况。

5.统一专家评委库功能

统一建立专家评委库和招标代理机构预选库，制定了评标专家库管理办法和招标代理机构预选库建立办法，将建设、财政、国土、发改、水利、交通等多家专家库进行整合，组成统一的专家库，由交易中心统一管理，统一抽取。

六、公共资源交易平台服务内容及标准

公共资源交易平台提供服务应遵循统一交易登记、统一信息公告、统一时间场所安排、统一

专家抽取、统一保证金代收代退、统一服务资料保存、统一电子监察监控的要求，按照标准化服务流程，提供如下服务：

1. 业务受理

进入统一平台的各类交易项目应分类登记，公共资源交易平台运行服务机构设立受理窗口，按各类交易项目的规定，核对交易项目实施主体提交的有关材料。材料齐全的予以登记，材料不全的一次性告知交易项目实施主体进行补正。

2. 场地安排

根据交易项目的实施主体或其代理机构的申请，及时确定交易项目的交易场地和评标（评审）场地。场地确定后确需变更的，提供变更服务，并调整相应工作安排。

3. 公告和公示信息公开

公共资源交易平台将公共资源交易公告、资格审查结果、交易过程信息、成交信息、履约信息等，通过公共资源交易电子服务系统依法及时向社会公开。涉及国家秘密、商业秘密、个人隐私以及其他依法应保密的信息除外。

4. 保证金（代）收退

依法由公共资源交易平台运行服务机构收取和退还保证金，或项目实施主体委托公共资源交易平台运行服务机构代收代退保证金的，公共资源交易平台运行服务机构应按各类交易项目的规定，通过银行转账收取和退付保证金。

5. 抽取专家

综合评标评审专家库在各级公共资源交易平台设立专家抽取终端，交易项目实施主体通过抽取终端从省综合评标评审专家库中抽取评标、评审专家。

6. 确认交易结果

交易结果依法需公共资源交易平台运行服务机构组织确认的，召集有关交易活动当事人进行确认并签订结果确认书。

7. 费用收取和资金结算

交易项目依法需由公共资源交易平台运行服务机构收取费用和办理资金结算的，公共资源交易平台运行服务机构应按相关规定及时办理。

8. 资料归档

公共资源交易平台运行服务机构对进场交易项目服务过程中产生的电子文档、纸质资料以及音视频等，应按规定的期限归档保存。

9. 出具见证文书

交易完成后，依法需出具见证意见的，公共资源交易平台运行服务机构应按相关规定，向交易相关方出具见证文书。

10. 电子监控

公共资源交易平台运行服务机构应建立覆盖全部服务场所的电子监控系统，对公共资源交易活动现场情况进行全过程录音录像，并依照相关规定，妥善保存监控资料，为行政监督管理部门和监察部门处理投诉举报、查处违法违纪行为提供证据。

11. 数据统计

建立交易数据统计制度，保障数据质量，根据要求及时统计并向有关电子服务系统和行政监督部门推送统计数据。通过电子服务系统,向社会公开各类交易信息,接受社会监督。

12.档案查询和移交

建立档案查询制度,依法依规提供档案查询服务;做好档案查询记录,并确保档案的保密性、完整性;按规定及时向档案馆移交相关档案。

案例

1.某医院大楼设计建筑面积为19 945平方米,预计造价为7 400万元,其中土建工程造价为3 402万元,配套设备暂定造价为3 998万元。2017年初,该工程项目进入广东省建设工程交易中心,以总承包方式向社会公开招标。

2.经常以“广州××房地产有限公司总经理”身份对外交往的包工头郑某得知该项目的情况后,即分别到广东省四家建筑公司活动,要求挂靠这四家公司参与投标。这四家公司在未对郑某的广州××房地产有限公司的资质和业绩进行审查的情况下,就同意其挂靠,并分别商定了“合作”条件:一是投标保证金由郑某支付;二是广州市某建筑公司代郑某编制标书,由郑某支付“劳务费”,其余三家公司的经济标书由郑某编制;三是项目中标后全部或部分工程由郑某组织施工,挂靠单位收取占工程造价3%～5%的管理费。上述四家公司违法出让资质证明,为郑某搞串标活动提供了条件。2017年1月郑某给四家公司各汇去30万元投标保证金,并支付给广州市某建筑公司1.5万元编制标书的“劳务费”。

3.为揽到该项目,郑某还不择手段地拉拢广东省交易中心评标处张某和陈某。郑某以咨询业务为名,经常请张某、陈某吃喝玩乐,并送给张某、陈某名贵烟酒。张某、陈某两人积极为郑某提供“咨询”服务,不惜泄露招标投标中有关保密事项,甚至带郑某到审核标底现场向有关人员打探标底,后因现场监督严格而未得逞。

4.2017年1月22日下午开始评标。评委会置该项目招标文件规定于不顾,把原安排22日下午评的技术标和23日上午评的经济标集中在一个下午进行,致使评标委员会没有足够时间对标书进行认真细致的评审,对于一些标书明显存在违反招标文件规定的错误未能发现。同时,评标委员在评审中还把标底价50%以上的配套设备暂定价3 998万元剔除,使造价总体下浮变为部分下浮,影响了评标结果的合理性。19时20分左右,评标结束,中标第一推荐单位为深圳市某公司。

由于郑某挂靠的四家公司均未能中标,郑某便鼓动这四家公司向有关部门投诉,设法改变评标结果。因不断发生投诉,有关单位未发出中标通知书。

试分析上述材料中有哪些违反建筑市场秩序的现象。

【案例分析】

广东省纪委、省监察厅同省建设厅组成联合调查组,对广东省建设工程交易中心个别工作人员在此次工程招标投标中的违纪违法问题展开调查。现已查实该工程项目在招标投标中存在包工头串标、建筑施工单位出让资质证明、评标委员会不依法评标、省交易中心个别工作人员收受包工头钱物等违纪违法问题。经省建设厅、省监察厅研究决定,取消该项目招标投标结果,依法重新组织招标投标。涉嫌违纪违法的交易中心工作人员张某、陈某已被停职,立案审查,其非法收受的钱物已被依法收缴。省纪委、省监察厅将依照有关法规和党纪政纪将涉案单位和人员进行严肃处理。这是广东省建立有形建筑市场以来查处的首宗建设工程交易中心工作人员违纪违法案件。

评析:本工程招标投标中的违纪违法问题是一宗包工头串通有关单位内部人员干扰和破坏建筑市场秩序的典型案件。建立建设工程交易中心是规范建筑市场秩序的一项重要举措,对建筑领域腐败问题的滋生蔓延起到了有效的遏制作用。我国多数地区有形建筑市场才建立不久,一些配套的管理制度和措施还未健全完善。当前,交易中心工作人员和评标委员成了不法分子拉拢贿赂的重点对象,有关人员应十分警惕。整顿和规范建筑市场秩序,应把健全和规范有形建筑市场的运行作为一项重要任务来抓。要坚决将政府对工程招标投标活动的监管职能与有形建筑市场的服务职能相分离,并针对交易中心建立起来后出现的新情况、新问题,采取有力措施,强化招标投标工作的监管力度,切实加强有形建筑市场的规范管理。

在线自测

学习情境二　招标投标的场所

学习情境三 招标人的工作

教学导航图

教	知识重点	1.招标方式 2.招标文件 3.资格预审 4.开标与评标
	知识难点	1.招标文件的编制 2.工程招标的程序和材料 3.评标的方法
	推荐教学方式	1.理论部分讲授采用多媒体教学 2.实训中指导学生独立编制招标文件,模拟招标流程
	建议学时	20学时
学	推荐学习方法	以招标程序为载体,设立相关的学习单元,创建相应的学习环境,将招标方式、编制招标文件和评标贯穿其中,通过学习使学生能够独立完成招标工作
	必须掌握的理论知识	1.工程招标方式的种类和标准 2.工程招标的程序 3.资格预审文件 4.工程标底、招标控制价 5.开标与评标
	必须掌握的技能	能独立完成工程项目招标的各阶段工作
做	学习任务	1.招标方式有哪些类型？分析它们的优缺点 2.招标人和招标项目需要具备什么条件才能实施招标 3.试阐述评标的过程和内容 4.招标文件分成几个部分？并阐述每一部分的主要内容 5.招标人为什么要进行资格预审？如何预审

实训项目 模拟招标程序

一、实训目的

1.掌握招标工作的内容和逻辑关系。
2.掌握招标各工作阶段所需要的资料和备案时限。
3.进一步理解我国招标的程序。

二、预习要求

1.预习教材中工作招标程序的有关知识。
2.预习编制一份招标文件的知识。
3.预习进行资格预审和编制工程标底、招标控制价的知识。

三、实训内容和步骤

1.由每一个实训小组确定自己的实训计划。
2.各小组进行成员工作分工,绘制责任分配矩阵(RAM)和工作分解结构图(WBS)。
3.编制招标流程图和准备各阶段工作备案材料。
4.制订招标工作进度计划。

四、分析与讨论

1.总结本次实训项目完成过程中遇到的问题及解决办法。
2.每组选择一名学生代表该组就实训过程和结果总结发言。
3.教师对讨论结果进行点评。

项目一 选择合适的招标方式

知识分布网络

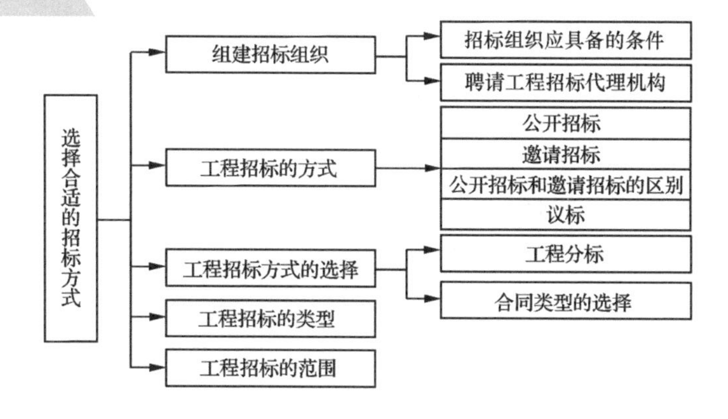

一、组建招标组织

任何工作只有确定了工作主体或组织，才能由工作主体或组织制订计划，根据计划开展一系列的工作，保证工作目标的实现。工程招标也不例外，首先，依法组建项目招标组织。

由于工程招标是一项经济性、专业技术性很强的活动，因此招标人自己组织招标，必须具备一定的条件，设立专门的招标组织，经招标投标管理机构审查合格，确认其具有编制招标文件和组织评标的能力，能够自己组织招标后，才能自己组织招标、自行办理招标事宜。如果不具备一定的条件，必须委托具有相应资质的招标代理公司等中介服务机构代理招标。

1.招标组织应具备的条件

根据《中华人民共和国招标投标法》(2017 年修正)和《中华人民共和国招标投标法实施条例》(2019 年修订)规定，招标组织或招标代理机构应满足如下要求：

(1)是法人或依法成立的其他组织。

(2)具有编制招标文件和组织评标能力，即具有与招标项目规模和复杂程度相适应的技术、经济等方面的专业人员。

2.聘请工程招标代理机构

如果招标组织不具备编制招标文件和组织评标能力或者不愿意自行招标，可以委托相应的招标代理公司等中介服务机构代理招标。

工程招标代理，是指工程招标人将工程招标事务委托给相应中介服务机构，由该中介服务机构在招标人委托授权的范围内，以招标人的名义进行工程招标活动，由此产生的法律效果直接归属于委托的招标人的一种制度。

招标代理机构应当有从事招标代理业务的营业场所和相应资金，拥有一定数量的具备编制招标文件、组织评标等相应能力的专业人员。现在招标代理机构不再实行资质等级管理。

二、工程招标的方式

《中华人民共和国招标投标法》规定，工程项目招标的方式主要有公开招标和邀请招标两种。

1.公开招标

(1)公开招标的定义

公开招标又称为无限竞争性招标，是指招标人以招标公告的方式邀请不特定的法人或者其他组织投标，有投标意向的承包商均可参加投标报名和资格审查。

(2)公开招标的特点

公开招标方式的优点是：投标的承包商多，竞争范围大，业主有较大的选择余地，有利于降低工程造价，提高工程质量和缩短工期。其缺点是：由于投标的承包商多，招标工作最大，组织工作复杂，需投入较多的人力、物力，招标过程所需时间较长，因而此类招标方式主要适用于投资额度大、工艺和结构复杂的较大型工程建设项目。

公开招标的特点一般表现为以下几个方面：

①公开招标是最具竞争性的招标方式。参与竞争的投标人数量最多，且只要符合相应的资

质条件便不受限制，只要承包商愿意便可参加投标，在实际生活中，常常少则十几家，多则几十家，甚至上百家，因而竞争程度最为激烈。它可以最大限度地为一切有实力的承包商提供一个平等竞争的机会，招标人也有最大容量的选择范围，可以在为数众多的投标人之间择优选择一个报价合理、工期较短、信誉良好的承包商。

②公开招标是程序最完整、最规范、最典型的招标方式。其形式严密，步骤完整，运作环节环环相扣。公开招标是适用范围最为广阔、最有发展前景的招标方式。在国际上，谈到招标通常都是指公开招标。在某种程度上，公开招标已成为招标的代名词，因为公开招标是工程招标通常采用的方式。在我国，通常也要求招标必须采用公开招标的方式进行。凡属招标范围的工程项目，一般必须首先采用公开招标的方式。

③公开招标也是所需费用最高、花费时间最长的招标方式。由于竞争激烈，程序复杂，组织招标和参加投标需要做的准备工作及需要处理的实际事务比较多，特别是编制、审查有关招标投标文件的工作量十分浩繁。

综上所述，公开招标有利有弊，但其优越性十分明显。

2.邀请招标

(1)邀请招标的定义

邀请招标又称为有限竞争性招标，是指招标人以投标邀请书的方式邀请特定的法人或者其他组织投标。这种方式不发布广告，业主根据自己的经验和所掌握的各种信息资料，向有能力承担该项工程施工的三个以上(含三个)承包商发出投标邀请书，收到邀请书的单位有权利选择是否参加投标。邀请招标与公开招标一样，都必须按规定的招标程序进行，要编制统一的招标文件，投标人也都必须按招标文件的规定进行投标。

(2)邀请招标的特点

邀请招标方式的优点是：参加竞争的投标商数目可由招标单位控制，目标集中，招标的组织工作较容易，工作量比较小。其缺点是：由于参加的投标单位相对较少，竞争性范围较小，使招标单位对投标单位的选择余地较少，如果招标单位在选择被邀请的承包商前所掌握信息资料不足，则会失去发现最适合承担该项目的承包商的机会。

3.公开招标和邀请招标的区别

(1)发布信息的方式不同。公开招标采用公告的形式发布；邀请招标采用投标邀请书的形式发布。

(2)选择的范围不同。公开招标因使用招标公告的形式，针对的是一切潜在的对招标项目感兴趣的法人或者其他组织，招标人事先不知道投标人的数量；邀请招标针对已经了解的法人或者其他组织，而且事先已经知道投标人的数量。

(3)竞争的范围不同。由于公开招标使所有符合条件的法人或者其他组织都有机会参加投标，竞争的范围较广，竞争性体现得也比较充分，招标人拥有绝对的选择余地，容易获得最佳招标效果；邀请招标中，投标人的数目有限，竞争的范围有限，招标人拥有的选择余地相对较小，有可能提高中标的合同价，也有可能将某些技术上或报价上更有竞争力的供应商或承包商遗漏。

(4)公开的程度不同。公开招标中,所有的活动都必须严格按照预先指定并为大家所知的程序和标准公开进行,大大减少了作弊的可能;相比而言,邀请招标的公开程度逊色一些,产生不法行为的机会也就多一些。

(5)时间和费用不同。公开招标的程序比较复杂,从发布公告、投标人做出反应、评标直到签订合同,有许多时间上的要求,且要准备许多文件,因而耗时较长,费用也比较高。由于邀请招标不发公告,招标文件只送几家,使整个招标投标的时间大大缩短,招标费用也相应减少。

4.议标

在国际上,通行的工程项目招标的方式为公开招标、邀请招标和议标,但《中华人民共和国招标投标法》未将议标作为法定的招标方式,主要是因为我国国情与建筑市场的现状条件,不宜采用议标方式。但法律并不排除议标方式,随着建筑市场的进一步完善,江苏、湖南等省陆续出台了工程施工议标实施管理办法。

(1)议标的定义

议标也称谈判招标或限制性招标,即通过谈判来确定中标者。议标是一种以议标文件或拟议的合同草案为基础,直接通过谈判方式,分别与若干家承包商进行协商,选择自己满意的承包商,并签订承包合同的招标方式。

(2)议标的使用范围

采用议标方式的工程项目,一般具备下列条件之一:

①工程有保密性要求。

②工程施工现场位于偏远地区,且现场条件恶劣,愿意承担此任务的单位少。

③工程专业性、技术性高,有能力承担相应任务的单位只有一家,或者虽有少量几家,但从专业性、技术性和经济性角度比较,其中一家有明显优势。

④工程施工所需的技术、材料设备属专利性质,并且在专利保护期之内。

⑤主体工程完成后为配合发挥整体效能所追加的小型附属工程。

⑥单位工程停建、缓建后恢复建设。

⑦公开招标或者邀请招标失败,不宜再次公开招标或者邀请招标。

⑧其他特殊性工程。

(3)议标的程序

议标也要按照一定的程序进行:

①招标人向所属招标投标管理机构提出议标申请。申请中应当说明发包工程任务的内容、申请议标的理由、对议标人的要求及拟邀请的议标人等,并且应当同时提交能证明其要求议标的工程符合上述规定的文件和材料。

②招标投标管理机构在接到议标申请之日起 15 日内,调查核实招标人的议标申请、证明文件和材料、议标人的条件等,确认工程项目是否符合议标条件,符合条件的,方可批准议标。

③议标申请批准后,招标人编写议标文件或者拟议合同草案,并报招标投标管理机构审查,招标投标管理机构应在 5 日内审查完毕给予答复。

④在招标投标管理机构的监督下，招标人与议标人就议标文件的要求或者拟议合同草案进行协商谈判。

⑤议标双方达到一致后，招标投标管理机构在收到正式合同草案2日内进行审查，确认其与议标结果一致后，签发《中标通知书》。

需要指出的是，招标人以议标方式发包施工任务，应编制标底，作为议标文件或者拟议合同草案的组成部分，并经招标投标管理机构审定。议标工程的中标价格原则上不得高于审定后的标底价格。招标人不得以垫资、垫材料作为议标的条件，也不允许以一个议标投标人的条件要求或者限制另一个议标投标人。

在我国工程招标实践中，过去常把邀请招标和公开招标同等看待。没有什么特殊情况的工程建设项目，都要求必须采用公开招标或邀请招标。由于目前我国各地普遍规定公开招标和邀请招标的适用范围相同，所以这两种方式是并重的，在实际操作中由当事人自由选择。

公开招标或者邀请招标失败后，通常可以依法选择议标方式，但应当按照原招标文件或者评标定标办法中有关招标失败的条款选择议标投标人，而不能另行确定评标标准。

三、工程招标方式的选择

工程项目的施工采用何种方式招标，是由业主依据我国法律法规自行决定的。业主根据自身的管理能力、设计进度情况、建设项目本身的特点、外部环境条件等因素经过充分思考后，首先决定施工阶段分标的数量和合同类型，再确定招标方式。工程项目的招标可以是全部工作内容一次性发包，也可以把工作内容分解成几个独立的阶段或独立的项目分别招标，如单位工程招标、土建工程招标、安装工程招标、设备采购招标、材料供应招标以及特殊专业工程施工招标等。全部工程一次性发包，业主只与一个承包商签订合同，施工过程中合同管理比较简单，但有能力承包全部工程的投标人相对较少。如果业主有足够的管理能力，最好将整个工程分成几个单位工程或专项工程分别招标，这样比较有利。一方面可以发挥不同承包商的专业特长，另一方面每个分项合同比总的合同更容易落实，从而减少了不可预见成分，降低了合同实施过程中的风险，即使出现问题也是局部性的，容易纠正或补救。对投标人来说，多一个发包，每个投标人就增加了一个中标的机会。因此，一个工程分成几个合同来招标，对业主和承包商来说都有好处。但招标和发包数量的多少要适当，合同太多也会给招标工作以及项目施工阶段的合同管理工作带来麻烦或不必要的损失。因此，招标方式的选择首先是确定工程分标的方案。

1.工程分标

工程分标是指业主或其委托的咨询单位对准备招标的工程项目分成几个单独招标的部分，即对工程招标的这几个部分都编出独立的招标文件，然后进行招标。这几个部分既可同时招标，也可分批招标；既可由数家承包商分别承包，也可由一家承包商全部承包。

(1)分标的原则

分标有利于吸引更多的投标商参加投标，以发挥各个承包商的专长，降低造价，保证质量，加快工程进度。但分标也要考虑到便于施工管理，减少施工干扰，使工程有条不紊地进行。尤其需要注意的是，分标时必须坚持不肢解工程的原则，保持工程的整体性和专业性。

所谓肢解工程，是指将本应由一个承包人完成的工程任务，分解成若干个部分，分别发包给几个承包商去完成。在国际上，肢解工程又称平行发包，是被允许的，而在我国则是被禁止的。分标时要防止和克服肢解工程的现象，关键是要弄清工程建设项目的一般划分和禁止肢解工程的最小单位。

在我国，一般将工程建设项目划分为五个层次：

①建设项目，通常是指批准在一个设计任务书范围内的工程任务。一个建设项目，可以是一个独立工程，也可以包括若干个单项工程。在一个设计任务书的范围内，按规定分期进行建设的项目，仍算作一个建设项目。在民用建筑中，一般以一所宾馆、一个剧院、一所医院、一所学校等为一个建设项目。

②单项工程，又称工程项目，是建设项目的组成部分，具有独立的设计文件，建成后可以独立发挥生产能力或使用效益的工程。在工业建筑中，各个生产车间、辅助车间、公用系统、办公楼、仓库等；在民用建筑中，职工住宅、学生宿舍、图书馆、教学楼等，均是单项工程。

③单位工程，是单项工程的组成部分，是可以进行独立施工的工程。通常，单项工程包含不同性质的工程内容，根据其能否独立施工的要求，将其划分为若干个单位工程。如车间是一个单项工程，车间的厂房建筑则是一个单位工程，车间的设备安装工程也是一个单位工程。民用建筑以一幢房屋（包括其附属的水、电、卫生、暖气、通风及煤气设施安装）作为一个单位工程。独立的道路工程、采暖工程、输电工程、给水工程、排水工程等，均可作为一个单位工程。

④分部工程，是单位工程的组成部分，一般按建筑物的主要结构、主要部件以及安装工程的种类划分。如土建工程划分为土石方工程、打桩工程、砌筑工程、混凝土及钢筋混凝土工程、木结构工程、金属结构工程、地面工程、屋面工程、装饰工程、脚手架工程等。安装工程划分为管道安装工程、设备安装工程、电气安装工程等。

⑤分项工程，是分部工程的组成部分，是根据分部工程划分的原则，再进一步将分部工程划分成若干分项工程。如土石方工程可分为人工挖地槽、挖地坑、回填土等工程，砌筑工程可分为砖基础、毛石基础、砖砌外墙、砖砌内墙等工程。

勘察设计招标发包的最小分标单位，为单项工程。施工招标发包的最小分标单位，为单位工程。对不能分标发包的工程而进行分标发包的，即构成肢解工程。

(2)分标时应考虑的因素

①工程特点。若工程场地集中、工程量不大、技术上不太复杂，则由一家承包商总包易于管理，因而一般不分标。反之，若工程工地场面大、工程量大，有特殊技术要求，则应考虑分标。

②对工程造价的影响。一般情况下，一个工程由一家承包商总包易于管理，同时便于人力、材料、设备的调度，因而可得到较低造价。但如果是一个大型复杂的工程项目，则对承包商的施工能力、施工经验、施工设备等有很高的要求。在这种情况下，若不分标，就可能使有资格参加此项工程投标的承包商大大减少。竞争对手的减少必然导致报价的上涨，反而得不到较合理的报价。

③发挥承包商的专长。建设项目是由单位工程、单项工程或专业工程组成的，在考虑划分合同包的数量时，既要尽量避免施工的交叉干扰，又要注意各分包商之间在空间和时间上的衔接。

④工地管理。从工地管理角度看，分标时应考虑两方面问题：一是工程进度的衔接；二是工地现场的布置和干扰。工程进度的衔接很重要，特别是关键线路上的项目一定要选择施工水平高、能力强、信誉好的承包商，以防止影响其他承包商的进度。从现场布置和干扰的角度看，则承包商越少越好。分标时要对几个承包商在现场的施工场地进行细致周密的安排。

⑤工程资金的安排情况。建设资金的安排，对工程进度有重要影响。有时，根据资金筹措、到位情况和工程建设的次序，在不同时间进行分段招标，就十分必要。如对国际工程，当外汇不足时，可以按国内承包商有资格投标的原则进行分标。

⑥其他因素。除上述因素外，还有许多其他因素影响分标，如设计图纸完成时间等。

总之，分标是选择招标方式和正式编制招标文件前一项很重要的工作，必须对上述因素综合考虑，有时可拟订几个方案，综合比较后再确定。

2.合同类型的选择

确定工程分标以后，还需要选择合适的合同的种类。合同类型的选择要根据项目复杂程度、设计具体深度、工期要求、技术要求等因素来确定。

工程合同根据计价方式可分为总价合同、计量估价合同、单价合同、成本加酬金合同、按投资总额或承包工程量计取酬金的合同等。其中，总价合同、计量估价合同、单价合同、成本加酬金合同在“工程交易方式”一节中做了详细说明，故此不再赘述，这里仅对按投资总额或承包工程量计取酬金的合同做简单介绍。

按投资总额或承包工程量计取酬金的合同主要适用于可行性研究、工程勘察设计和材料设备采购供应等项承包业务。承包可行性研究的计费方法通常是，根据委托方的要求和所提供的资料情况，拟定工作项目，估计完成任务所需各种专业人员的数量和工作时间，据以计算工资、差旅费以及其他各项开支，再加企业总管理费，最后汇总即可得出承包费用总额。勘察费按完成的工作量和相应的费用定额计取。工业建设项目的设计费控制在概算投资的2%以内，民用建设项目的设计费控制在概算投资的1.5%以内，采用标准设计的项目设计费率应低于0.5%。物资承包公司供应材料按材料价款的0.8%计取承包业务费，设备采购按其总价的1%计取承包业务费。

在确定分标方式和合同类型的基础上，招标人根据自身的管理情况和当地工程交易中心的规定，选择公开招标、邀请招标或议标等招标方式。

四、工程招标的类型

按照不同的分类依据，可以将工程项目招标分为不同的类型。

1.按项目生命周期分类

按项目生命周期可把项目工程招标分为项目可行性研究招标、工程勘察设计招标、材料设备采购招标、工程施工招标和工程监理招标。

(1)项目可行性研究招标。可行性研究就是对拟议中的建设项目是否投资建设所进行的研究和论证，以便进行投资决策。可行性研究可以通过招标的方式委托专门的咨询机构或设计机构进行承包，不论研究结论是否可行，也不论委托人是否采纳，都应按事先签订的协议支付报酬。但是可行性研究的结论如被采纳，而由于其错误的判断使投资者蒙受了经济损失，委托人可依法向承担研究的咨询机构或设计机构索取补偿。

(2)工程勘察设计招标，是指根据批准的可行性研究报告，择优选择勘察设计单位的招标。勘察和设计是两种不同性质的工作，可由勘察单位和设计单位分别完成。勘察单位最终提交施工现场的地理位置、地形、地貌、地质、水文等在内的勘察报告。设计单位最终提供设计图纸和成本预算结果。设计招标还可以进一步分为建筑方案设计招标和施工图设计招标。若施工图设计不是由专业的设计单位承担，而是由施工单位承担，则一般不进行单独招标。

(3)材料设备采购招标，是指在工程项目初步设计完成后，对建设项目所需的建筑材料和设备(如电梯、供配电系统、空调系统等)采购任务进行的招标。投标方通常为材料供应商和成套设备供应商。

(4)工程施工招标，是在工程项目的初步设计或施工图设计完成后，择优选择施工单位的招标。施工单位最终向业主交付按招标设计文件规定的建筑产品。

(5)工程监理招标。为了加强对工程项目的管理，项目业主可以将与承包方签订各类合同履行过程中有关的监督、协调、管理、控制等任务交予监理单位实施。为择优选择监理单位，招标是最佳的选择方式。

2.按工程项目承包范围分类

按工程项目承包范围可将工程招标划分为全过程招标、项目阶段性招标、工程分包招标及专项工程承包招标。

(1)全过程招标，是指从工程项目可行性研究开始，包括可行性研究、勘察设计、设备材料采购、工程施工、生产准备、投料试车，直至投产交付使用为止全部工作内容的招标。全过程招标一般由业主选定总承包单位，再由其组织各阶段的实施工作。无论是由项目管理公司、设计单位，还是由施工企业作为总承包单位，鉴于其专业特长、实施能力等方面的限制，合同执行过程中不可避免地采用分包方式实施。

全过程招标由于对总承包单位要求的条件较高，有能力承担该项任务的单位较少，大多以议标方式选择总承包单位，而且在实施过程中由总承包单位向分包商收取协调管理费，因此，承包价格要比业主分别对不同工作内容单独招标高。这种招标方式大多适用于中小型工程且业主对工程项目建设过程管理能力较差的情况。业主基本上不参与实施过程中的管理，只是宏观地对建设过程进行监督和控制。其优点是可充分发挥工程承包公司已有的经验，节约投资，缩短工期，避免由于业主对建设项目管理方面经验不足而造成损失。

(2)项目阶段性招标，是对建设过程中某一阶段或某些阶段的工作内容进行招标。主要包括项目可行性研究阶段招标、勘察设计阶段承包、施工安装阶段承包等，前面已介绍，不再赘述。

(3)工程分包招标，是指工程总承包人作为招标人，将其中标范围内的工程任务，通过招标投标的方式，分包给具有相应资质的分承包人，中标的分承包人只对招标的总承包人负责。

(4)专项工程承包招标，是指某一建设阶段的某一专门项目，由于专业性较强，通过招标择优选择专业承包商。例如,勘察设计阶段的工程地质勘察、洪水水源勘察、基础或结构工程设计、工艺设计;施工阶段的基础施工、金属结构制作和安装等。

3.按行业或专业类别分类

按与工程建设相关的业务性质及专业类别划分,可将工程招标分为土木工程招标、勘察设计招标、货物采购招标、安装工程招标、建筑装饰装修招标、生产工艺技术转让招标、咨询服务(工程咨询)及建设监理招标等。

(1)土木工程招标,是指对建设工程中土木工程施工任务进行的招标。

(2)勘察设计招标,是指对建设项目的勘察设计任务进行的招标。

(3)货物采购招标,是指对建设项目所需的建筑材料和设备采购任务进行的招标。

(4)安装工程招标,是指对建设项目的设备安装任务进行的招标。

(5)建筑装饰装修招标,是指对建设项目的建筑装饰装修的施工任务进行的招标。

(6)生产工艺技术转让招标,是指对建设工程生产工艺技术转让进行的招标。

(7)咨询服务(工程咨询)和建设监理招标,是指对工程咨询和建设监理任务进行的招标。

4.按工程承发包模式分类

随着建筑市场运作模式与国际接轨进程的深入,我国承发包模式也逐渐呈多样化,主要包括工程咨询承包模式、EPC工程承包模式、设计施工承包模式、设计管理承包模式、PPP模式、CM模式。

按承发包模式分类,可将工程招标划分为工程咨询招标、EPC工程招标、设计—建造招标、工程设计—管理招标、PPP项目招标等。

(1)工程咨询招标,是指以工程咨询服务为对象的招标行为。工程咨询服务的内容主要包括工程立项决策阶段的规划研究、项目选定与决策;建设准备阶段的工程设计、工程招标;施工阶段的监理、竣工验收等工作。

(2)EPC(Engineering Procurement Construction)工程招标,又称为项目总承包招标或全过程招标。EPC模式即承包商向业主提供包括融资、设计、施工、设备采购、安装和调试直至竣工移交的全套服务。交钥匙工程招标是指发包商将上述全部工作作为一个标的招标,承包商通常将部分阶段的工程分包,也就是全过程招标。

(3)设计—建造招标,是指将设计及施工作为一个整体标的,以招标的方式进行发包,投标人必须为同时具有设计能力和施工能力的承包商。我国由于长期采取设计与施工分开的管理体制,目前具备设计、施工双重能力的企业为数较少。

设计—建造模式是一种项目组管理方式,业主和设计—建造承包商密切合作,完成项目的规划、设计、成本控制、进度安排等工作,甚至负责项目融资。使用一个承包商对整个项目负责,避免了设计和施工的矛盾,可显著减少项目的成本和工期。同时,在选定承包商时,把设计方案的优劣作为主要的评标因素,可保证业主得到高质量的工程项目。

(4)工程设计—管理招标,是指由同一实体向业主提供设计和施工管理服务的工程管理招标。使用这种模式时,业主只签订一份既包括设计也包括工程管理服务的合同,在这种情况下,设计机构与管理机构是同一实体。这一实体常常是设计机构和工程管理企业的联营体。设计—管理招标即为以设计管理为标的进行的工程招标。

(5)PPP项目招标。根据PPP运作流程(图1-10,详见学习情境一项目五中的相关内容)可知,当项目通过"两评一案"后进入项目的采购阶段,PPP的采购方式主要有公开招标、邀请招标、竞争性谈判、竞争性磋商和单一来源采购五种。公开招标应作为主要采购方式。也就是在大多数情况下,PPP项目通过招标形式选择社会资本方。

5.按工程是否具有涉外因素分类

按照工程是否具有涉外因素,可以将建设工程招标分为国内工程招标和国际工程招标。

(1)国内工程招标,是指对本国没有涉外因素的建设工程进行的招标。

(2)国际工程招标,是指对有不同国家或国际组织参与的建设工程进行的招标。国际工程招标包括本国的国际工程(习惯上称涉外工程)招标和国外的国际工程招标两个部分。国内工程招标和国际工程招标的基本原则是一致的,但具体做法有所差异。随着社会经济的发展和与国际接轨的深化,国内工程招标和国际工程招标在做法上的区别已越来越小。

五、工程招标的范围

根据国家发展与改革委员会发布的《必须招标的工程项目规定》(2018年6月1日起施行),必须进行招标的建设工程的具体范围如下:

1.全部或者部分使用国有资金投资或者国家融资的项目

(1)使用预算资金200万元人民币以上,并且该资金占投资额10%以上的项目。

(2)使用国有企业事业单位资金,并且该资金占控股或者主导地位的项目。

2.使用国际组织或者外国政府贷款、援助资金的项目

(1)使用世界银行、亚洲开发银行等国际组织贷款、援助资金的项目。

(2)使用外国政府及其机构贷款、援助资金的项目。

不属于前两款规定情形的大型基础设施、公用事业等关系社会公共利益、公众安全的项目,必须招标的具体范围由国务院发展改革部门会同国务院有关部门按照确有必要、严格限定的原则制定,报国务院批准。

上述规定范围内的项目,其勘察、设计、施工、监理以及与工程建设有关的重要设备、材料等的采购达到下列标准之一的,必须招标:

(1)施工单项合同估算价在400万元人民币以上。

(2)重要设备、材料等货物的采购,单项合同估算价在200万元人民币以上。

(3)勘察、设计、监理等服务的采购,单项合同估算价在100万元人民币以上。

同一项目中可以合并进行的勘察、设计、施工、监理以及与工程建设有关的重要设备、材料等的采购,合同估算价合计达到前款规定标准的,必须招标。

凡按照规定应该招标的工程不进行招标,应该公开招标的工程不公开招标的,原确定的承包单位一律无效。建设行政主管部门按照《中华人民共和国建筑法》第八条的规定,不予颁发施工许可证;对于违反规定擅自施工的,依据《中华人民共和国建筑法》第六十四条的规定,追究其法律责任。

实际上,必须依法采用招标采购方式的项目,并不仅限于《中华人民共和国招标投标法》所列项目,例如《中华人民共和国招标投标法》规定以外的属于政府采购范围内的其他大额采购,也应纳入强制招标的范围,这在《中华人民共和国政府采购法》中有明确规定。

项目二 确定工程招标的程序

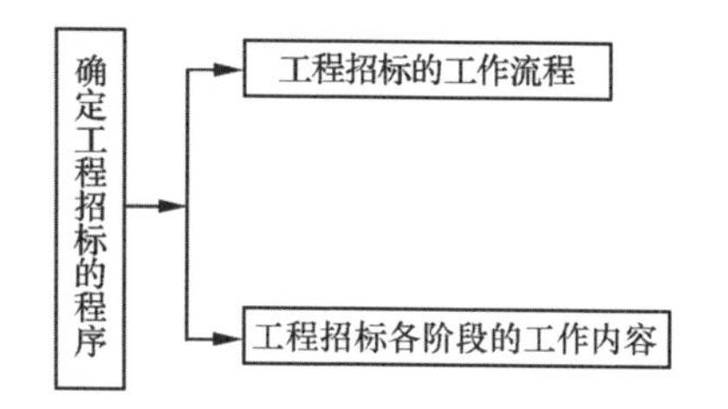

一、工程招标的工作流程

工程招标的工作流程是指建设工程活动按照一定的时间、空间运作的顺序、步骤和方式。我国现行《中华人民共和国招标投标法》(2017 年修正)、《中华人民共和国招标投标法实施条例》(2019 年修订)《工程建设施工招标投标管理办法》(2013 年修订)规定,施工招标应按下列流程进行:

(1)向招标投标办事机构提出招标方式申请书。

(2)编制招标文件和招标控制价,并报招标投标办事机构审定。

(3)发布招标公告或发出招标邀请书。

(4)投标单位报名投标。

(5)对投标单位进行资格预审,并将资格预审结果通知各申请投标者。

(6)向合格的投标单位发售招标文件及设计样图、技术资料等。

(7)组织投标单位现场考察,并进行标前答疑。

(8)组建评标委员会。

(9)召开开标会议,审查投标文件。

(10)组织评标,决定中标单位。

(11)发出中标通知书。

(12)建设单位与中标单位签订承发包合同。

上述工程招标流程可分为三个阶段，一是招标准备阶段，二是招标投标阶段，三是决标成交阶段：

①招标准备阶段，是指从办理招标申请开始到发出招标公告或投标邀请函为止的时间段。

②招标阶段，也是投标人的投标阶段，是指从发布招标之日起到投标截止之日的时间段。

③决标成交阶段，是指从开标之日起到与中标人签订承包合同为止的时间段。

资格预审的公开招标、资格后审的公开招标和邀请招标的招标流程稍有差异。资格后审的公开招标和邀请招标的资格审查发生在评标阶段，因此在招标流程中就没有资格预审；资格预审的公开招标需要刊登资格预审公告，资格后审的公开招标需要刊登招标公告，而邀请招标在此阶段需要向特定法人发投标邀请书。资格预审的公开招标工作流程如图 3-1 所示，资格后审的公开招标工作流程如图 3-2 所示，邀请招标的工作流程如图 3-3 所示。

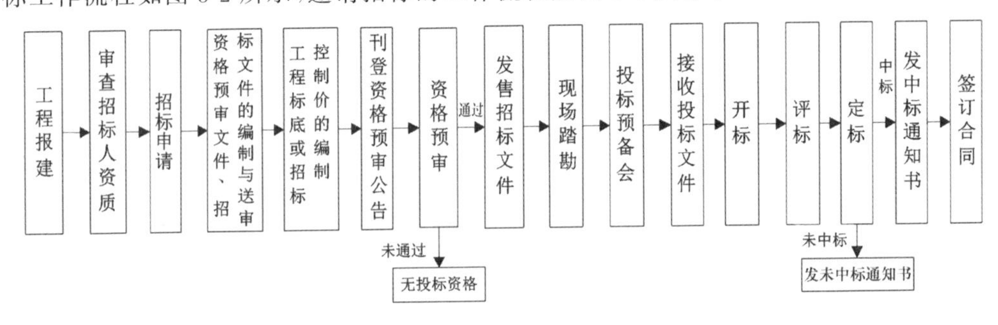

图 3-1　资格预审的公开招标工作流程

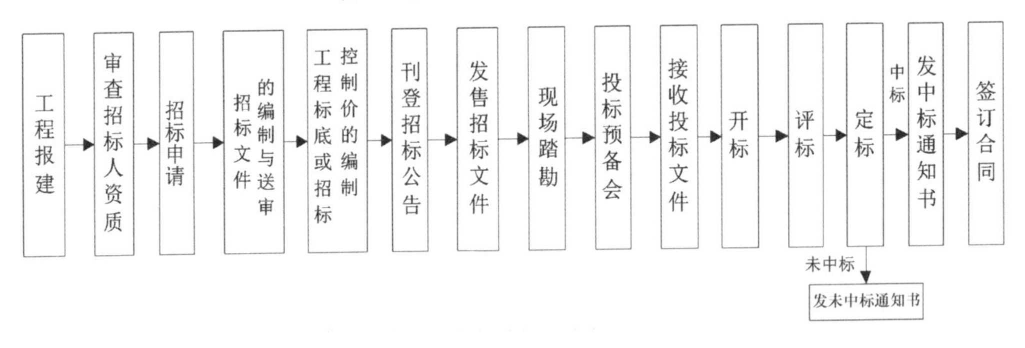

图 3-2　资格后审的公开招标工作流程

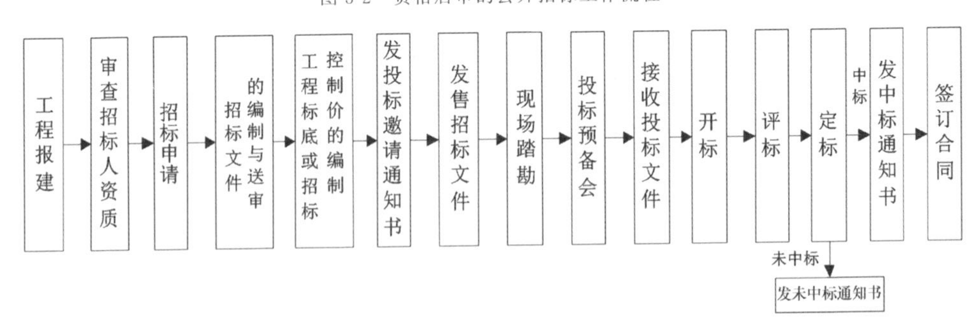

图 3-3　邀请招标的工作流程

二、工程招标各阶段的工作内容

1.建设工程项目报建

建设工程项目报建是指建设单位在开工前的一定期限内向建设行政主管部门申报工程项目,办理工程项目登记手续,接受当地建设行政主管部门的监督管理。

工程项目的报建,按照分级管理权限,由建设行政主管部门负责。省级建设行政主管部门是本省工程项目报建的主管机关。

建设工程项目报建是建设单位招标活动的前提。报建范围包括:各类房屋建筑(包括新建、改建、扩建、翻修等)、土木工程(包括道路、桥梁、房屋基础打桩等)、设备安装、管道线路铺设和装修等。报建的内容包括:工程名称、建设地点、投资规模、投资额、工程规模、发包方式、计划开竣工日期和工程筹建情况等。项目报建时需提交的材料有:投资项目管理部门关于项目立项(代可行性研究报告)批复文件、可行性研究报告批复文件、资金申请报告批复文件、项目申请报告核准文件、投资项目备案文件和规划许可证等。建设单位根据《工程建设项目报建管理办法》规定的要求进行报建,并由建设行政主管部门审批。具备招标条件的单位,可开始办理建设单位资质审查。

近几年来,国务院为推进简政放权、放管结合、优化服务改革、降低制度性交易成本和激发社会投资活力,下发了《国务院关于印发清理规范投资项目报建审批事项实施方案的通知》(国发〔2016〕29 号)和《国务院办公厅关于开展工程建设项目审批制度改革试点的通知》(国办发〔2018〕33 号)两个文件,要求各地逐步取消没有必要的工程项目行政审批手续。因此,部分地区的项目报建制度已经被弱化或取消。

2.审查建设单位资质

审查建设单位资质即审查建设单位是否具备招标条件(详见本学习情境项目一中招标组织应具备的条件)。不具备有关条件的建设单位,须委托具有相应资质的中介机构代理招标,建设单位与中介机构签订委托代理招标的协议,并报招标投标办事机构备案。

3.招标申请

根据《工程建设施工招标投标管理办法》(七部委 30 号令)(2013 年 4 月修订)规定,按照国家有关规定需要履行项目审批、核准手续的依法必须进行施工招标的工程建设项目,其招标范围、招标方式、招标组织形式应当报项目审批部门审批、核准。其他项目由招标人申请招标投标办事机构做出认定。全部使用国有资金投资或者国有资金投资占控股或者主导地位的并需要审批的工程建设项目的邀请招标,应当经项目审批部门批准,但项目审批部门只审批立项的,由招标投标办事机构批准。

建设单位向招标投标办事机构提出招标申请,主要内容包括:招标工程具备的条件、建设单位具备的资质、拟采用的招标方式、对投标企业的资质要求或拟选择的投标企业。申请经招标投标办事机构审查批准之后,建设单位方可进行招标登记,领取有关招标投标用表。

工程招标需要具备如下条件:

①招标人已经依法成立。

②初步设计及概算应当履行审批手续的，已经批准。

③有相应资金或资金来源已经落实。

④有招标所需的设计图纸及技术资料。

建设单位具备的资质要求和如何选择招标方式在本学习情境项目一已说明，故此不再赘述。

招标单位填写"建设工程招标申请表"，经上级主管部门批准之后，连同"工程建设项目报建审查登记表"报招标投标办事机构审批。申请表的主要内容包括：工程名称、建设地点、建设规模、结构类型、招标范围、招标方式、施工企业等级、施工前期准备情况（土地征用、拆迁情况、勘察设计情况、施工现场条件等）、招标机构组织情况等。

4.发布招标公告或资格预审公告

依法必须进行招标的项目，必须在指定媒介上发布"资格预审公告"或"招标公告"。指定媒介发布依法必须招标项目的招标公告，不得收取费用，但发布国际招标公告除外。根据《招标公告和公示信息发布管理办法》（国家发改委令第10号，自2018年1月1日起施行）的规定，招标项目的招标公告和公示信息应当在"中国招标投标公共服务平台"或者项目所在地省级电子招标投标公共服务平台（以下统一简称"发布媒介"）发布。省级电子招标投标公共服务平台应当与"中国招标投标公共服务平台"对接，按规定同步交互招标公告和公示信息。对依法必须招标项目的招标公告和公示信息，发布媒介应当与相应的公共资源交易平台实现信息共享。拟发布的招标公告和公示信息文本应当由招标人或其招标代理机构盖章，并由主要负责人或其授权的项目负责人签名。采用数据电文形式的，应当按规定进行电子签名。依法必须招标项目的招标公告和公示信息鼓励通过电子招标投标交易平台录入后交互至发布媒介核验发布，也可以直接通过发布媒介录入并核验发布。按照电子招标投标有关数据规范要求交互招标公告和公示信息文本的，发布媒介应当自收到起12小时内发布。采用电子邮件、电子介质、传真、纸质文本等其他形式提交或者直接录入招标公告和公示信息文本的，发布媒介应当自核验确认起1个工作日内发布。核验确认不得超过3个工作日。

招标人或其招标代理机构应当对其提供的招标公告和公示信息的真实性、准确性、合法性负责。发布媒介和电子招标投标交易平台应当对所发布的招标公告和公示信息的及时性、完整性负责。发布媒介应当按照规定采取有效措施，确保发布招标公告和公示信息的数据电文不被篡改、不遗漏和至少10年内可追溯。

发布媒介应当免费提供依法必须招标项目的招标公告和公示信息发布服务，并允许社会公众和市场主体免费、及时查阅前述招标公告和公示的完整信息。

依法必须招标项目的招标公告和公示信息除在发布媒介发布外，招标人或其招标代理机构也可以同步在其他媒介公开，并确保内容一致。其他媒介可以依法全文转载依法必须招标项目的招标公告和公示信息，但不得改变其内容，同时必须注明信息来源。

招标公告的具体格式要根据《中华人民共和国标准设计施工总承包招标文件》（2012版）或《中华人民共和国标准设计施工总承包招标文件》（2012版）规定的格式，内容至少载明下列内容：

(1)招标人的名称和地址。

(2)招标项目的内容、规模、资金来源。

(3)招标项目的实施地点和工期。

(4)获取招标文件或者资格预审文件的地点和时间。

(5)对招标文件或者资格预审文件收取的费用。

(6)对招标人的资质等级的要求。

招标公告或资格预审公告发布期不得少于5日。

5.投标报名

投标人持有USB身份识别锁进行网上或在工程交易中心投标报名,投标人在投标申请被招标人审查通过后成为潜在投标人。

投标报名时间与招标公告或资格预审公告发布期相一致,不得少于5日。

6.资格预审文件、招标文件的编制与送审

公开招标时,要求进行资格预审,只有通过资格预审的施工单位才可以参加投标。资格预审文件和招标文件须报招标投标办事机构审查,审查同意后方可发布资格预审通告或招标通告。

7.发售资格预审文件和资格预审

招标人应当按照资格预审公告规定的时间、地点发售资格预审文件。资格预审文件发售期不得少于5日。潜在投标人或者其他利害关系人对资格预审文件有异议的,应当在提交资格预审申请文件截止时间2日前提出。

潜在投标人应按照资格预审文件的要求填写资格预审申请文件,按时送达指定地点,资格审查委员会审查资格预审申请文件,审查完成后拟确定的合格的投标人名单由招标人报招标投标办事机构批准后,方可成为合格投标人名单。提交资格预审申请文件的时间,自资格预审文件停止发售之日起不得少于5日。资格预审结束后,招标人应当及时向资格预审申请人发出资格预审结果通知书。未通过资格预审的申请人不具有投标资格。通过资格预审的申请人少于3个的,应当重新招标。

招标人采用资格后审办法对投标人进行资格审查的,应当在开标后由评标委员会按照招标文件规定的标准和方法对投标人的资格进行审查。

8.发售招标文件

将招标文件、图纸和有关技术资料发售给通过资格预审获得投标资格的投标单位。投标单位收到招标文件、图纸和有关技术资料后,应认真核对,核对无误后,应以书面形式予以确认。招标文件的发售期不得少于5日。对招标文件有异议的,应当在投标截止时间10日前提出。招标人应当自收到异议之日起3日内做出答复;做出答复前,应当暂停招标投标活动。

9.勘察现场

《中华人民共和国招标投标法》(2017年修正)第二十一条规定,招标人根据招标项目的具体情况,可以组织潜在投标人踏勘项目现场,包括亲临现场勘察和市场调查两个方面。在招标文件规定的时间,招标人负责组织各投标人到施工现场进行考察。组织现场考察的目的,一方面是让投标人了解招标现场的自然环境、施工条件、周围环境，调查现场所在地材料的供应品种和价格、供应渠道，设备的生产、销售情况等，以便于编标报价。另一方面是要求投标人通过自己的实地考察，以决定投标的策略和确定投标的原则，避免实施过程中承包商以不了解现场情况为理由推卸应承担的责任。为此，招标人在组织现场考察过程中，除了对现场情况进行简要介绍以外，不对投标人提出的有关问题做进一步说明，以免干扰投标人的判断。为便于解答投标单位提出的问题，勘察现场一般安排在招标预备会之前进行。现场考察费用一般由投标人自己解决。

招标单位应向投标单位介绍有关施工现场的如下情况：

(1)是否达到招标文件规定的条件。

(2)地形、地貌。

(3)水文地质、土质、地下水位等情况。

(4)气候条件，包括气温、湿度、风力、降雨、降雪等情况。

(5)现场的通信、饮水、污水排放、生活用电等。

(6)工程在施工现场中的位置。

(7)可提供的施工用地和临时设施等。

10.招标预备会和招标文件的解释与补充

标前会议是指招标人在招标文件规定的日期，为解答投标人研究招标文件和现场考察中提出的有关质疑问题进行解答的会议。在正式会议上，除了向投标人介绍工程概况外，还可对招标文件中某些内容加以修改或补充说明，有针对性地解决投标人书面提出的各种问题，以及会议上投标人即席提出的有关问题。会议结束后，招标人应按其口头解答的内容以书面补充的形式发给每个投标人，作为招标文件的组成部分，与其具有同等效力。书面补充通知应在投标截止时间至少 15 日前，以书面形式通知所有获取招标文件的投标人；不足 15 日的，招标人应当顺延提交投标文件的截止时间。

标前会议上，招标单位对每个单位的解答都必须慎重、认真，因为其任何话语都可影响投标人的报价决策。为此，召开标前会议以前，招标人应组织人员对投标人的书面质疑所提的全部问题归类研究，列出解答提纲，由主答人解答。对会议中投标人即席提出的问题，主答人有把握时可以扼要解答。

11.工程标底或招标控制价的编制和送审（如有标底）

投标文件的商务条款一经确定，即可进入工程标底或招标控制价的编制阶段。标底或招标控制价编制完毕应将必要的资料报送招标投标办事机构审定。

12.投标文件的接收

投标单位根据招标文件的要求，编制投标文件，并进行密封和标志。投标人应当在招标文件要求提交投标文件的截止时间前，将投标文件密封送达投标地点。招标人收到投标文件后，应当向投标人出具标明签收人和签收时间的凭证，在开标前，任何单位和个人不得开启投标文件。依法必须进行招标的项目，自招标文件开始发出之日起至投标人提交投标文件截止之日止，不得少于 20 日。

13.开标与评标

(1)评标委员会的组建

评标由招标人依法组建的评标委员会负责。

根据《评标委员会和评标方法暂行规定》(2013 年修订),依法必须进行施工招标的工程,其评标委员会由招标人的代表和有关技术、经济等方面的专家组成,成员人数为五人以上单数,其中招标人、招标代理机构以外的技术、经济等方面专家不得少于成员总数的三分之二。

评标专家应符合下列条件:从事相关专业领域工作满 8 年并具有高级职称或者同等专业水平;熟悉有关招标投标的法律法规,并具有与招标项目相关的实践经验;能够认真、公正、诚实、廉洁地履行职责。

招标人非因招标投标法和本条例规定的事由,不得更换依法确定的评标委员会成员。评标过程中,评标委员会成员有回避事由、擅离职守或者因健康等原因不能继续评标的,应当及时更换。被更换的评标委员会成员做出的评审结论无效,由更换后的评标委员会成员重新进行评审。

与投标人有利害关系的人不得进入相关项目的评标委员会,已经进入的应当主动回避并更换。

评标委员会成员的名单在中标结果确定前应当保密。

(2)抽取专家评委

招标人在开标前 1 小时到各地区交易中心现场随机抽取专家评委。其中,招标人代表应当具备评标专家的相应条件,相关材料在开标前 7 日报招标办备案。

(3)开标会

开标会在各地区交易中心会议室内进行,招标人或委托代理机构在投标截止时间前负责接受投标单位投标文件,并安排投标人签到。招标会由招标人主持,招标办人员监督。国有资金投资项目需有纪委监察人员驻场,方可开标。投标单位至少有 3 家才能开标。

在招标投标办事机构监督下,依据评标原则、评标方法,对投标单位的报价、工期、质量、主要材料用量、施工方案或施工组织设计、以往业绩、社会信誉、优惠条件等方面进行综合评价,公正、合理地择优选择中标单位。

14.定标

评标完成后,评标委员会应当向招标人提交书面评标报告和中标候选人名单。中标候选人应当不超过 3 个,并标明排序。招标人应当自收到评标报告之日起 3 日内公示中标候选人,公示期不得少于 3 日。

投标人或者其他利害关系人对依法必须进行招标的项目的评标结果有异议的,应当在中标候选人公示期间提出。招标人应当自收到异议之日起 3 日内做出答复;做出答复前,应当暂停招标投标活动。

15.授标

授标就是建设单位与中标单位在规定的期限内签订工程承包合同。

中标人接到中标通知书后,即成为该招标工程的施工承包商,应在中标通知书发出之日起的 30 日内与业主签订施工合同,并将合同副本同时报送市交易中心登记备案。在收到合同草案之时当日予以审查，提出修改意见，双方可按经主管部门审查后，符合规定的合同草案签订正式合同。合同自双方签字盖章之日起生效。签约前业主与中标人还要进行决标后的谈判，但不得再行订立违背合同实质性内容的其他协议。在决标后的谈判中，如果中标人拒签合同，业主有权没收其投标保证金，再与其他人签订合同。

业主与中标人签署施工合同后5日内，对未中标的投标人也应当发出未中标通知书，并退还其投标保证金。至此，招标工作即告结束。

招标的各阶段一般需要到工程交易中心去办理各种手续，下面通过图表的形式详细说明每一阶段的工作与招标办公室、工程交易中心之间的关系，如图3-4所示。

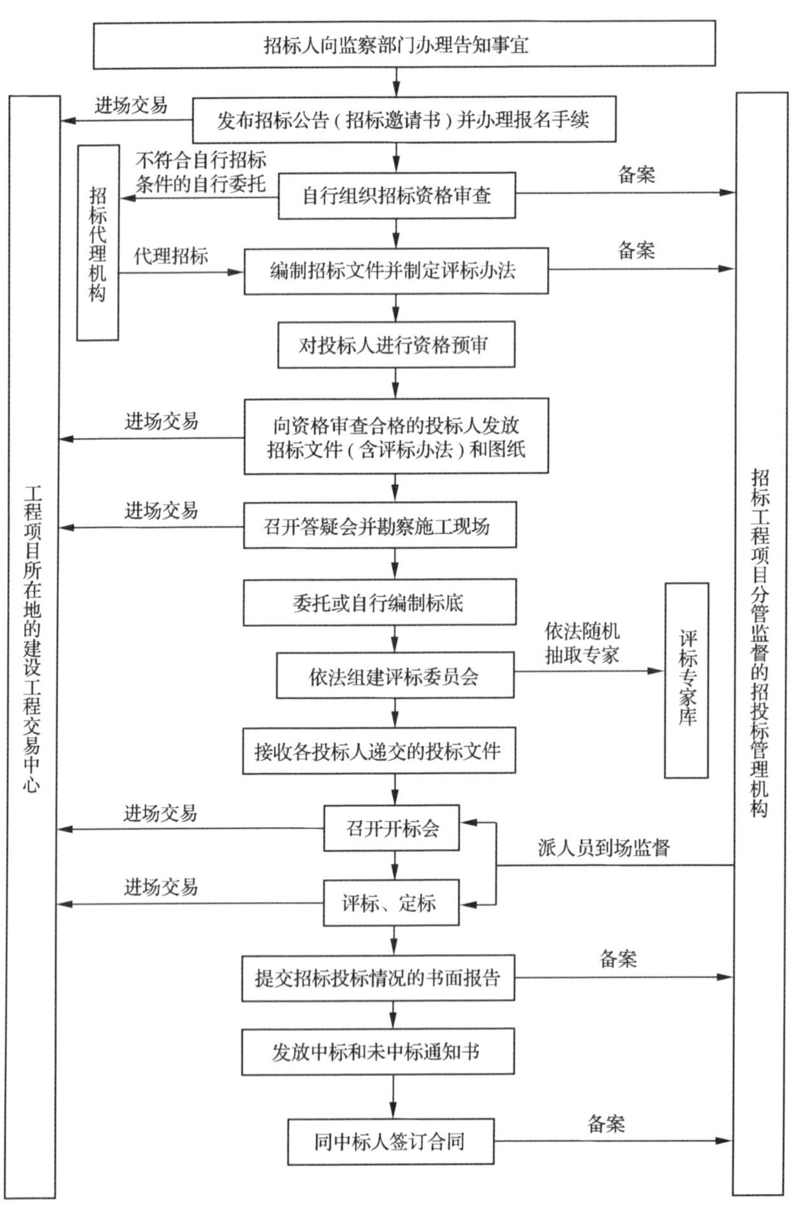

图3-4 招标各阶段与工程交易中心、招标管理机构的关系

项目三 编制招标文件

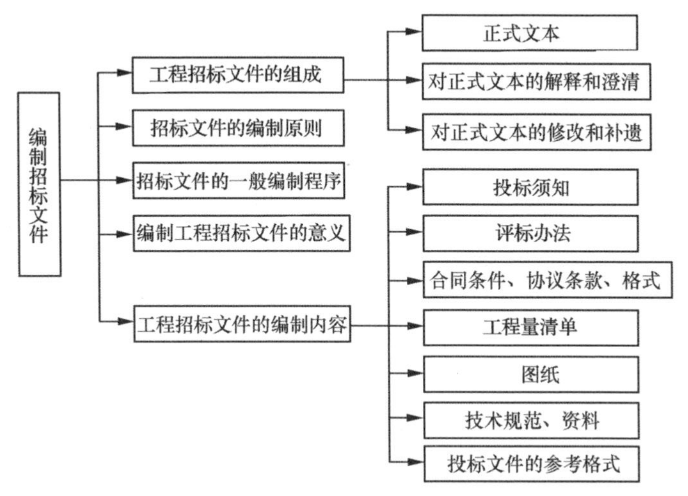

招标文件是招标人单方面阐述自己的招标条件和具体要求的意思表示,是招标人向潜在投标人发出的要约邀请文件,是招标人确定、修改和解释有关招标事项的各种书面表达形式的统称。

建设单位的招标申请经建设行政主管部门或其授权机构批准之后,建设单位即组织人员着手编制有关招标文件。

招标文件是招标投标过程中最重要的法律文件,它不仅规定了完整的招标程序,而且提出了各项具体的技术标准和交易条件。招标文件规定了拟订立合同的主要内容,是投标人准备投标文件和参加投标的依据,也是评标委员会评标的依据。因此,对招标投标各方均具有法律效力。招标文件的有些内容只是为了说明招标投标的程序要求,将来并不构成合同文件,例如,投标须知;有些内容则构成合同文件,例如,合同条款、设计图纸、技术标准与要求等。因此,招标文件是订立合同的基础。《中华人民共和国招标投标法》规定,招标人应根据招标项目的特点和需要编制招标文件。

一、工程招标文件的组成

工程招标文件是由一系列有关招标方面的说明性文件资料组成的,包括各种旨在阐释招标人意志的书面文字、图表、电报、传真、电传等材料。一般来说,招标文件在形式上的构成,主要包括正式文本、对正式文本的解释和澄清以及对正式文本的修改和补遗三个部分。

1.招标文件正式文本

为范本介绍工程施工招标文件正式文本的内容和编写要求。发改委等九部委从2007年开始,在全国建筑领域范围内推行统一的《标准施工招标资格预审文件》(2007版)和《标准施工招标文件》(2007版)(九部委第59号令),从2008年5月1日开始实施;后来,由于国际承包市场中总承包方式(EPC&Turn-Key)的蓬勃发展,发改委等九部委在2012年又推出了《中华人民共和国标准设计施工总承包招标文件》(2012年版)和《中华人民共和国简明标准施工招标文件》(2012年版)(九部委第3018号令),自2012年5月1日起实施;2017年发改委等九部委又制定和推出了《标准设备采购招标文件》《标准材料采购招标文件》《标准勘察招标文件》《标准设计招标文件》《标准监理招标文件》5份货物、服务类标准招标文件,自2018年1月1日起实施。上述9份标准招标文件,共同构建形成了覆盖主要采购对象、多种合同类型、不同项目规模的标准文件体系。

《中华人民共和国标准设计施工总承包招标文件》(2012年版)主要适用于设计施工一体化的总承包招标。其共包含封面格式和三卷七章的内容:第一卷包括第一章至第四章,涉及招标公告(投标邀请书)、投标人须知,评标办法、合同条款及格式等内容。其中,第一章和第三章并列给出了不同的情况,由招标人根据招标项目特点和需要分别选择。第二卷由第五章发包人要求和第六章发包人提供的资料两部分组成。第三卷由第七章投标文件格式组成。

《中华人民共和国简明标准施工招标文件》(2012年版)适用于工期不超过12个月、技术相对简单且设计和施工不是由同一承包人承担的小型项目施工招标。《标准施工招标文件》(2007年版)适用于一定规模以上,且设计和施工不是由同一承包商承担的工程施工招标。这两个标准招标文件在内容上都包含封面格式和四卷八章的内容:第一卷包括第一章至第五章,涉及招标公告(投标邀请书)、投标人须知,评标办法、合同条款及格式、工程量清单等内容;第二卷由第六章图纸组成;第三卷由第七章技术标准和要求组成;第四卷由第八章投标文件格式组成。

其中,以上三个标准施工招标文件的第一章(公开招标/邀请招标)和第三章(经评审的最低投标价法/综合评估法)并列给出了不同的情况,由招标人根据招标项目特点和需要分别选择。

以《中华人民共和国简明标准施工招标文件》(2012年版)为例,说明招标文件正式文本内容的组成。

第一卷

第一章　招标公告

第二章　投标人须知

第三章　评标办法

第四章　合同条款及格式

第五章　工程量清单

第二卷

第六章　图纸

第三卷

第七章　技术标准和要求

第四卷

第八章　投标文件格式

2.对招标文件正式文本的解释和澄清

对招标文件正式文本的解释和澄清的形式主要是书面答复、投标预备会记录等。投标人如果认为招标文件有问题需要澄清,应在收到招标文件后以文字、电传、传真或电报等书面形式向招标人提出,招标人将以文字、电传、传真或电报等书面形式或以投标预备会的方式给予解答。

解答包括对询问的解释，但不说明询问的来源。解答意见经招标投标管理机构核准，由招标人送达所有获得招标文件的投标人。

3.对招标文件正式文本的修改和补遗

对招标文件正式文本的修改和补遗的形式主要是补充通知、修改书等。在投标截止日前，招标人可以自己主动对招标文件进行修改，或为解答投标人要求澄清的问题而对招标文件进行修改。修改意见经招标投标管理机构核准，由招标人以文字、电传、传真或电报等书面形式发给所有获得招标文件的投标人。对招标文件的修改，也是招标文件的组成部分，对投标人起约束作用。投标人收到修改意见后应立即以书面形式（回执）通知招标人，确认已收到修改意见。为了给投标人合理的时间，使他们在编制投标文件时将修改意见考虑进去，招标人可以酌情延长递交投标文件的截止日期。

二、招标文件的编制原则

建设工程招标文件由招标人或招标人委托的招标代理人负责编制，由建设工程招标投标管理机构负责审定。未经建设工程招标投标管理机构审定，不得将招标文件分送给投标人。

招标文件的编制必须做到系统、完整、准确、明了，即提出的要求明确，使投标人一目了然。编制招标文件的依据和原则如下：

（1）遵守法律、法规、规章和有关方针、政策的规定，符合有关贷款组织的合法要求。招标文件是与中标者签订合同的基础。按《中华人民共和国民法典》规定，违反法律、法规和国家有关规定的合同属于无效合同。招标文件必须符合国家招标投标法、合同法等多项法规、法令。

（2）兼顾招标人和投标人双方利益。招标文件应公正、合理地处理招标人与投标人的关系，保护双方的权益。如果招标人在招标文件中不恰当地、过多地将风险转移给投标人一方，势必迫使投标人加大风险费用，提高投标报价，最终还是招标人一方增加支出。

（3）招标文件应真实可靠、诚实信用。招标文件应详尽地反映项目的客观真实情况和招标人的要求，必须真实可靠，讲求信用，不能欺骗或误导投标人。招标人或招标代理人对招标文件的真实性负责。这样才能使投标者在客观、可靠的基础上投标，减少签约、履约的争议。

（4）招标文件各部分的内容必须统一、具体明确。这一原则是为了避免备份文件之间的矛盾。招标文件涉及投标者须知、合同条件、规范、工程量表等多项内容，招标文件的内容应当全面系统、完整统一，各部分之间必须力求一致，避免相互矛盾或冲突。如果文件各部分之间相互矛盾，投标工作和合同的履行就会产生许多争端，甚至影响工程的施工。招标文件确定的目标和提出的要求，必须具体明确，不能模棱两可，发生歧义。

三、招标文件的一般编制程序

招标文件的一般编制程序如下：

（1）熟悉工程情况和施工图及说明。

（2）计算工程量。

（3）确定施工工期和开、竣工日期。

（4）确定工程的技术要求、质量标准及各项有关费用。

（5）确定投标、开标、定标的日期及其他事项。

（6）填写招标文件申报表。

四、编制工程招标文件的意义

工程招标文件具有十分重要的意义，具体主要体现在以下三个方面：

（1）建设工程招标文件是投标的主要依据和信息源。招标文件是提供给投标人的投标依据，是投标人获取招标人意图和工程招标各方面信息的主要途径。投标人只有认真研读招标文件，领会其精神实质，掌握其各项具体要求和界限，才能保证投标文件对招标文件做出实质性响应，顺利通过对投标文件的符合性鉴定。

（2）建设工程招标文件是合同签订的基础。招标文件是一种要约邀请，其目的在于引出潜在投标人的要约（投标文件），并对要约进行比较、评价（评标），做出承诺（定标）。因而，招标文件是工程招标中要约和承诺的基础。在招标投标过程中，无论是招标人还是投标人，都可能对招标文件提出这样那样的修改和补充的意见或建议，但不管怎样修改和补充，其基本的内容和要求通常是不会变的，也是不能变的，所以招标文件的绝大部分内容，事实上都将会变成合同的内容，招标文件是招标人与中标人签订合同的基础。

（3）建设工程招标文件是政府监督的对象。招标文件既是招标投标管理机构的审查对象，也是招标投标管理机构对招标投标活动进行监管的一个重要依据。换句话说，政府招标投标管理机构对招标投标活动的监督，在很大程度上就是监督招标投标活动是否符合已经审定的招标文件的规定。

五、工程招标文件的编制内容

一般来说，建设工程招标文件应包括投标须知、评标办法、合同条件、合同协议条款、合同格式、技术规范、图纸、技术资料及投标文件的参考格式等几方面内容。

1.投标人须知

投标人须知是招标人对投标人提出的所有实质性要求和条件，用来指导投标人正确地进行投标报价的文件，但投标人须知不是合同文件的组成部分。投标人须知告知投标人所应遵循的各项规定，以及编制标书和投标时所应注意、考虑的问题，避免投标人对招标文件内容的疏忽或理解的错误。因此，投标人须知所列条目应清晰，内容应明确。一般应包括以下内容：

（1）投标须知前附表

投标须知前附表的主要作用有两个方面：一是将投标人须知中的关键内容和数据摘要列表，起到强调和提醒作用，为投标人迅速掌握投标须知内容提供方便，但必须与招标文件相关章节内容衔接一致；二是对投标人须知正文中交由前附表明确的内容给予具体约定。

（2）总则

①项目概况，包括项目的名称、地点、招标范围、计划工期和质量要求。目的是保证投标人对项目整体有个轮廓性了解。即使招标项目可能只是其中某一部分，投标人也有必要对整个工程情况、拟招标工程部分与总体工程的关系以及现场的地形、地质、水文等条件有所了解，以便投标人正确掌握招标工程的特点，提出合理的方案、措施和报价。

②资金来源和落实情况。应说明项目的资金来源、出资比例、资金落实情况等。

③招标范围、计划工期和质量要求。应该说明招标范围、计划工期、质量要求等。对于招标范围，应采用工程专业术语填写；对于计划工期，由招标人根据项目建设计划来判断填写；对于质量要求，根据国家、行业颁布的建设工程施工质量验收标准填写，注意不要与各种质量奖项混淆。

④对投标人的资格要求。对于已进行资格预审的，投标人应是符合资格预审条件，收到招标人发出投标邀请书的单位；对于未进行资格预审的，应规定资格审查标准。

⑤费用承担问题。投标人准备和参加投标活动发生的费用自理。

⑥语言文字除专用术语外，与招标投标有关的语言均使用中文。必要时专用术语应附有中文注释。

⑦计量单位。所有计量均采用中华人民共和国法定计量单位。

⑧组织投标人到工程现场勘察和确定召开标前预备会解答疑难问题的时间、地点及有关事项。

⑨招标项目的分包和投标文件允许的偏离。

(3)招标文件

①招标文件的组成。一般包括招标公告(或投标邀请书)、投标人须知、评标办法、合同条款及格式、工程量清单、图纸、技术标准和要求、投标文件格式、投标须知前附表规定的其他材料、对招标文件所做的澄清和修改文件。

②招标文件的澄清。投标人应仔细阅读和检查招标文件的全部内容。如发现缺页或附件不全，应及时向招标人提出，以便补齐。如有疑问，应在投标须知前附表规定的时间之前以书面形式(包括信函、电报、传真等可以有形地表现所载内容的形式，下同)，要求招标人对招标文件予以澄清。

招标文件的澄清将在投标须知前附表规定的投标截止时间15天前以书面形式发给所有购买招标文件的投标人，但不指明澄清问题的来源。如果澄清发出的时间距投标截止时间不足15日，相应延长投标截止时间。投标人在收到澄清后，应在投标须知前附表规定的时间内以书面形式通知招标人，确认已收到该澄清。

③招标文件的修改。在投标截止时间15天前，招标人可以书面形式修改招标文件，并通知所有已购买招标文件的投标人。如果修改招标文件的时间距投标截止时间不足15天，相应延长投标截止时间。投标人收到修改内容后，应在投标须知前附表规定的时间内以书面形式通知招标人，确认已收到该修改内容。

(4)投标文件

投标文件是投标人响应和依据招标文件向招标人发出的要约文件。

①投标文件的组成

投标文件应包括投标函部分、商务标部分和技术标部分。

投标函部分：投标函及投标函附录、法定代表人身份证明或附有法定代表人身份证明的授权委托书、联营体协议书、投标保证金。

商务标部分：已标价工程量清单。

技术标部分：施工组织设计、项目管理机构、拟分包项目情况表、资格审查资料和投标须知前附表规定的其他材料。

②投标有效期

投标有效期指从投标截止日期到选定中标人并签订施工合同为止的这段时间。这个期限应在投标须知内予以明确，在《简明标准招标文件》中规定投标有效期为60天，在《标准设计施工总承包招标文件》中规定投标有效期为120天，特殊情况可适当延长。有效期长短根据招标工程的情况而定，要保证有足够时间供招标人评标、决标。投标有效期内，投标人不得变动标价，投标保函的有效期也应与投标有效期一致。在原定投标有效期之前，如果出现特殊情况，招标人可以向投标人提出延长有效期的要求。投标人同意延长的，应相应延长其投标保证金的有效期，但不得要求或被允许修改或撤销其投标文件；投标人拒绝延长的，其投标失效，但投标人有权收回其投标保证金。这种要求和答复可以书面、电报、传真的形式进行。

③投标保证金

为了保证投标工作的严肃性，确保投标工作顺利进行，一般会要求投标人递交投标保证金。投标保证金不得超过招标项目估算价的2%（国务院颁布的《中华人民共和国招标投标法实施条例》（2019年修订）中规定为估算价的2%，在《工程建设项目施工招标投标办法（七部委30号令）》中规定为估算价的2%，但最高不得超过80万元人民币，因为条例的法律效力大于办法的法律效力，因此只采用2%）。投标保证金除现金外，可以是银行出具的银行保函、保兑支票、银行汇票或现金支票。投标保证金有效期应当与投标有效期一致。依法必须进行招标的项目的境内投标单位，以现金或者支票形式提交的投标保证金应当从其基本账户转出，以防止投标单位的挂靠现象。投标人在递交投标文件的同时，应按规定的金额、担保形式和投标保证金格式递交投标保证金，并作为其投标文件的组成部分。不按要求提交投标保证金的，其投标文件按作废标处理。

招标人最迟应当在书面合同签订后5日内向中标人和未中标的投标人退还投标保证金及银行同期存款利息。有下列情形之一的，投标保证金将不予退还：

◎ 投标人在规定的投标有效期内撤销或修改其投标文件。

◎ 中标人在收到中标通知书后，无正当理由拒签合同协议书或未按招标文件规定提交履约担保。

④资格审查资料。可根据是否已经组织资格预审提出相应的要求。

已经组织资格预审的资格审查资料分为两种情况：

◎ 当评标办法对投标人资格条件不进行评价时，投标人资格审查阶段的资格审查资料没有变化的，可不再重复提交；资格预审阶段的资格资料有变化的，按新情况更新或补充。

◎ 当评标办法对资格条件进行综合评价或者评分的，按招标文件要求提交资格审查资料。

未组织资格预审或约定要求递交资格审查资料的，一般包括如下内容：

◎ 投标人基本情况。包括投标人营业执照及其年检合格的证明材料、资质证书副本和安全生产许可证等材料的复印件。

◎ 近年财务状况表。附会计师事务所或审计机构审计的财务会计报表，包括资产负债表、现金流量表、利润表和财务情况说明书等复印件。

◎ 近年完成的类似项目情况表。附中标通知书和（或）合同协议书、工程接收证书（工程竣工验收证书）复印件。

◎ 正在施工和新承接的项目情况表。附中标通知书和（或）合同协议书复印件。

◎ 信誉资料，如今年发生的诉讼及仲裁情况。

◎ 允许联营体投标的联营体资料。

⑤备选投标方案

除投标须知前附表另有规定外，投标人不得递交备选投标方案。允许投标人递交备选投标方案的，只有中标人所递交的备选投标方案方可予以考虑。评标委员会认为中标人的备选投标方案优于其按照招标文件要求编制的投标方案的，招标人可以接受该备选投标方案。

备选投标方案的目的是对工程的布置、设计或技术要求等方面进行局部的甚至全局性的改动，以优化设计方案，利于施工和降低造价。

具体做法：投标人应按招标文件的要求正确填制投标书，然后再提出备选投标方案。备选投标方案应包括设计图纸、计算方法、技术规范、施工规划、价格分析等资料，并列举理由和优缺点供招标人审查。备选投标方案应单独封装，随同投标文件一起提交。一般规定只允许投标人提供一个备选投标方案，以减少评标工作量。仅提供备选投标方案而未填写规定标书的，投标书按废标对待。

⑥投标文件的编制

◎ 投标文件应按规定的格式进行编写，投标函附录在满足招标文件实质性要求的基础上，可以提出比招标文件要求更有利于招标人的承诺。

◎ 投标文件应当对招标文件有关工期、投标有效期、质量要求、技术标准和要求、招标范围等实质性内容做出响应。

◎ 投标文件应用不褪色的纸张书写或打印，并由投标人的法定代表人或其委托代理人签字或盖单位章。委托代理人签字的，投标文件应附法定代表人签署的授权委托书。

◎ 投标文件应尽量避免涂改、行间插字或删除。如果出现上述情况，改动之处应加盖单位章，或由投标人的法定代表人或其授权的代理人签字确认。签字或盖章的具体要求见投标须知前附表。

◎ 投标文件正本一份，副本份数见投标须知前附表，一般为三份。正本和副本的封面上应清楚地标记“正本”或“副本”的字样。当副本和正本不一致时，以正本为准。投标文件的正本与副本应分别按要求装订成册，并编制目录。

⑦投标文件的密封和标记

投标文件的正本与副本应分开包装，加贴封条，并在封套的封口处加盖投标人单位章，投标文件的封套上应清楚地标记“正本”或“副本”字样。未按要求密封和加写标记的投标文件，招标人不予受理。

⑧投标文件的递交

投标文件的送达地点和截止时间。在截止时间之后送达的标书，均为无效投标。如果因修改招标文件而推迟了截标时间或开标时间，招标人应以书面形式将顺延时间通知所有投标人。

⑨投标文件的修改与撤回

投标人自发售招标文件之日到投标截止日期以前的任何时间递送投标书均有效，而且在投标截止日期以前，可以通过书面形式向招标人提出修改或撤回已提交的投标文件。投标人修改或撤回已递交投标文件的书面通知应按照要求签字或盖章。招标人收到书面通知后，向投标人出具签收凭证。修改的投标文件也应按照递交投标文件的规定编制、密封、标记和递交，并标明“修改”字样。投标人撤回投标文件的，招标人自收到投标人书面撤回通知之日起 5 日内退还已收取的投标保证金。

(5)开标和评标

开标和评标部分主要告知投标人开标的形式、时间和地点，开标程序，评标的原则等事项。如怎样进行价格评审，价格以外其他条件的评审原则等。招标人有接受或拒绝任何投标书的权力。招标人将合同授予投标书在实质上响应招标文件要求和评标时被评定为最低评标价的投标人，而不一定是最低投标价者，且在授标前的任何时候，有权接受或拒绝任何投标，宣布投标程序无效或拒绝所有投标。对因此而受到影响的投标人，招标人不承担任何责任，也没有义务向投标人说明原因。

(6)合同授予

①定标方式。除投标须知前附表规定，评标委员会直接确定中标人外，招标人依据评标委员会推荐的中标候选人确定中标人，评标委员会推荐中标候选人的人数见投标人须知前附表。招标人应当自收到评标报告之日起 3 日内公示中标候选人，公示期不得少于 3 日。

中标通知在规定的投标有效期内，招标人以书面形式向中标人发出中标通知书，同时将中标结果通知未中标的投标人。

②履约担保。在签订合同前，中标人应按投标人须知前附表规定的金额、担保形式和规定的履约担保格式向招标人提交履约担保。履约保证金不得超过中标合同金额的 10%，以确保承包人按合同条款履约。招标人要求中标人提供履约保证金或其他形式履约担保的，招标人应当同时向中标人提供工程款支付担保。

中标人不能按要求提交履约担保的，视为放弃中标，其投标保证金不予退还，给招标人造成的损失超过投标保证金数额的，中标人还应当对超过部分予以赔偿。

③签订合同。招标人和中标人应当自中标通知书发出之日起 30 日内，根据招标文件和中标人的投标文件订立书面合同。中标人无正当理由拒签合同的，招标人取消其中标资格，其投标保证金不予退还，给招标人造成的损失超过投标保证金数额的，中标人还应当对超过部分予以赔偿。发出中标通知书后，招标人无正当理由拒签合同的，招标人向中标人退还投标保证金；给中标人造成损失的，还应当赔偿损失。

(7)重新招标和不再招标

①重新招标。有下列情形之一的，招标人将重新招标：一是至投标截止时间时，投标人少于三个的；二是经评标委员会评审后否决所有投标的。

②不再招标。重新招标后，投标人仍少于三个或者所有投标被否决且属于必须审批或核准的工程建设项目，经原审批或核准部门批准后不再进行招标。

(8)纪律和监督

①对招标人的纪律要求。招标人不得泄露招标投标活动中应当保密的情况和资料，不得与投标人串通损害国家利益、社会公共利益或者他人合法权益。

②对投标人的纪律要求。投标人不得相互串通投标或者与招标人串通投标；不得向招标人或者评标委员会成员行贿谋取中标；不得以他人名义投标或者以其他方式弄虚作假骗取中标；投标人不得以任何方式影响评标工作。

③对评标委员会成员的纪律要求。评标委员会成员不得收受他人的财物或者其他好处；不得向他人透漏对投标文件的评审和比较、中标候选人的推荐情况以及与评标有关的其他情况。在评标活动中，评标委员会成员不得擅离职守，影响评标程序正常进行；不得使用招标文件中“评标办法”没有规定的评审因素和标准进行评标。

④对与评标活动有关的工作人员的纪律要求。与评标活动有关的工作人员不得收受他人的财物或者其他好处；不得向他人透露对投标文件的评审和比较、中标候选人的推荐情况以及评标

有关的其他情况。在评标活动中，与评标活动有关的工作人员不得擅离职守，影响评标程序正常进行。

⑤投诉。投标人和其他利害关系人如果认为本次招标活动违反法律、法规和规章规定，有权向有关行政监督部门投诉。

2.评标办法

我国目前评标办法主要有综合评估法和经评审的最低投标价法(综合打分法)两种，这两种评标办法都要先经过初步评审和详细评审，初步评审包括形式性评审、资格评审、响应性评审、偏差分析和算术错误修正五步评审，五步评审中任何一步评审没有通过，即为废标。详细评审包括技术标评审和商务标评审。两种评标方法相同之处在于初步评审和详细评审中的技术标评审的方法和内容是相同的。它们的区别主要在于评标是否分阶段，经评审的最低投标价法先经过技术评审合格后方能进行商务标的评审，否则为废标；而综合评估法是把技术标和商务标同时评审计算综合分。

(1)综合评估法

综合评估法就是评标委员会对满足招标文件实质性要求的投标文件，按照评分标准进行打分，并按得分由高到低顺序推荐中标候选人，或根据招标人授权直接确定中标人的评标方法，但投标报价低于其成本的除外的评标方法。

评标工作由评标委员会承担。评标工作开始前，评标委员会将公推一名评委担任评标小组组长。组长将负责主持评标委员会的工作。在评审过程中，评标委员会的每位专家进行独立评标，不能干预其他专家的意见。

评标完成后，评标委员会应当向招标人提交书面评标报告和中标候选人名单。中标候选人应当不超过 3 个，并标明排序。评标报告应当由评标委员会全体成员签字。对评标结果有不同意见的评标委员会成员应当以书面形式说明其不同意见和理由，评标报告应当注明该不同意见。评标委员会成员拒绝在评标报告上签字又不书面说明其不同意见和理由的，视为同意评标结果。

①形式性评审

a.评标委员会根据形式评审记录表中规定的评审因素和评审标准，对投标人的投标文件进行形式评审，并使用形式评审记录表记录评审结果。未通过形式性评审的投标文件将被视为实质上不响应招标文件规定，评标委员会将予以拒绝。被评标委员会拒绝的投标人的投标文件，不再进行评审。

b.投标文件形式性评审记录表见表 3-1。

c.投标文件形式性评审的评审程序：

◎ 每位评委按本办法分别独立评审并填写《形式性评审记录表》(格式见表 3-1)。规定：未通过该表中任何一项内容评审的，该评委即应判定此投标人未通过投标文件形式性评审。

◎ 汇总评审结果，填写《形式性评审汇总表》，见表 3-2。规定：每位评委的独立评审结论为一票，得票超过半数的投标人即为通过了形式性评审。

②资格评审

当投标人资格预审申请文件的内容发生重大变化时，评标委员会依据资格预审文件中规定的标准和方法，对照投标人在资格预审阶段递交的资格预审文件中的资料以及在投标文件中更新的资料，对其更新的资料进行评审，并使用资格审查更新资料评审记录表记录评审结果。资格评审考虑的主要因素有营业执照、安全生产许可证、资质等级、项目经理、财务要求和业绩要求等，见表 3-3。

表 3-1

形式性评审记录表

工程名称： 评标人签字： 日期： 年 月 日

序号	评审项目	投标人是否符合要求	投标单位名称						
1	投标人名称	与营业执照、资质证书、安全生产许可证一致							
2	投标函签字盖章	有法定代表人或其委托代理人签字并盖单位章							
3	投标函及其附录格式	符合第八章“投标文件格式”的要求							
4	联营体投标人(如有)	提交联营体协议书，并明确联营体牵头人							
5	报价唯一	只能有一个有效报价							
6	失信被执行人	失信被执行人信息采集记录中，投标人没有失信被执行人记录的							
7	结论：该投标人的投标是否通过形式性评审								

注：1.本表由评标委员会成员填写。

2.凡形式性评审中有任何一条未通过评审要求的投标，即界定为无效投标。

3.评标委员会各成员在表格相应位置中记录各投标人是否符合要求，是打“√”，不是打“×”。

表 3-2　　形式性评审汇总表

投标人名称或编号	总票数	赞成票	反对票	弃权票	是否通过	备注
评标委员会成员签字：						

说明：

1.“总票数”指有效的评审权票，即为本工程评标委员会成员人数。

2.“赞成票”指在独立评审时认定投标人通过形式性评审的评委人数。

3.“反对票”指在独立评审时认定投标人未通过形式性评审的评委人数。

4.“弃权票”指在独立评审时对投标人是否通过形式性评审未做出明确判断的评委人数。

5.当赞成票超过总票数的半数时，投票人最终通过形式性评审，用“√”表式；否则为未通过形式性评审，用“×”表示。

表 3-3　　资格审查更新资料评审记录表

工程名称：

序号	资格审查更新资料	评审合格标准（或原评审内容评分标准及得分）	投标人名称及评审意见					

评标委员会全体成员签字：　　　　日　期：　　年　　月　　日

说明，评标委员会对投标人提交的资格审查文件更新文件进行评审，并在对应的评审意见一栏记录评审意见：通过资格评审标注为“√”；未通过资格评审标注为“×”。当资格预审评审以评分方式进行审查时，同时填写对更新资料的评审分数。

a.资格预审采用“合格制”的，投标文件中更新的资料应当符合资格预审文件中规定的审查标准，否则其投标做否决投标处理。

b.资格预审采用“有限数量制”的，投标文件中更新的资料应当符合资格预审文件中规定的审查标准，其中以评分方式进行审查的，其更新的资料按照资格预审文件中规定的评分标准评分后，其得分不应当低于已经通过资格预审评审的得分，否则其投标做否决投标处理。

③响应性评审

对招标文件响应程度评分，规定的评审项目中任何一项被最终评定为 0 分的投标文件都将被视为不响应招标文件而被界定为“废标”，见表 3-4。

表 3-4　　对招标文件的响应程度(100 分)(分数代码 A_1)

序号	项目	标准分	评分标准	分值	备注
1	质量标准	30 分	承诺	30 分	
			不承诺	0 分	废标
2	质量奖项	20 分	承诺长城杯	20 分	
			承诺力争长城杯	10 分	
			不承诺	0 分	废标
3	投标总工期	20 分	承诺	20 分	
			不承诺	0 分	废标
4	投标地下车库工期	10 分	承诺	10 分	
			不承诺	0 分	废标
5	综合响应程度	20 分	响应	20 分	
			不响应	0 分	废标

④投标偏差分析

评标委员会依据招标文件,对所有投标文件进行审查并逐项列出每一份投标文件的全部投标偏差,并使用投标偏差分析表进行记录。投标偏差分为重大偏差和细微偏差。投标偏差分析表见表 3-5。

表 3-5　　投标偏差分析表

投标人名称:

重大偏差			细微偏差			
序号	重大偏差内容说明	招标文件相关条款	序号	细微偏差内容说明	招标文件相关条款	补正情况

评标委员会全体成员签字:　　　　日　期:　　年　　月　　日

a.重大偏差是指对本招标工程的承包范围、工期、质量及实施产生了重大影响,或者对招标文件中规定的招标人权利及投标人义务等造成重大削弱或限制的偏差。

根据《评标委员会和评标方法暂行规定》(2013 发改委 23 号令)的规定,重大偏差主要包括以下七个方面:

◎没有按照招标文件要求提供投标担保或者所提供的投标担保有瑕疵。

◎投标文件没有投标人授权代表签字和加盖公章。

◎投标文件载明的招标项目完成期限超过招标文件规定的期限。

◎明显不符合技术规格、技术标准的要求。

◎投标文件载明的货物包装方式、检验标准和方法等不符合招标文件的要求。

◎投标文件附有招标人不能接受的条件。

◎不符合招标文件中规定的其他实质性要求。

实质上,重大偏差未能对招标文件做出实质性响应,而且纠正此类偏差将会对响应本次招标的其他投标人的竞争地位产生不公正的影响。因此,评标时对重大偏差作否决投标处理。

b.细微偏差是指投标文件在实质上响应招标文件要求,但在个别地方存在漏项或者提供了不完整的技术信息和数据等情况,并且补正这些遗漏和不完整不会对其他投标人造成不公平的结果。细微偏差不影响投标文件的有效性。评标委员会应当书面要求存在细微偏差的投标人在评标结束前予以补正,拒不补正的,在详细评审时可以对细微偏差作不利于该投标人的量化。

⑤算术错误修正

评标委员会依据规定的相关原则对投标报价中存在的算术错误进行修正,并根据算术错误修正结果计算评标价。投标报价有算术错误的,评标委员会按以下原则对投标报价进行修正,修正的价格经投标人书面确认后具有约束力。投标人不接受修正价格的,其投标做否决投标处理。

a.投标文件中的大写金额与小写金额不一致的,以大写金额为准。

b.总价金额与依据单价计算出的结果不一致的,以单价金额为准修正总价,但单价金额小数点有明显错误的除外。

以上五步评审属于初步评审,只有通过了初步评审、被判定为合格的投标方可进入详细评审。以下的技术评审和投标报价评审属于详细评审。

⑥技术标评审

所谓技术标评审,是对投标文件中下述两个方面的内容进行量化评分:

a.施工组织设计。

b.企业资质、综合实力、项目经理及项目管理机构配置。

施工组织设计评分按照规定的评审项目、评分标准和对应的分值标准进行,见表3-6。

表3-6　施工组织设计评分表(100分)(分数代码A_2)

序号	项目	标准分	评分标准	分值	备注
1	施工方案	25分	针对性强、难点施工把握准确	15～25分	
			可行	10～15分	
			不合理	0～5分	
2	质量保证体系及措施	10分	保证体系完整、措施有力	8～10分	
			保证体系完整、措施一般	5～7分	
			保证体系及措施欠完整	0～2分	
3	安全措施	20	完善、可靠	10～20分	
			欠完善	5～10分	
4	文明施工、环保	5分	完善、可靠	5分	
			欠完善	1～4分	
5	劳动力计划	10分	合理	8～10分	
			欠合理	0～7分	
6	主要设备材料、构件的用量计划	10分	合理	6～10分	
			欠合理	0～5分	
7	施工进度计划及保证措施	10分	合理	6～10分	
			欠合理	0～5分	
8	施工现场总平面图	10分	合理	6～10分	
			欠合理	0～5分	

企业资质、综合实力、项目经理及同类施工经验评分按照规定了评审项目、评分标准和对应的分值标准进行。但是规定，除非投标文件中报出的项目经理或其相关证明文件与投标资格预审时报出的不符或被证实有做假行为而在“投标文件的形式性”评审时被评标委员予以拒绝外，本项评审中将不会因最终得分分值多少而判定废标与否，见表 3-7。

表 3-7　企业资质、综合实力、项目经理及项目管理机构配置评分表(100 分)(分数代码 A_3)

序号	项目	标准分	评分标准	分值	备注
1	项目经理资质	20 分	一级，有类似项目施工经验	20 分	
			一级，无类似项目施工经验	7 分	
2	项目主任工程师资质	10 分	高级工程师有类似项目施工经验	10 分	
			工程师或无类似项目施工经验	2 分	
3	安装项目副经理资质等级	10 分	一级	10 分	
			二级	2 分	
4	项目管理机构配置	20 分	专业配置合理、证书齐全	18～20 分	
			专业配置不合理或证书不齐全	8～10 分	
5	企业 ISO9000 体系或 ISO14000 环保体系	10 分	全部通过认证	10 分	
			仅通过其中一项	5 分	
			无	0 分	
6	近五年企业同类工程施工经验	20 分	0 个	0 分	见说明
			1 个	5 分	
			2 个	10 分	
			3 个以上	20 分	
7	质量进度保证金	10 分	同意设立	10 分	见说明
			不同意	0 分	

备注：项目经理能够保证不兼其他项目工作、常驻现场，需提供书面承诺。

技术标评审程序：

每位评委应按本办法分别使用表 3-4、表 3-6、表 3-7 进行独立评审，见表 3-8、表 3-9。

表 3-8　得分计算及权值取定表

代号	项目	取值	备注
K_1	对招标文件的响应程度	0.05	得分 $I=A_1\times K_1+A_2\times K_2+A_3\times K_3+A_4\times K_4$ $K_1\sim K_4$：权值代码 $K_1+K_2+K_3+K_4=1$ $A_1\sim A_4$：分数代码
K_2	施工组织设计	0.25	
K_3	企业资质、综合实力、项目经理资质及项目管理机构配置	0.20	
K_4	投标报价	0.50	

表 3-9　　评标小组成员评分记录

工程名称：　　　　　　　　　　　　　　　　　　　　　　　　　　　日期：　　年　　月　　日

序号	评分项目	投标单位得分 / 评分分项项目	投标单位名称						
1	对招标文件的响应程度 A_1	质量标准							
		质量奖项							
		投标总工期							
		投标地下车库工期							
		综合响应程度							
		小计：A_1＝上述五项分值之和							
		加权得分＝$A_1 \times K_1$（$K_1=0.05$）							
2	施工组织设计 A_2	施工方案							
		质量保证体系及措施							
		安全措施							
		文明施工、环保							
		劳动力计划							
		主要设备材料、构件的用量计划							
		施工进度计划及保证措施							
		施工现场总平面图							
		小计：A_2＝上述八项分值之和							
		加权得分＝$A_2 \times K_2$（$K_2=0.25$）							
3	企业资质、综合实力、项目经理资质及项目管理机构配置 A_3	项目经理资质							
		项目主任工程师资质							
		安装项目副经理资质等级							
		项目管理机构配置							
		企业 ISO9000 体系或 ISO14000 环保体系							
		近五年企业同类工作经验							
		质量进度保证金							
		小计：A_3＝上述七项分值之和							
		加权得分＝$A_3 \times K_3$（$K_3=0.2$）							
4	投标报价	投标报价（A_4）							
		加权得分＝$A_4 \times K_4$（$K_4=0.5$）							
		得分合计							
5		排名							

注：本表由评标委员会成员填写。　　　　　　　　　　　　　　　　　　　　评标人签字：

将每位评委的评审结果汇总并填入《评分汇总表》(表 3-10)。

表 3-10　　评标小组成员评分汇总表

工程名称：　　　　　　　　　　　　　　　　　　日期：　年　月　日

投标单位	加权 得分评分项目	评标小组成员						得分	名次排列
	对招标文件的响应程度 $A_1 \times K_1$								
	施工组织设计 $A_2 \times K_2$								
	企业资质、综合实力、项目经理资质及项目管理机构配置 $A_3 \times K_3$								
	投标报价 $A_4 \times K_4$								
	小计								
	对招标文件的响应程度 $A_1 \times K_1$								
	施工组织设计 $A_2 \times K_2$								
	企业资质、综合实力、项目经理资质及项目管理机构配置 $A_3 \times K_3$								
	投标报价 $A_4 \times K_4$								
	小计								
	对招标文件的响应程度 $A_1 \times K_1$								
	施工组织设计 $A_2 \times K_2$								
	企业资质、综合实力、项目经理资质及项目管理机构配置 $A_3 \times K_3$								
	投标报价 $A_4 \times K_4$								
	小计								
	对招标文件的响应程度 $A_1 \times K_1$								
	施工组织设计 $A_2 \times K_2$								
	企业资质、综合实力、项目经理资质及项目管理机构配置 $A_3 \times K_3$								
	投标报价 $A_4 \times K_4$								
	小计								

评标人签字：

⑦经济标评审

经济标评审的目的在于对投标报价进行量化评分。

为了便于招标人控制投资、防止哄抬标价和不正当竞争，一般工程招标设有标底或招标控制价。

评标中采用的投标报价为扣除招标方指定分包专业工程及设备暂估价后的投标报价，但该报价包括指定分包专业工程及设备的总包管理费。

投标报价评分的计算方法：

◎ 确定评标基准价

$$\text{评标价格}=\text{各有效投标的投标总报价}-\text{招标文件给定的专业工程暂估价(除税)合计金额}-\text{招标文件给定的暂列金额(除税)合计金额}$$

$$\text{评标基准价}=\frac{\sum \text{有效投标人的评标价格}}{\text{有效投标家数}}\text{(去掉最高和最低的 } N \text{ 家)}$$

注：当有效投标家数 $X\geqslant 9$ 时，$N=2$；

当有效投标家数 $X<9$ 时，$N=1$。

◎ 投标总价偏差率

投标总价偏差率＝100％ ×（投标人评标价格 － 评标基准价）/评标基准价

一般当投标总价偏离率＞0 时，每大于 1 个百分点，扣两分；当投标总价偏离率＜0 时，每大于 1 个百分点，扣 1 分。最后用投标报价满门减去所扣分即是投标标价的得分。

（2）经评审的最低投标价法

经评审的最低投标价法的评审过程基本上和综合评估法是一样的，初步评审和技术标评审见综合评估法。

①技术标评审得分≥80 分的标为合格标，进入下一轮的商务标的评审，技术标评审得分＜80 分的标视为废标。

②商务标的评审见表 3-11。

表 3-11　商务标的评审

	评审内容	评审方法
商务标	投标报价评审	1.低于招标控制价且通过初步评审的有效投标人报价为有效报价 2.评标基准价＝投标报价在控制价的 93％（含 93％）～100％（没有控制价时，投标报价在技术标得分 80 分以上的投标报价平均值的 90％（含 90％）～100％）的算术平均值；当所有有效投标报价均低于控制价的 93％（含 93％）时，以控制价的 93％为评标基准价 3.基准价下浮值＝评标基准价×（1－F） 4.当有效投标人报价低于基准价下浮值时，或在评标过程中，评标委员会发现有效投标人的报价明显低于其他投标人报价，使其投标报价可能低于其个别成本的，评标委员会应当对其质询或直接认定为不合理报价 F 值为 4％、5％、6％ F 值在开标现场由投标人随机抽取
	分部分项工程量清单综合单价评审	依据次低报价的有效投标人《分部分项工程量清单与计价表》中的合价，由高到低的顺序抽取 10～20 项综合单价。基准价为各有效投标人被抽取综合单价（投标人 3～8 名时，去掉一个最高、一个最低单价；投标人 9 名及以上时，去掉两个最高、两个最低单价）的算术平均值。当有效投标人的综合单价低于基准价 12％的工程量清单项目数量超过抽取数量 50％时，评标委员会应对其质询或直接认定为不合理报价
	措施费项目报价评审	措施费项目按有效投标人措施费报价（当有效投标人 3～8 名时，去掉一个最高、一个最低报价；投标人 9 名及以上时，去掉两个最高、两个最低报价）的算术平均值作为基准价，低于基准价 20％的措施费报价，评标委员会应对其质询或直接认定为不合理报价
备注	1.以上有一项不能合理说明或者提供相应证明材料的，评标委员会应按废标处理 2.通过技术标和商务标评审的，须从有效投标人报价最低的开始，排序第一的应为中标候选人	

(3)推荐中标候选人并编制评标报告

按照经评审的综合评分(综合评估法)或投标价(经评审的最低投标价法)由低到高的顺序推荐中标候选人(前3名),或根据招标人授权直接确定中标人,但投标报价低于其成本的除外。经评审的综合评分或投标价相等时,投标报价低的优先;投标报价也相等的,由招标人自行确定。

评标委员会完成评标后,将向招标人提交书面评标报告,评标报告中将附上全部评标过程记录文件及结果文件。

3.合同条件和格式

招标文件中包括合同条件和合同格式,目的是告知投标人,中标后将与业主签订施工合同的有关权利和义务等规定,以便投标人在编标报价时充分考虑。招标文件中所包括的合同条件是双方签订承包合同的基础,允许双方在签订合同时,通过协商对其中某些条款的约定做适当修改。由于施工项目的不同,采用的合同文本也不尽相同,但经过多年的不断改进与完善,适用于不同项目的合同文本都已规范化,基本上可以直接采用。为了便于招标投标双方明确各自的职责范围,招标人一般固定好合同的格式,只待填入一些具体内容即成为合同。

工程合同的示范文本在世界范围内使用了几百年了,经过在工程实践中不断检验和修改,使得示范文本不断地完善和合理,因此成为一种国际惯例。随着我国建筑领域的不断改革和深化,吸收国际上先进的工程管理经验,当然也包括合同示范文本,因此,住房和城乡建设部和国家工商管理总局以FIDIC合同条件为基础,制定和发布了《建设工程施工合同示范文本》(GF－2017－0201),示范文本并在工程中得以广泛的应用。一般的建设工程施工项目签订承包合同都使用某一合同示范文本。目前我国使用最多的三种合同示范文本,一个是上面提到的《建设工程施工合同》,第二个是三个标准施工招标文件中规定的合同条件,最后一个是FIDIC合同条件。

合同内容因不同的招标项目还应包括各自的特殊条款,应当注意,招标文件列明的合同条款对招标人来说虽然只是要约邀请,但实际上已构成投标人对项目提出要约的全部合同基础,因此,合同条款的拟定必须尽可能详细、准确。

4.工程量清单

(1)工程量清单说明

①本工程量清单是根据招标文件中包括的、有合同约束力的图纸以及有关工程量清单的国家标准、行业标准、合同条款中约定的工程量计算规则编制的。约定计量规则中没有的子目,其工程量按照有合同约束力的图纸所标示尺寸的理论净量计算。计量采用中华人民共和国法定计量单位。

②本工程量清单应与招标文件中的投标人须知、通用合同条款、专用合同条款、技术标准和要求及图纸等一起阅读和理解。

③本工程量清单仅是投标报价的共同基础,实际工程计量和工程价款的支付应遵循合同条款的约定和“技术标准和要求”的有关规定。

④目前,我国大部分工程采用的是《建设工程工程量清单计价规范》(GB 50500—2013)中规定的工程量清单。工程量清单主要包括分部分项项目、措施项目、其他项目、规费项目和税金项目五种清单。格式详见学习情境四中项目四的工程投标报价的编制。

(2)投标报价说明

①工程量清单中的每一子目须填入单价或价格，且只允许有一个报价。

②工程量清单中标价的单价或金额，应包括所需人工费、施工机械使用费、材料费、其他(运杂费、质检费、安装费、缺陷修复费、保险费，以及合同明示或暗示的风险、责任和义务等)以及管理费、利润等。

③工程量清单中投标人没有填入单价或价格的子目，其费用视为已分摊在工程量清单中其他相关子目的单价或价格之中。

5.图纸

图纸是投标人拟订施工方案，确定施工方法，提出替代方案以及计算投标报价必不可少的资料。

6.技术规范

施工技术规范大多套用国家及有关部门编制的规范、规程内容，它是施工过程中承包商控制质量和工程师检查验收的主要依据，严格按规范施工与验收才能保证最终获得一项合格的工程。规范、图纸和工程量表三者是投标人在投标时必不可少的参考资料，投标人依据这些资料，才能拟订施工规划，包括施工方案、施工工序等，并据以进行工程估价和确定投标价。因此，在拟订技术规范时，既要满足设计要求，保证施工质量，又不能过于苛刻，因为过于苛刻的要求必然导致投标人抬高报价。编写规范时一般可引用国家正式颁布的规范，但一定要结合本工程的具体环境和要求来选用，往往同时还需要由监理工程师编制一部分具体适用于本工程的技术规定和要求，技术规范一般包括工程的全面描述、工程所采用材料的技术要求、施工质量要求、工程记录、计量方法和支付的有关规定、验收标准和规定以及其他不可预见因素的规定。

7.投标文件

投标文件一般包括招标人规定的投标书格式、工程量清单和要求补充的资料表等。

(1)投标书格式

投标书格式中包括投标文件投标函部分格式、投标文件商务部分格式和投标文件技术部分格式。

(2)工程量清单

工程量清单是投标人的报价文件，包括报价须知、分项工程报价单和汇总表等。可根据承包内容具体划分明细表，详细列出各分项工程名称、工作内容、单位和估算工程量后，由投标人填报单价，汇总合计成为该投标人的报价。工程实施时，按规范规定以内的实际完成量乘以单价，对承包商进行支付。因此，工程量清单既是投标报价的基础，又是合同履行中业主进行支付的依据。

(3)补充资料表

补充资料表一般包括须由投标人填报的主要工程量或工作内容的单价分析表、合同付款计划表、主要施工设备表、主要人员表、分包情况表、施工方案和进度计划、劳动力和材料计划表、临时设施布置及用地需求等评标时所用资料。对于无资格预审的邀请招标，还应有资格审查表。

项目四　资格预审

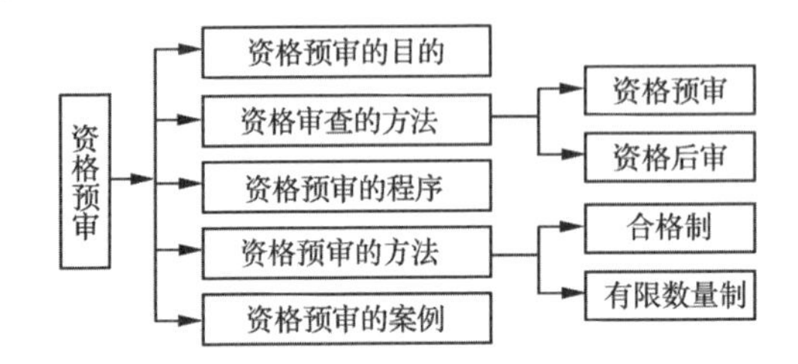

一、资格预审的目的

资格审查是指招标人对潜在投标人的经营范围、专业资质、财务状况、技术能力、管理能力、业绩、信誉等多方面的评估审查，以判定其是否具有投标、订立和履行合同的资格及能力。资格审查既是招标人的权利，也是大多数招标项目的必要程序，它对于保障招标人和投标人的利益具有重要作用。

根据《中华人民共和国招标投标法》(2017 年修正)第十八条规定，招标人可以根据招标项目本身的要求，在招标公告或投标邀请书中，要求潜在投标人提供有关资质证明文件和业绩情况，并对潜在投标人进行资格预审。国家对投标人的资格条件有规定的，依照其规定进行资格预审。即便是不进行资格预审的工程项目，也要进行资格后审。

通过资格预审要达到以下目的：

①了解投标人的财务能力、技术状况及类似本工程的施工经验。

②选择在财务、技术、施工经验等方面优秀的投标人参加投标。

③淘汰不合格投标人。

④减少评标阶段的工作时间和评审费用。

⑤为不合格投标人节约购买招标文件、现场考察及投标等费用。

二、资格审查的方法

按照《工程建设施工招标投标管理办法》(七部委 30 号令)(2013 年 4 月修订)等有关规定，资格审查分为资格预审和资格后审两种方法。

1.资格预审

资格预审是招标人通过发布招标资格预审公告，向不特定的潜在投标人发出投标邀请，组织招标资格审查委员会按照招标资格审查预审公告，并依据资格预审文件确定的资格预审条件、标准和方法，对投标申请人的经营资格、专业资质、业绩资质、财务状况、类似项目业绩、履约信誉、企业认证体系等条件进行评审，确定合格的潜在投标人。资格预审的办法包括合格制和有限数量制两种，潜在投标人过多的，可采用有限数量制。

资格预审可以减少评标阶段的工作量，缩短评标时间，减少评审费用，避免不合格投标人浪费不必要的投标费用，但因设置了招标资格预审环节，因而延长了招标投标的过程，增加了招标投标双方资格预审的费用。资格预审方法比较适合于技术难度较大或投标文件编制费用较高，且潜在投标人数量较多的招标项目。

2.资格后审

资格后审是在开标后的初步评审阶段，评标委员会根据招标文件规定的投标资格条件对投标人资格进行评审，投标资格评审合格的投标文件进入详细评审。

资格后审作为招标投标的一个重要内容，是在组织评标时由评标委员会负责的。对资格后审不合格的投标人，评标委员会应当对其投标做废标处理，不再进行详细评审。

资格后审方法可以避免招标与投标双方资格预审的工作环节和费用，缩短招标投标过程，有利于增强投标竞争性，但投标人过多时会增加社会成本和评标工作量。资格后审方法比较适合于潜在投标人数量不多的招标项目。

三、资格预审的程序

1.刊登资格预审公告

资格预审公告应刊登在国内外有影响的、发行面较广的报纸或刊物上。公告内容应包括：工程项目名称、资金来源、工程规模、工程量、工程分包情况、申请人资格要求、资格预审办法，购买资格预审文件的日期、地点和价格，递交资格预审文件的日期、时间、地点等。

2.编制资格预审文件

招标资格预审文件是告知投标申请人资格预审条件、标准和方法，并对投标申请人的经营资格、履行能力进行评审，确定合格投标人的依据。工程招标资格预审文件的基本内容和格式可依据《中华人民共和国标准施工招标资格预审文件》(2007 年版)。

(1)资格预审须知

①总则。比招标公告更详细地说明：工程建设项目及其各合同的资金来源；工程概述；工程量清单的主要项目和数量；申请人有资格执行的最小合同包规模；对申请人的基本要求。

②申请人应提供的资料和有关证明。这些资料和证明一般包括：申请人的资质和组织机构；过去的详细经历(包括联营体各方成员)；可用于本工程的主要施工设备详细情况；计划在施工现场内外参与和执行本工程的主要人员的资历和经验；主要工作内容及拟分包的情况说明；过去两年经审计的财务报表(联营体应提供各自的资料)；申请人近两年介入诉讼的情况。

③资格预审要求的强制性条件。这是指招标单位对作为有资格投标人应达到的基本标准，如：投标人的资质等级要求；根据招标工程特点所要求投标人最近几年已完成过的同类工程的施工经验，允许分包的条件等。

④对联营体提交资格预审的要求。包括：联营体组成的条件；不允许通过资格预审后再改变联营体的组成；联营体各成员分别承担的工作内容的说明等。

⑤其他规定。包括：递交资格预审文件的份数；送交的地址；接受资格预审文件的截止日期；拒绝投标人资格的权利，以及其他有关填报资格预审文件的有关规定。

(2)资格预审申请表

资格预审申请表是招标人根据投标申请人要求的条件而编制的、由投标人填写的表格，以便进行评审。通常包括以下内容：

①资格预审申请函。资格预审申请函是申请人响应招标人、参加招标资格预审的申请函，统一招标人或其委托代表对申请文件进行审查，并应对所递交的资格预审申请文件及有关资料内容的完整性、真实性和有效性做出声明。

②法定代表人身份证明或其授权委托书。

③联营体协议书。联营体协议书应明确牵头人、各方职责分工及协议期间，承诺对递交文件承担法律责任等。

④申请人基本情况。

申请人的名称、企业资质、主要投资股东、法人治理结构、法定代表人、经营范围与方式、营业执照、注册资金、成立时间、企业资质等级与资格声明，技术负责人、联系方式、开户银行、员工专业结构与人数等。

申请人的施工、制造或服务能力：已承接任务的合同项目总价，最大年施工、生产或服务规模能力（产值），正在施工、生产或服务的规模数量（产值），申请人的施工、制造或服务质量保证体系，拟投入本项目的主要设备仪器情况。

⑤近年财务状况。申请人应提交近年（一般为近 3 年）经会计师事务所或审计机构审计的财务报表，包括资产负债表、损益表、现金流量表等，用于招标人判断投标人的总体财务状况以及盈利能力和偿债能力，进而评估其承担招标项目的财务能力和抗风险能力。申请工程招标资格预审者，特别需要反映申请人近 3 年每年的营业额、固定资产、流动资产、长期负债、净资产等。必要时，由开户银行出具金融信誉等级证书或银行资信证明。

⑥近年完成的类似项目情况。申请人应提供近年已经完成与招标项目性质、类型、规模标准类似的项目工程名称、地址、招标人名称、地址及联系电话，合同价格，申请人的职责定位、承担的工作内容、完成日期、实现的技术、经济和管理目标和使用状况，项目经理、技术负责人等。

⑦拟投入技术和管理人员状况。申请人拟投入招标项目的主要技术和管理人员的身份、资格、能力，包括岗位任职、工作经历、执业资格、技术或行政职务、职称，完成的主要类似项目业绩等证明材料。

⑧未完成和新承接项目情况。填报信息内容与“近年完成的类似项目情况”的要求相同。

⑨近年发生的诉讼及仲裁情况。申请人应提供近年来在合同履行中，因争议或纠纷引起的诉讼、仲裁情况，包括法院或仲裁机构作出的判决、裁决等法律文书复印件。

⑩申请人的信誉情况表。应附申请人在国家企业信用信息公示系统中未被列入严重违法失信企业名单、在“信用中国”网站中未被列入失信被执行人名单的网页截图复印件，以及由项目所在地或申请人住所地检察机关职务犯罪预防部门出具的近三年内申请人及其法定代表人、拟委任的项目经理均无行贿犯罪行为的查询记录证明原件。

⑪其他材料。申请人提交的其他材料包括两部分：一是资格预审文件的须知、评审办法等有要求，但申请文件格式中没有表述的内容，如 ISO9000、ISO14000、ISO18000 等质量管理体系、环境管理体系、职业健康安全管理体系认证证书，企业、工程、产品的获奖、荣誉证书等；二是资格预审文件中没有要求提供，但申请人认为自己通过预审比较重要的资料。

3.出售资格预审文件

在指定时间、地点出售资格预审文件。资格预审文件售价以文件的成本费为准。

4.对资格预审文件的答疑

在资格预审文件发售后，购买者可能会对文件提出各种疑问，投标人会以书面形式（包括电传、电报、传真、信件）等提交给招标人，招标人以书面文件的形式向所有投标人解答疑问。

5.报送资格预审申请文件

招标人在报送截止时间之后，不再接受任何迟到的资格预审文件。招标人可以找投标人澄清文件中各种疑问，投标人不得再对文件实质内容进行修改。

6.评审资格预审申请文件

资格预审的评审工作包括组建资格审查委员会、初步审查、详细审查、澄清、评审和编写评审报告等程序。

(1)组建资格审查委员会

资格审查委员会成员由招标人、业主代表、财务、技术方面专家等人员组成,评审内容包括下列几个方面:审查委员会设负责人的,审查委员会负责人由审查委员会成员推举产生或者由招标人确定。审查委员会负责人与审查委员会的其他成员有同等的表决权。审查委员会成员的名单在审查结果确定前应当保密。

(2)初步审查

初步审查的因素主要有:投标资格申请人名称、申请函签字盖章、申请文件格式、联营体申请人等内容。

审查标准时,检查申请人名称与营业执照、资质证书、安全生产许可证是否一致;资格预审申请文件是否经法定代表人或其授权委托人签字或加盖单位印章;申请文件是否按照资格预审文件中规定的内容编写;联营体申请人是否提交联营体协议书,并明确联营体责任分工等。上述因素只要有一项不合格,就不能通过初步审查。详细格式见表3-12。

表3-12 初步审查记录表

工程名称:

序号	审查因素	审查标准	申请人名称和审查结论以及相关情况说明				
1	申请人名称	与营业执照、资质证书、安全生产许可证一致					
2	申请函签字盖章	由法定代表人或其委托代理人签字并加盖单位章					
3	联营体申请人(如有)	提交联营体协议书,并明确联营体牵头人和联营体分工					
…	……	……					
初步审查结论: 通过初步审查标注为"√";未通过初步审查标注为"×"							

审查委员会全体成员(签字): 日 期: 年 月 日

(3)详细审查

详细审查时,审查委员会对通过初步审查的申请人的资格预审文件进行审查。常见的审查因素和标注如下:

① 营业执照。营业执照的营业范围是否与招标项目一致,执证期限是否有效。

②企业资质等级和生产许可。施工和服务企业资质的专业范围和等级是否满足资格条件要求。

③安全生产许可证、质量管理体系认证书等各类证书。安全生产许可范围是否与招标项目一致,执证期限是否有限;质量认证范围是否与招标项目一致,执证期限是否有效。

④财务状况。审查经会计师事务所或审计的近年财务报表,包括资产负债表、现金流量表、损益表和财务情况说明书以及银行授信额度。核实投标资格申请人的资产规模、营业收入、净资产收益率及盈利能力、资产负债率及偿债能力、流动资金比率、速动比率等抵御财务风险的能力是否达到资格预审的标准要求。

⑤类似项目业绩。投标资格申请人提供近年完成的类似项目情况(随附中标通知书和合同协议书或工程竣工验收证明文件),以及正在施工或生产和新承接的项目情况(随附中标通知书

和合同协议书)。根据投标资格申请人完成类似项目业绩的数量、质量、规模、运行情况,评审其已有类似项目的施工或生产经验程度。

⑥拟投入生产资源。一方面主要审核项目经理资格、技术负责和其他项目管理人员的履历、任职、类似业绩、技术职称、执业资格等证明材料,评定其是否符合资格预审文件规定的资格、能力要求。另一方面是审查拟投入主要施工机械设备的数量和型号是否满足项目的要求。

⑦信誉。根据投标资格申请人近年来发生的诉讼或仲裁情况、质量和安全事故、合同履约情况,以及银行资信,判断其是否满足资格预审文件规定的条件要求。

⑧联营体申请人。审核联营体协议书中联营体牵头人与其他成员的责任分工是否明确;联营体的资质等级、法人治理结构是否符合要求;联营体各方有无单独或参加其他联营体同一段的投标。

⑨其他。

详细格式见表 3-13。

表 3-13 **详细审查记录表**

工程名称:

<table>
<tr><th rowspan="2">序号</th><th rowspan="2" colspan="2">审查因素</th><th rowspan="2" colspan="2">审查标准</th><th rowspan="2">有效的证明材料</th><th colspan="5">申请人名称及定性的审查结论以及原件核验等相关情况说明</th></tr>
<tr><th></th><th></th><th></th><th></th><th></th></tr>
<tr><td>1</td><td colspan="2">营业执照</td><td colspan="2">具备有效的营业执照</td><td>营业执照副本复印件(加盖单位章)</td><td></td><td></td><td></td><td></td><td></td></tr>
<tr><td>2</td><td colspan="2">企业资质等级</td><td colspan="2">符合“申请人须知”规定</td><td>建设行政主管部门核发的资质等级证书副本复印件(加盖单位章)</td><td></td><td></td><td></td><td></td><td></td></tr>
<tr><td>3</td><td colspan="2">安全生产许可证</td><td colspan="2">具备有效的安全生产许可证</td><td>建设行政主管部门核发的安全生产许可证副本复印件(加盖单位章)</td><td></td><td></td><td></td><td></td><td></td></tr>
<tr><td>4</td><td colspan="2">近年财务状况</td><td colspan="2">符合“申请人须知”规定</td><td>按要求提供证明材料(加盖单位章)</td><td></td><td></td><td></td><td></td><td></td></tr>
<tr><td>5</td><td colspan="2">近年完成的类似工程业绩</td><td colspan="2">符合“申请人须知”规定</td><td>按要求提供证明材料(加盖单位章)</td><td></td><td></td><td></td><td></td><td></td></tr>
<tr><td rowspan="4">6</td><td rowspan="4">拟投入生产资源</td><td>(1)</td><td>项目经理资格</td><td rowspan="4">符合“申请人须知”规定</td><td>按要求提供证明材料(加盖单位章)</td><td></td><td></td><td></td><td></td><td></td></tr>
<tr><td>(2)</td><td>技术负责人</td><td>按要求提供证明材料(加盖单位章)</td><td></td><td></td><td></td><td></td><td></td></tr>
<tr><td>(3)</td><td>其他项目管理人员</td><td>按要求提供证明材料(加盖单位章)</td><td></td><td></td><td></td><td></td><td></td></tr>
<tr><td>(4)</td><td>拟投入主要施工机械设备</td><td>按要求提供证明材料(加盖单位章)</td><td></td><td></td><td></td><td></td><td></td></tr>
<tr><td rowspan="2">7</td><td rowspan="2">信誉</td><td>(1)</td><td>诉讼和仲裁情况</td><td>符合“申请人须知”规定</td><td>按要求提供证明材料(加盖单位章)</td><td></td><td></td><td></td><td></td><td></td></tr>
<tr><td>(2)</td><td>企业不良行为记录情况</td><td></td><td>按要求提供证明材料(加盖单位章)</td><td></td><td></td><td></td><td></td><td></td></tr>
<tr><td>8</td><td colspan="2">联营体申请人(如有)</td><td colspan="2">符合“申请人须知”规定</td><td>联营体协议书(加盖单位章和法定代表人或其委托代理人签字)及联营体各成员单位提供的上述详细审查因素所需的证明材料(加盖单位章)</td><td></td><td></td><td></td><td></td><td></td></tr>
<tr><td>9</td><td colspan="2">不能通过资格审查的条件</td><td colspan="2">本章附件 A:不能通过资格审查的条件约定的内容</td><td>不存在附件 A:不能通过资格审查的条件约定的情形</td><td></td><td></td><td></td><td></td><td></td></tr>
<tr><td colspan="11">详细审查结论:
通过详细审查标注为“√”;未通过详细审查标注为“×”</td></tr>
</table>

审查委员会全体成员(签字): 日 期: 年 月 日

(4)澄清

在审查过程中，审查委员会可以书面形式，要求申请人对所提交的资格预审申请文件中不明确的内容进行必要的澄清或说明。申请人的澄清或说明采用书面形式，并不得改变资格预审申请文件实质性内容。申请人的澄清和说明内容属于资格审查申请文件的组成部分。招标人和审查委员会不接受申请人主动提出的澄清或说明。

(5)评审

①合格制。满足详细审查标准的申请人，则通过资格审查，获得购买招标文件投标资格。

②有限数量制。通过详细审查的申请人不少于3个且没有超过资格预审文件规定数量的，均通过资格预审，不再进行评分；通过详细审查的申请人数量超过资格预审文件规定数量的，审查委员会可以按综合评估法进行评审，并依据规定的评分标准进行评分，按得分由高到低的顺序进行排序，选择申请文件规定数量的申请人通过资格预审。

(6)编写评审报告

审查委员会按照上述规定的程序对资格预审申请文件完成审查后，确定通过资格预审的申请人名单，并向招标人提交书面审查报告。

通过详细审查申请人数量不足3个的，招标人重新组织资格预审或不再组织资格预审而采用资格后审方式直接招标。

(7)确定通过评审的申请人名单

通过评审的申请人名单，一般由招标人根据审查报告和资格预审文件规定确定。其后，由招标人或代理机构向通过评审的申请人发出投标邀请书，邀请其购买招标文件和参与投标；同时也向未通过评审的申请人发出未通过评审的通知。

四、资格预审的方法

资格预审的方法主要有合格制与有限数量制两种。

1.合格制

一般情况下，应当采用合格制，凡符合资格预审文件规定条件标准的投标申请人，即取得相应投标资格。

其优点是：投标竞争性强，有利于获得更多、更好的投标人和投标方案；对满足资格条件的所有投标申请人公平、公正。其缺点是：投标人可能较多，从而加大投标和评标工作量，浪费社会资源。

2.有限数量制

当潜在投标人过多时，可采用有限数量制。招标人在资格预审文件中既要规定投标资格条件、标准和评审方法，又应明确通过资格预审的投标申请人数量。

例如，采用综合评估法对投标申请人的资格条件进行综合评审，根据评价结果的优劣排序，并按规定的限制数量择优选择通过资格预审的投标申请人。

资格预审采用评分法进行评审的步骤如下：

(1)淘汰资格预审文件达不到要求的投标人。

(2)对各投标人进行综合评分。选定用于资格预审的评价因素，确定各因素在评价中所占比例，从而得到权重值，对每项分别给予打分，用分值乘以权重值得到每个投标人的综合得分。

(3)淘汰总分低于及格线的投标人。

(4)对及格线以上投标人进行分项审查。为了将施工任务交给可靠承包商完成，不仅要看其综合能力评分，还要评审其各分项评价因素是否满足最低要求。

资格预审的评分标准必须考虑到评标的标准，一般凡属评标时考虑的因素，资格预审评审时可不必考虑。反过来，也不应该把资格预审中包括的标准再列入评标的标准。

资格预审的评审方法一般采用评分法。将预审应考虑的因素分类，并确定其在评审中应占的比分。例如：

总分(100 分)

机构及组织(10 分)

人员(15 分)

设备、机械(15 分)

经验、信誉(30 分)

财务状况(30 分)

一般申请人所得总分在 70 分以下，或其中有一类的得分不足最高分的 50%者，应视为不合格。各类因素的权重应根据项目性质以及它们在项目实施中的重要性而定。如复杂的工程项目，人员素质应占更多比重；一般的港口疏浚项目，则工程设施和设备应占更大比重。

评分表详细内容见表 3-14～表 3-17。

表 3-14　　评分记录表 A——申请人资质、能力

工程名称：　　申请人名称：　　审查委员会成员姓名：

序号	评分因素				标准分		评分标准		分项得分	合计得分	备注
					分项	合计					
Ⅰ	近年财务状况	1	净资产总值(以近____年平均值为准)		____分	____分	超过____(含)万元	____分			
							超过____万元(含)但不超过____万元	____分			
							超过____万元(含)但不超过____万元	____分			
		2	资产负债率(以近____年平均值为准)		____分		超过____%(不含)	____分			
							超过____%(含)但不超过____%	____分			
							低于____%(含)	____分			
Ⅱ	近年完成的类似工程业绩	1	工程业绩		____分	____分	有 1 个	____分			
							每增加一个	____分			
Ⅲ	拟投入生产资源之一	项目经理	1	类似工程业绩	____分	____分		____分			
Ⅳ	拟投入生产资源之二	技术负责人	1	职称	____分	____分	高级职称及以上	____分			
							中级职称				
							初级职称及以下				
Ⅴ	拟投入生产资源之三	其他项目管理人员构成			____分	____分	人员配备合理，专业齐全	____分			
							人员配备情况一般，专业基本齐全				
							人员配备欠合理，专业不够齐全				
Ⅵ	拟投入生产资源之四	拟投入主要施工机械设备情况			____分	____分	配置合理，满足工程施工需要	____分			
							配置基本合理，基本满足工程施工需要				
							配置欠合理或者来源存在不确定性				

审查委员会成员(签字)：　　日　期：　　年　　月　　日

表 3-15　　评分记录表 B——信誉

工程名称：　　　　申请人名称：　　　　审查委员会成员姓名：

序号	评分因素			评分标准	标准分	分项评分	合计评分	备注
Ⅰ	信誉	1	失信被执行人(适用限制性惩戒方式)	有1条失信被执行记录的扣___分 每增加1条失信被执行记录的扣___分,但最高扣分不得超过___分				
		2	诉讼和仲裁情况	作为原告或被告有1条败诉记录的扣___分 每增加1条败诉记录的扣___分,但最高扣分不得超过___分				
		3	不良行为记录	有1条不良行为记录的扣___分 每增加1条不良行为记录的扣___分,但最高扣分不得超过___分				
信誉(B)评分总计								

审查委员会成员(签字)：　　　　日　期：　　年　　月　　日

表 3-16　　个人评分汇总表

工程名称：　　　　审查委员会成员姓名：

序号	评分项目	分值代码	申请人名称						
1	申请人资质条件、能力	A							
2	信誉	B							
合计 C=A+B									

审查委员会成员(签字)：　　　　日　期：　　年　　月　　日

表 3-17　　评分汇总记录表

审查委员会成员姓名	通过详细审查的申请人名称及其评定得分						
1：							
2：							
3：							
4：							
5：							
6：							
7：							
8：							
9：							
各成员评分合计							
各成员评分平均值							
申请人最终得分							

审查委员会全体成员(签字)：　　　　日　期：　　年　　月　　日

五、资格预审的定量综合评价法案例

资格预审的主要评价指标是申请投标单位的经验、业绩、人员、机具设备、财务状况等。设定满分为100分，有关指标及其分值分配如下：

1.投标单位概况（10分）

(1)资质等级与营业内容(5分)：基本符合要求，得3分；完全符合要求，得5分。

(2)总部与分支机构(5分)：工程所在地无分支机构，得3分；总部在工程所在地，得5分。

2.经验和业绩（30分）

(1)类似典型工程数量(8分)：1至3个，得2分；3至5个，得5分；5个以上，得8分。

(2)类似工程合同额(8分)：300万元以下，得1分；300万元至500万元，得3分；500万元至1 000万元，得5分；1 000万元以上，得8分。

(3)合同履约情况(6分)：有违约行为但不足合同总数的20%，得3分；无违约行为，得6分。

(4)在建工程(8分)：数量超过10个，或总额超过1亿元，得2分；数量5至10个，或总额5 000万元至1亿元，得5分；数量不足5个，或总额不足5 000万元，得8分。

3.人员（10分）

(1)总部与分支机构人员(4分)：不合适，得0分；基本合适，得2分；合适，得4分。

(2)投入本工程的人员(6分)：不合适，得0分；基本合适，得3分；合适，得6分。

4.机具设备（15分）

(1)自有机具设备(10分)：不合适，得0分；基本合适，得5分；合适，得10分。

(2)其他机具设备获得的可靠性(5分)：不可靠，得0分；基本可靠，得3分；可靠，得5分。

5.财务状况（15分）

(1)流动资产(8分)：不足500万元，得2分；500万元至1 000万元，得5分；1 000万元以上，得8分。

(2)每年盈利(7分)：不足300万元，得2分；300万元至500万元，得5分；500万元以上，得7分。

6.诉讼情况（10分）

(1)内容与标的数额(6分)：一般，得1分；轻微，得3分；无诉讼，得6分。

(2)诉讼参与人(4分)：参与诉讼，且负主要责任，得0分；参与诉讼，但不负主要责任，得2分；不参与诉讼，得4分。

7.联营体（10分）

(1)联合伙伴选择(6分)：不合适，得0分；较合适，得3分；合适，得6分。

(2)双方的权利和义务(4分)：划分不明确，得0分；划分较明确，得2分；划分明确，得4分。

资格预审评价时，由评委根据递交的文件打出各分项得分值，最后统计出总分值，从而排列出投标申请人的顺序，得分较高的前若干名即获得投标资格。总分较低的即可认为没有通过资格预审，不能参加投标。

项目五 编制招标控制价

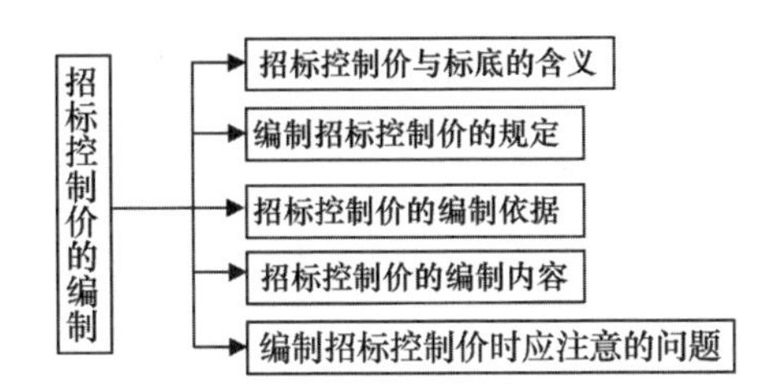

《建设工程工程量清单计价规范》(GB 50500—2003)(简称03清单)于2003年7月1日起开始正式实施。住房和城乡建设部根据03清单在使用过程中存在的问题和建议,对此规范在2008年和2013年进行了两次修订,分别发布了《建设工程工程量清单计价规范》(GB 50500—2008)(简称08清单)和《建设工程工程量清单计价规范》(GB 50500—2013)(简称13清单),并规定自2013年7月1日起实施《建设工程工程量清单计价规》(GB 50500—2013),同时废止08清单计价规范。清单计价规范明确规定,在全部使用国有资金投资或以国有资金投资为主(以下二者简称国有资金投资)的建设工程施工发承包计价活动中,必须采用工程量清单计价。非国有资金投资的建设工程,宜采用工程量清单计价。因此,自从推行工程量清单计价方式以来,我国大部分工程的工程造价都采用了清单计价方式,而采用定额计价方式的工程项目越来越少。

2013年为适应深化工程计价改革的需要,根据国家有关法律法规及相关政策,住房和城乡建设部和财政部在《建筑安装工程费用项目组成》(建标〔2003〕206号)基础上进行修订并完成了《建筑安装工程费用项目组成》(建标〔2013〕44号)。于2013年3月21日下发通知,规定《建筑安装工程费用项目组成》(建标〔2013〕44号)自2013年7月1日起施行,《建筑安装工程费用项目组成》(建标〔2003〕206号)同时废止。

《中华人民共和国招标投标法实施条例》规定,招标人可以自行决定是否编制标底,一个招标项目只能有一个标底,标底必须保密。同时规定,招标人设有最高投标限价的,应当在招标文件中明确最高投标限价或者最高投标限价的计算方法,招标人不得规定最低投标限价。

根据住房和城乡建设部颁布的《建筑工程施工发包与承包计价管理办法》(住建部令第16号文)的规定,国有资金投资的建筑工程招标的,应当设有最高投标限价;非国有资金投资的建筑工程招标的,可以设有最高投标限价或者招标标底。同时《中华人民共和国招标投标法实施条例》和九部委的九个标准文件也纷纷出台了关于工程标底和招标控制价的相关说明和规定。因此,目前工程在招标过程中招标人需要编制工程标底或招标控制价。

一、招标控制价与标底的含义

1.工程招标标底的定义

工程招标标底,是指建设工程招标人对招标工程项目在方案、质量、期限、价金、方法、措施等方面的综合性理想控制(即自预期控制)指标或预期要求。

2.招标控制价的定义

招标控制价又称为拦标价,是指招标人根据国家或省级、行业建设主管部门颁发的有关计价依据和办法,以及拟定的招标文件和招标工程量清单,编制的招标工程的最高限价。13清单计价规范规定,国有资金投资的工程建设项目招标人应编制招标控制价,投标人的投标报价高于招标控制价的,其投标应予以拒绝。

编制工程标底或招标控制价是工程项目招标前的一项重要工作,而且是较复杂和细致的工作。通常由业主编制或委托给具有相应资质的工程造价咨询单位编制,且必须报经招标投标办事机构审定,通过后才能成为正式的工程标底或招标控制价。

3.招标控制价与标底的关系

招标控制价是推行工程量清单计价过程中对传统标底概念的性质进行界定后所设置的专业术语,它使招标时评标定价的管理方式发生了很大的变化。设标底招标、无标底招标以及招标控制价招标的利弊分析如下:

(1)设标底招标

①设标底时易发生泄露标底及暗箱操作的现象,失去招标的公平公正性,容易诱发违法违规行为。

②编制的标底价是预期价格,因较难考虑施工方案、技术措施对造价的影响,容易与市场造价水平脱节,不利于引导投标人理性竞争。

③标底在评标过程中的特殊地位使标底价成为左右工程造价的杠杆,不合理的标底会使合理的投标报价在评标中显得不合理,有可能成为地方或行业保护的手段。

④将标底作为衡量投标人报价的基准,导致投标人尽力地去迎合标底,往往招标投标过程反映的不是投标人实力的竞争,而是投标人编制预算文件能力的竞争,或者各种合法或非法的"投标策略"的竞争。

(2)无标底招标

①容易出现围标串标现象,各投标人哄抬价格,给招标人带来投资失控的风险。

②容易出现低价中标后偷工减料,以牺牲工程质量来降低工程成本,或产生先低价中标,后高额索赔等不良后果。

③评标时,招标人对投标人的报价没有参考依据和评判基准。

(3)招标控制价招标

采用招标控制价招标的优点:

①可有效控制投资,防止恶性哄抬报价带来的投资风险。

②提高了透明度,避免了暗箱操作、寻租等违法活动的产生。

③可使各投标人自主报价、公平竞争,符合市场规律。投标人自主报价,不受标底的左右。

④既设置了控制上限,又尽量地减少了业主依赖评标基准价的影响。

采用招标控制价招标也可能出现如下问题:

①若"最高限价"大大高于市场平均价时,就预示中标后利润很丰厚,只要投标不超过公布的限额都是有效投标,从而可能诱导投标人串标、围标。

②若公布的最高限价远远低于市场平均价,就会影响招标效率。即可能出现有1~2人投标或无人投标情况,因为按此限额投标将无利可图,超出此限额投标又成为无效投标,结果使招标

人不得不修改招标控制价，进行二次招标。

二、编制招标控制价的规定

（1）国有资金投资的工程建设项目应实行工程量清单招标，招标人应编制招标控制价，并应当拒绝高于招标控制价的投标报价，即投标人的投标报价若超过公布的招标控制价，则其投标应被否决。

（2）招标控制价应由具有编制能力的招标人或受其委托、具有相应资质的工程造价咨询人编制。工程造价咨询人不得同时接受招标人和投标人对同一工程的招标控制价和投标报价的编制。

（3）招标控制价应当依据工程量清单、工程计价有关规定和市场价格信息等编制。招标控制价应在招标文件中公布，对所编制的招标控制价不得进行上浮或下调。招标人应当在招标时公布招标控制价的总价，以及各单位工程的分部分项工程费、措施项目费、其他项目费、规费和税金。

（4）招标控制价超过批准的概算时，招标人应将其报原概算审批部门审核。这是由于我国对国有资金投资项目的投资控制实行的是设计概算审批制度，国有资金投资的工程原则上不能超过批准的设计概算。

（5）投标人经复核认为招标人公布的招标控制价未按照《建设工程工程量清单计价规范》（GB 50500—2013）的规定进行编制的，应在招标控制价公布后5天内向招标投标监督机构和工程造价管理机构投诉。工程造价管理机构受理投诉后，应立即对招标控制价进行复查，组织投诉人、被投诉人或其委托的招标控制价编制人等单位人员对投诉问题逐一核对。工程造价管理机构应当在受理投诉的10天内完成复查，特殊情况下可适当延长，并做出书面结论，通知投诉人、被投诉人及负责该工程招标投标监督的招标投标管理机构。当招标控制价复查结论与原公布的招标控制价误差大于±3%时，应责成招标人改正。当重新公布招标控制价时，若重新公布之日起至原投标截止日期不足15天的应延长投标截止时间。

（6）招标人应将招标控制价及有关资料报送工程所在地或有该工程管辖权的行业管理部门工程造价管理机构备查。

三、招标控制价的编制依据

招标控制价的编制依据是指在编制招标控制价时需要进行工程量计量、价格确认、工程计价的有关参数、率值的确定等工作时所需的基础性资料，主要包括：

（1）《建设工程工程量清单计价规范》（GB 50500—2013）与专业工程量计算规范。

（2）国家或省级、行业建设主管部门颁发的计价定额和计价办法。

（3）建设工程设计文件及相关资料。

（4）拟定的招标文件及招标工程量清单。

（5）与建设项目相关的标准、规范、技术资料。

（6）施工现场情况、工程特点及常规施工方案。

（7）工程造价管理机构发布的工程造价信息，但工程造价信息没有发布的，参照市场价。

（8）其他的相关资料。

四、招标控制价的编制内容

详见学习情境四项目四中的"四、工程投标报价的构成及计算"和"五、工程施工投标报价的编制"。

五、编制招标控制价时应注意的问题

(1)采用的材料价格应是工程造价管理机构通过工程造价信息发布的材料价格,工程造价信息未发布材料单价的材料,其材料价格应通过市场调查确定。另外,未采用工程造价管理机构发布的工程造价信息时,需在招标文件或答疑补充文件中对招标控制价采用的与造价信息不一致的市场价格予以说明,采用的市场价格则应通过调查、分析确定,有可靠的信息来源。

(2)施工机械设备的选型直接关系到综合单价水平,应根据工程项目特点和施工条件,本着经济实用、先进高效的原则确定。

(3)应该正确、全面地使用行业和地方的计价定额与相关文件。

(4)不可竞争的措施项目和规费、税金等费用的计算均属于强制性的条款,编制招标控制价时应按国家有关规定计算。

(5)不同工程项目、不同施工单位会有不同的施工组织方法,所发生的措施费也会有所不同,因此,对于竞争性的措施费用的确定,招标人应首先编制常规的施工组织设计或施工方案,然后经专家论证确认后再合理确定措施项目与费用。

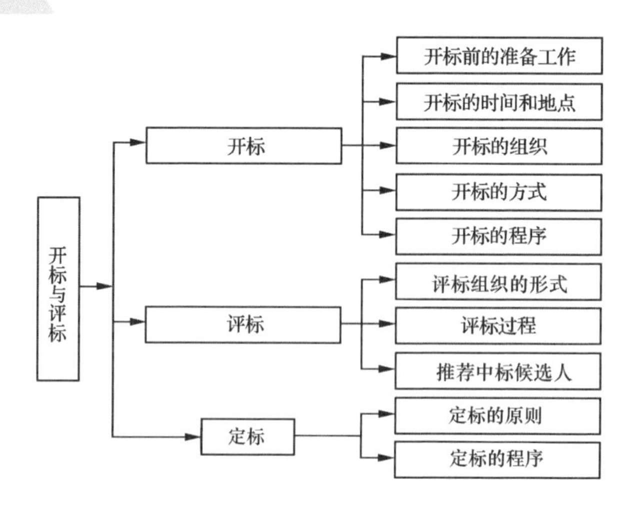

一、开标

开标是指把所有投标者递交的投标文件启封揭晓,亦称揭标。

开标应当在招标文件确定的提交投标文件截止时间公开进行。开标由招标人主持,邀请所有投标人参加，其目的在于确保开标在所有投标人的参与、监督下按照公开、透明原则进行。也可以由招标人委托的代理机构负责开标。对依法必须进行招标的项目，有关行政机关可以派人参加开标。但有关行政机关不能越俎代庖，代替招标人主持开标。招标人可以委托公正机构对开标事宜进行公正。公开开标符合平等竞争原则，使每位投标人都知道自己的报价处于哪一地位，其他投标人的报价有何优势条件。开标时招标单位当场宣读投标书，但不解答任何问题。

1.开标前的准备工作

开标会是招标投标工作中一个重要的法定程序。开标会上将公开各投标单位标书，当众宣布标底，宣布评定方法等，这表明招标投标工作进入一个新的阶段。开标前应做好下列各项准备工作：成立评标组织；委托公证，通过公证人的公证，从法律上确认开标是合法有效的；准备开标过程中所用的所有表格、暗标标签等资料。

2.开标的时间和地点

开标时间是招标文件中规定的时间。一般为投标截止日的同一时刻开标，有的在投标截止日后的 1～3 天内开标，我国《中华人民共和国招标投标法》第三十四条明确规定，开标应当在招标文件确定的提交投标文件截止时间的同一时间公开进行。开标的地点按招标文件中规定的地点。由于某种原因，招标机构有权变更开标日期和地点，但必须以书面的形式通知所有的投标者。

3.开标的组织

一般由业主或其委托的机构（公司）主持开标。有的还规定应邀请公证机关的代表参加，否则，开标在法律上无效。

4.开标的方式

（1）公开开标。通知所有的投标者参加揭标仪式，其他愿意参加者也不限制，当众公开开标。

（2）有限开标。邀请投标者和有关人员参加仪式，其他无关人员不得参加开标会议。

（3）秘密开标。只有组织招标的成员参加开标，不允许投标者参加开标，然后只将开标的名次结果通知投标者，不公开报价。其目的是不暴露投标者的准确报价数字。

《中华人民共和国招标投标法》（2017 年修正）第三十四条规定，开标应当采用公开开标的形式。

5.开标的程序

开标、评标、定标活动应在招标投标办事机构的有效管理下，由招标单位或其上级主管部门主持进行，公证机关当场公证。开标的一般程序如下：

（1）各投标单位签到并验证其身份，即检验法人代表证明或授权委托书；确定唱标顺序，一般根据投标单位签到的顺序或抽签决定。

（2）主持人宣布开标正式开始。

（3）招标人代表或领导发言。

（4）当众检验和启封标书。

（5）各投标单位代表宣读标书中的投标报价、工期、质量目标、主要材料用量等内容。

（6）招标单位公布标底（如果有标底）。

（7）各投标单位在开标记录表上签字。

（8）公证人口头发表公证。

（9）主持人宣布评标办法。

某工程的开标记录见表 3-18。

表 3-18　　开标记录

类别	单位名称	最终报价/万元	工期/月	标书是否有效	投标单位签字
投标报价	山西省×××公司	6 669.08	25	有效	
	吉林省×××公司	6 320.00	27	有效	
	山西省×××公司	6 378.49	25	有效	
	重庆××××公司	6 661.46	25	有效	
	东北×××公司				
	山西×××公司	7 098.00	25	有效	
	山东×××公司	6 660.00	25	有效	
	有效报价的算术平均值(C)	6 631.17			
标底	招标人标底价(B)	7 266.00			
	概算价	9 083.00			
	成本价	5 980.00			
基准价	$[0.6\times B+0.4\times C]\times 0.94$	6 591.34			

分数＝水电工程营业额(以万美元计)× 0.001

二、评标

评标是指根据招标文件确定的标准和方法，对每个投标人的标书进行评价比较，以选出最优的投标人。评标要设立临时的评标委员会或评标小组。评标委员会提出评审结果并推荐中标者，交由招标人批准确定的过程。

1. 评标组织的形式

评标组织由招标人的代表和有关经济、技术等方面的专家组成。其具体形式为评标委员会，实践中也有是评标小组的。

《中华人民共和国招标投标法》(2017 年修正)明确规定，评标委员会由招标人负责组建，评标委员会成员名单一般应于开标前确定。评标委员会成员名单在中标结果确定前应当保密。《评标委员会和评标方法暂行规定》(2013 年修订)规定，依法必须进行施工招标的工程，其评标委员会由招标人的代表和有关技术、经济等方面的专家组成，成员人数为五人以上单数，其中招标人、招标代理机构以外的技术、经济等方面专家不得少于成员总数的三分之二。

评标专家应符合下列条件：从事相关专业领域工作满八年并具有高级职称或者同等专业水平；熟悉有关招标投标的法律法规，并具有与招标项目相关的实践经验；能够认真、公正、诚实、廉洁地履行职责。

评标委员会的专家成员应当从依法组建的专家库内的相关专家名单中确定。评标专家可以采取随机抽取或者直接确定的方式。一般项目，可以采取随机抽取的方式；技术复杂、专业性强或者国家有特殊要求的招标项目，采取随机抽取方式确定的专家难以保证胜任的，可以由招标人直接确定。与投标人有利害关系的人不得进入相关工程的评标委员会。

《评标委员会和评标方法暂行规定》(2013 年修订)规定评标委员应了解和熟悉以下内容：招标的目标；招标项目的范围和性质；招标文件中规定的主要技术要求、标准和商务条款；招标文件规定的评标标准、评标方法和在评标过程中考虑的相关因素。

2. 评标过程（见学习情境三编制招标文件中的评标办法）

3.推荐中标候选人

投标文件全部评审完成后，评标委员会需要向招标人提交中标候选人名单。根据《评标委员会和评标方法暂行规定》(2013 年修订)规定，评标委员会推荐的中标候选人应当限定在一至三人，并标明排列顺序。推荐中标候选人的原则主要有：

(1)采用经评审的最低投标价法的，能够满足招标文件的实质性要求，并且经评审的最低投标价的投标，应当推荐为中标候选人。

(2)采用综合评估法的、最大限度地满足招标文件中规定的各项综合评价标准的投标，应当推荐为中标候选人。

根据《评标委员会和评标方法暂行规定》(2013 年修订)规定，评标委员会完成评标后，应当向招标人提出书面评标报告，并抄送有关行政监督部门。评标报告应当如实记载以下内容：

①基本情况和数据表。

②评标委员会成员名单。

③开标记录。

④符合要求的投标一览表。

⑤否决投标的情况说明。

⑥评标标准、评标方法或者评标因素一览表。

⑦经评审的价格或者评分比较一览表。

⑧经评审的投标人排序。

⑨推荐的中标候选人名单与签订合同前要处理的事宜。

⑩澄清、说明、补正事项纪要。

三、定标

评标工作结束以后，接下来的工作就是定标。定标就是从评标委员会推荐的中标候选人名单中确定中标人并授予合同。定标应以投标评价报告及其推荐意见为依据。定标之前还应就评价报告中所列出的需要进一步商谈的问题和投标人进行谈判。招标人不得与投标人就投标价格、投标方案等实质性内容进行谈判。

1. 定标的原则

根据《中华人民共和国招标投标法实施条例》(2019 年修订)和《评标委员会和评标方法暂行规定》(2013 年修订)规定，中标人的投标应当符合下列条件之一：

(1)能够最大限度满足招标文件中规定的各项综合评价标准。

(2)能够满足招标文件的实质性要求，并且经评审的投标价格最低；但是投标价格低于成本的除外。其中第二项中标条件适用于具有通用技术、性能标准或者招标人对其技术、性能没有特殊要求的招标项目。

国有资金占控股或者主导地位的项目，招标人应当确定排名第一的中标候选人为中标人。排名第一的中标候选人放弃中标、因不可抗力提出不能履行合同，或者招标文件规定应当提交履约保证金而在规定的期限内未能提交，或者被查实存在影响中标结果的违法行为等情形，不符合中标条件的，招标人可以按照评标委员会提出的中标候选人名单排序依次确定其他中标候选人为中标人。

中标人可以由招标人根据中标候选人名单确定，也可以授权评标委员会直接确定中标人。

2.定标的程序

(1)公示中标候选人

依法必须进行招标的项目，招标人应当自收到评标报告之日起3日内公示中标候选人，公示期不得少于3日。

(2)确定中标人

确定中标人，并向其发出中标通知书，并同时将中标结果通知其他所有未中标的投标人。中标通知书一种承诺，因此，对招标人和中标人都具有法律约束力。中标通知书发出后，招标人改变中标结果或者中标人放弃中标的，应当承担法律责任。

(3)签订施工合同

招标人和中标人应当在投标有效期内并在自中标通知书发出之日起30日内，签订书面合同，合同的标的、价款、质量、履行期限等主要条款应当与招标文件和中标人的投标文件的内容一致。招标文件要求中标人提交履约保证金的，在签订合同之前中标人应当按照招标文件的要求提交。履约保证金不得超过中标合同金额的10%；在规定的期限内未能提交，取消中标资格，可以没收投标保证金。招标人和中标人不得再行订立背离合同实质性内容的其他协议。如果背离合同实质性内容签订合同的，该合同应当认定为无效合同。

联合体中标的，联合体各方应当共同与招标人签订合同，就中标项目向招标人承担连带责任。依法必须进行招标的项目，招标人应当自确定中标人之日起15日内，向有关行政监督部门提交招标投标情况的书面报告。

(4)退还投标保证金

招标人最迟应当在书面合同签订后5日内向中标人和未中标的投标人退还投标保证金及银行同期存款利息。

评标和定标应当在投标有效期内完成。不能在投标有效期内完成评标和定标的，招标人应当通知所有投标人延长投标有效期。拒绝延长投标有效期的投标人有权收回投标保证金。同意延长投标有效期的授标人应当相应延长其投标担保的有效期，但不得修改投标文件的实质性内容。因延长授标有效期造成投标人损失的，招标人应当给予补偿，但因不可抗力需延长投标有效期的除外。

项目七 电子招标

电子招标的工作阶段和内容与传统招标完全一样，但电子招标大部分工作需要在公共资源交易平台中的电子招标投标交易系统中进行，网上招标流程和网上操作手续繁杂，在此以我国发达地区的电子招标交易字系统为例进行说明电子招标的具体操作流程。

一、企业信息登记

施工、监理及勘察设计企业按要求必须在住房和建设主管部门备案，特殊情况或其他企业如需使用电子招标投标系统，应在此办理企业信息登记，已经在住房和建设主管部门或公共资源交易中心办理过企业信息备案，则跳过此步。

二、数字证书办理

因为电子招标投标系统须使用CA数字证书(机构数字证书或业务数字证书)登录,因此,未办理过CA数字证书或未在有效期内,需办理CA数字证书。

三、项目信息登记

1.工作内容

登记项目基本信息,取得项目备案编号,作为招标项目登记的基础。由主管部门核准项目信息是否完备,满足招标条件。

2.招标人操作说明

进入招标子系统,单击导航栏【项目信息】菜单,进入项目信息登记页面,单击【新增非住建局项目】打开的页面进行相应的编辑操作(基本信息/审批文件/详细信息/审批信息),完成后单击【保存】提示"保存成功",单击【提交审核】按钮,提示"提交成功",项目信息列表中会显示登记编号、项目名称、建设单位名称、登记日期、状态。

四、招标项目登记

1.工作内容

填报招标项目登记备案表,在此之前,项目信息必须在住房和建设主管部门备案,如尚未备案,请先前往住房和建设主管部门项目登记备案系统填报项目信息。

2.招标人操作说明

进入招标子系统,单击导航栏【招标项目登记】菜单,进入招标项目信息列表页面,单击页面右上的【新增招标项目】按钮,自动弹出选择项目窗口,此处可选已在市局项目信息登记系统备案通过或已在本平台登记的项目信息。后续填报内容按工程备案数据项的结构,分为以下4个部分:

(1)招标基本信息:含招标项目名称、招标方式、资格审查方式、工程类型等信息。

(2)招标单位信息:含建设单位及招标代理信息。

(3)标段信息:含标段详细招标内容、投标报名要求、评定标方法等。

(4)附件材料信息(招标项目备案需提供的附件材料扫描件)。由于招标项目登记要求的内容较多,填写所需时间可能较长,过程中可随时单击页面右上方的【保存】按钮,以免由于误操作或意外关闭造成数据丢失。

招标项目登记数据填写完成后,单击页面右上方的【生成公告】按钮,系统自动按招标项目中填报的信息生成标准格式的招标公告内容。招标公告中须填写发布的起止时间、截标时间、质疑答疑截止时间、资格预审申请截止时间等信息(系统根据不同招标方式显示不同的时间信息),并上传需随公告发布的附件。填写完成后,单击【保存】或【提交审核】,提交审核时须使用机构数字证书签名。

五、发布招标公告

1.工作内容

招标项目登记完成后,对招标项目进行招标组织形式及招标公告登记备案。然后,选择需要发布招标公告的标段,自动生成招标公告信息,提交主管部门备案。

2.招标人操作说明

招标人操作说明同招标项目登记。

六、投标报名审查

1.工作内容

对于资格预审的招标项目，投标人在此阶段上传报名文件、录入项目经理/总监（如需）及联合体投标单位（如有），根据不同工程类型及要求，递交不同类型文件。招标人可实时审查投标人递交的报名资料，在报名截止时间之后统一提交审查结果，以确定可进入下一环节的投标人。招标人审查后，投标人可及时跟踪审查情况并根据需要在报名截止时间之前修改报名资料。

2.招标人操作说明

招标人单击导航栏【审核报名资料】菜单，进入报名资料审核标段列表页，列表中显示当前已报名单位数量及已审查单位数量，单击操作列【审核报名资料】按钮进入具体标段审查页面，可查看详细报名单位及报名文件，单击页面右上方【详细审查】按钮或单位列表操作列的【详细审查】按钮进入详细审查页，系统可直接浏览报名文件内容，录入审查结果是否合格及理由（作出不合格判定的须录入不合格理由），单击【上一家】【下一家】切换单位。报名截止时间过后，方可提交审查结果，提交时系统自动检查是否有遗漏审查的单位，如存在则不允许提交。提交报名审查结果后，因故需要修改的，且后续业务流程尚未开始的，招标人可单击标段列表页面操作列【撤销审核】按钮，撤销提交状态后修改相关信息重新提交；如后续业务流程已开展，确需要修改的，可提请市建设工程分公司撤销提交状态后修改。

七、资格预审

1.工作内容

首先，进行资格预审文件备案申请；其次，进行资格预审开启与评审。

2.招标人操作说明

单击导航栏【资格预审文件备案申请】菜单，进入资格预审文件列表页面，单击【添加】打开的页面选择标段工程，上传资格预审文件及其他文件，录入截止时间信息、联系人及联系电话，完成后单击【提交审核】按钮，数字签名成功后提示“提交成功”。资格预审文件列表中会显示招标项目名称、标段名称、工程类型、备案时间、备案状态、操作。招标人由此跟踪文件备案状态，在备案不通过时，由此修改。

资格预审文件备案通过后，如须对资格预审文件进行变更或澄清，单击导航栏资格预审模块下的【变更澄清备案申请】按钮，进入资格预审文件变更澄清标段列表页面，单击相应标段操作列的【查看变更】按钮，进入当前标段资格预审文件变更澄清列表页面，单击页面右上方【添加变更】按钮，进入变更澄清文件提交页面，选择当前招标项目须变更资格预审文件的标段，上传文件，修改截止时间信息（可选）后提交申请。列表页可实时显示变更澄清申请的备案状态。

资格预审申请截止时间后，招标人进入导航栏资格预审模块【资格预审开启】菜单，打开资格预审开启标段列表页面，找到相应标段，列表中申请家数列显示已递交资格预审申请文件的单位数量。招标人需按会议时间前往市建设工程分公司进行资格预审开标工作。在市建设工程分公司环境中单击该页面操作列【进入】按钮，可链接打开资格预审开标系统。

资格预审开标完成后，招标人进入导航栏【资格预审评审】菜单，打开进入资格预审评审环节的标段列表页面，找到相应标段，列表中进入评标家数列显示开标合格单位数量。操作列【进入】按钮可链接打开资格预审评审系统。资格预审评审完成后，市建设工程分公司工作人员在评标系统中发布评标委员会的评标结果报表，招标人进入导航栏【资格预审结果】菜单，打开已发布资格预审结果的标段列表页面，列表中合格数/申请家数列显示经评审合格单位数量/全部递交资格预审申请文件单位数量，单击标段名称链接打开相应标段资格预审详细结果页面，该页可查看已发布的评审结果报表及合格/不合格单位信息。

八、踏勘现场

1.工作内容

发布踏勘现场通知及记录实际踏勘情况信息。

2.招标人操作说明

单击导航栏【发布踏勘现场通知】菜单，点【添加通知】新增一条，选择标段填写踏勘时间、地点等信息，【保存】成功后，达到“通知发出时间”后自动发送所有投标人；单击导航栏【记录踏勘现场情况】菜单，对已发布的踏勘通知进行踏勘情况的记录。

九、发布招标文件

1.工作内容

提交招标公告后，如招标文件编制已完成，可同时提交主管部门备案，资格后审工程要求招标文件须与招标公告同时提交备案。在此阶段可以实现招标人提交招标文件(技术部分、清单部分、送审招标控制价部分)、招标文件补充文件及修改截标时间、质疑截止时间、答疑截止时间功能，由主管部门审核通过后发布。

2.招标人操作说明

点导航栏【提交招标文件】菜单，进入招标文件列表页面，单击【添加】打开的页面选择标段工程，上传招标文件及答疑补遗其他文件，录入联系人及联系电话，完成后单击【提交审核】按钮，提示“提交成功”，招标文件列表中会显示公告名称、标段名称、工程类型、提交时间、备案时间、备案状态、操作。

十、会议预约

1.工作内容

预约开标、评标、定标等会议，经交易中心确认后转为正式会议，对外公布。特殊情况无法网上预约的，可前往交易中心业务窗口申请安排。

2.招标人操作说明

招标人登录招标子系统，在导航栏单击预约会议模块【会议预约】菜单，打开表格形式预约页面，鼠标移动到空闲会议室的空闲时间段起点，单击【预约】按钮，打开会议信息编辑页面，单击标段名称后的【添加】按钮，弹出窗口选择标段，选择要安排的会议类型(可多选)，设置会议结束时间(会议开始时间默认为单击预约位置的时间起点)等相关信息，填写完成后，单击【提交审核】按钮，系统检查会议时间是否满足与截标时间等的相对关系要求，如满足则使用数字证书签名认证提交成功，否则会提示具体不符合的情形，招标人须根据提示信息作相应修改。

申请信息提交后，招标人可在【会议预约】菜单打开的会议预约表中查看审核状态，也可在【会议预约记录】菜单页面查看或撤回修改(已提交，但尚未受理的预约记录可撤回修改)。

十一、资格后审

1.工作内容

资格审查方式为资格后审的招标项目，需在截标时间之后审查投标人的资格审查文件或抽签投标文件，招标人进行资格文件的审查及提交审查结果；发布资审及业绩公示信息。以确定进入下一环节的投标人。

2.招标人操作说明

单击导航栏资格审查模块【审查资格文件】菜单，打开资格审查标段列表页，该列表仅显示资格后审或抽签定标法且已过截标时间的标段。单击操作列【资格审查】按钮，打开资格审查结果的信息页面，显示投标人资格审查结果列表（各投标单位的资格审查结果是否合格），单击页面右上方或投标人资格审查结果列表操作列【详细审查】按钮，打开详细审查页面，在线浏览投标单位资格审查文件并录入评审结果完成后，关闭此页面，在资格审查结果信息页面上传资格审查报告，单击【提交资审结果】按钮，使用数字证书签名成功后即提交成功。

提交资格审查结果后，因故需要修改的，且后续业务流程尚未开始的，招标人可单击标段列表页面操作列【撤销审核】按钮，撤销提交状态后修改相关信息重新提交。招标人进入导航栏资格审查模块【资审及业绩公示】菜单，单击页面右上方【新增】按钮，打开业绩公示详细编辑页，选择标段后，系统自动关联读取标段基本信息，招标人需录入发布起止时间及是否对外发布，上传公示信息附件，编辑完成后单击【提交】按钮，使用数字证书签名完成后提交成功。

十二、专家抽取

1.工作内容

评标之前需要抽取专家，招标人在此提前录入需抽取的专家专业构成信息，提交后，抽取专家时即可同步该信息至专家抽取系统，无需再次设置相关信息。

2.招标人操作说明

招标人单击导航栏【专家抽取】菜单，进入专家抽取记录列表页，单击【新增抽取】进入抽取信息录入页。

选择评标会议，录入相关的抽取信息，如专家人数、专业、回避单位、回避专家、甲方评委和抽取人员、评标代表人员等信息，抽取信息填写完确保无误后可单击【保存】或直接【确认提交】，使用机构数字证书签名（此模块也允许业务证书登录签名）完成即提交成功，该信息提交后即为正式信息，不需要审核。

提交后的抽取信息如果想要修改，可以在专家抽取界面找到该工程，单击【编辑】进入编辑界面后，单击【撤回】，然后修改抽取信息，再提交即可。

十三、开标

1.工作内容

开标会议当天及之后，在完成提交资格审查（如有）后由此进入开标环节，完成开标工作，查看开标历史记录信息。

2.招标人操作说明

招标人进入导航栏开标模块【开标会】菜单，打开开标工程列表页面，显示开标会日期为当天及之前的标段，单击列表操作列【进入】按钮，进入开标室页面，市建设工程分公司开标系统中的数据将同步显示到该开标室信息页面。

打开【开标结果公示】菜单，进入开标结果公示列表页面，单击标段列表操作列【查看】按钮，可查看经开标系统或交易平台手工发布的开标结果公示信息。

十四、评标

1.工作内容

评标结束后，由此查看评标结果公示，并下载投标文件、评标报告等资料，也可在评标结束后，反馈评标委员会成员的评标质量。

2.招标人操作说明

招标人打开导航栏评标模块【评标结果公示】菜单，进入评标结果公示信息列表页面，显示已发布评标结果公示的标段。单击标段名称，即可查看评标结果公示的详细信息。

招标人打开【评标资料下载】菜单，进入评标资料下载标段列表页面，单击操作列【下载】按钮，可进入详细文件下载页面，此处可下载全部投标人已解密的投标文件。

十五、定标

1.工作内容

使用定标系统进行票决/抽签等方式确定中标候选人并公示定标结果；提交招标投标情况报告及查看中标结果公示信息；发送中标通知书。

2.招标人操作说明

招标人打开导航栏定标模块【定标会】菜单，进入定标会标段列表页面，该页面显示本招标人已过截标时间的标段，单击操作列【进入】按钮，可链接打开定标系统，进入定标程序。

招标人打开导航栏定标模块【查看定标结果】菜单，进入查看定标结果标段列表页，该列表显示已经定标系统公示定标结果，或已在服务子系统手工添加定标结果的标段，单击标段名称链接进入查看定标结果详细内容页。

招标人打开导航栏定标模块【定标结果公示】菜单，进入查看定标公示标段列表页，该列表显示已经定标系统公示定标结果，或已在服务子系统手工添加定标结果公示的标段，单击标段名称链接进入查看定标结果公示详细内容页。

招标人打开导航栏定标模块【提交招标投标情况报告】菜单，进入提交招标投标情况报告列表页，该列表显示本招标人已发布定标结果的标段，单击标段名称可查看招标投标情况报告信息。对于未提交备案或备案不通过的记录，单击操作列【编辑】按钮进入编辑页面，编辑完成后可【保存】或【提交审核】。

招标人接收中标通知书后，可将中标通知书扫描件及中标基本信息通过平台发送给中标人，同时向未中标单位发送招标结果通知书。打开导航栏定标模块【发送中标通知书】菜单，进入中标通知书发送列表页，该列表显示本招标人已添加发送中标通知书的标段，单击页面右上方的【添加】按钮，选择标段(可选择本招标人已招标投标情况报告备案通过的，且尚未添加发送中标通知书的标段)，填写发送内容并上传附件，完成后可【保存】或直接【发出】。

资格预审和资格后审电子招标投标流程图分别如图 3-5、图 3-6 所示。

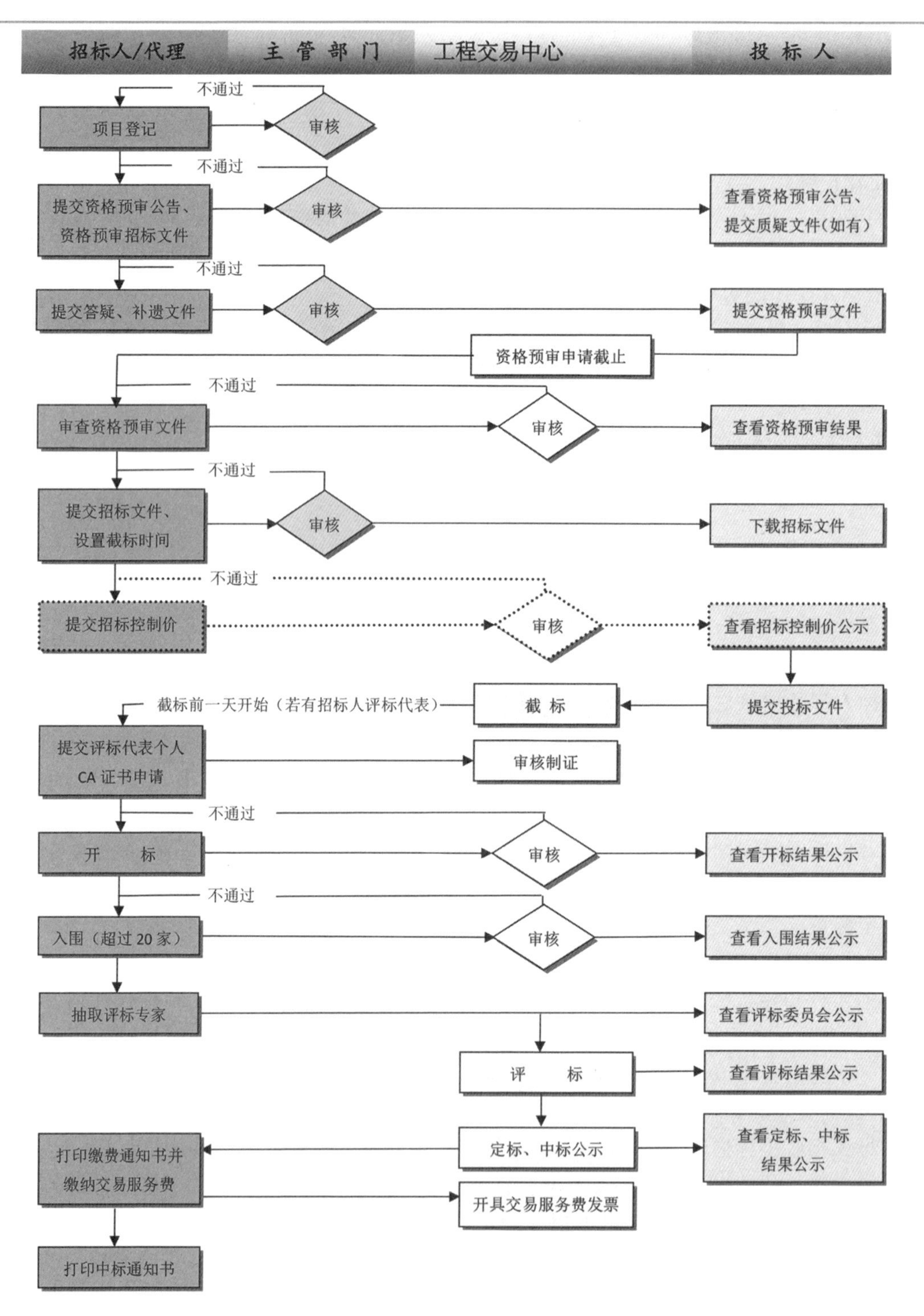

图 3-5 资格预审电子招标投标流程图

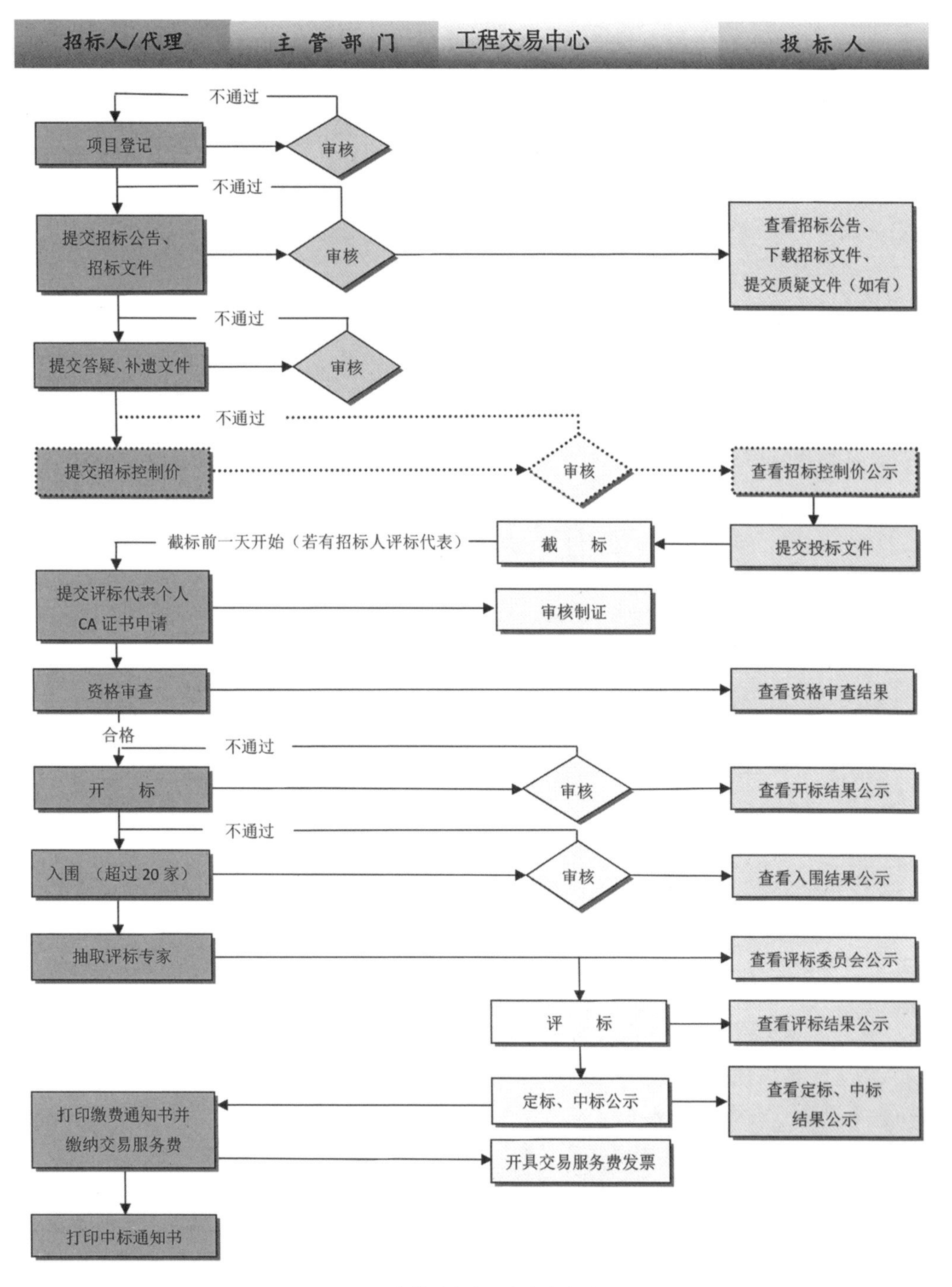

图 3-6 资格后审电子招标投标流程图

案例一

小浪底水利枢纽主体土建工程国际招标资格预审

1.工程概况

小浪底水利枢纽位于河南省洛阳市以北 40 km 黄河中游最后一段峡谷的出口处，是黄河干流在三门峡水库以下唯一能够取得较大库容的控制性工程，在黄河治理开发中具有重要地位。

小浪底水利枢纽部分资金利用世界银行贷款。从 1988 年起，世界银行先后 15 次组团对小浪底水利枢纽建设项目进行考查和评估。1993 年 5 月，小浪底水利枢纽工程项目顺利通过世界银行的正式评估。1994 年 6 月，世界银行董事会正式决定为小浪底工程提供10 亿美元的贷款，其中一期贷款 5.7 亿美元，二期贷款 4.3 亿美元。

小浪底水利枢纽工程按照世界银行采购指南的要求，面向世界银行所有成员国进行国际竞争性招标。小浪底主体工程的土建合同分为三个标：一标是大坝工程标(Ⅰ标)；二标是泄洪排沙系统标(Ⅱ标)；三标是引水发电系统标(Ⅲ标)。

2.发布资格预审公告

1992 年 2 月，业主黄河水利水电开发总公司通过《发展商业报》刊登了发售小浪底水利枢纽主体工程三个土建国际招标资格预审文件的消息。资格预审邀请函于 1992 年 7 月 22 日同时刊登在《人民日报》和《中国日报》上。

资格预审邀请函的主要内容是：

(1)业主将利用世行贷款合法支付小浪底土建工程施工合同项目。

(2)介绍小浪底土建工程的分标情况及每标的工程范围、主要指标和工程量，并说明承包商可以投任何一标或所有标。

(3)业主委托中国国际招标公司在北京代售资格预审文件，发售时间自 1992 年 7 月 27 日起。承包商递交资格预审申请书的时间为 1992 年 10 月 24 日(后来延期至 10 月 31 日)。

3.资格预审文件

小浪底土建工程资格预审文件是根据 FIDIC 的标准程序并结合小浪底工程的具体特点和要求编制而成的。主要内容有：

(1)引言及工程概况。介绍业主及其工程背景、工程分标和工程范围、工程地理、地质条件简述、工程特点和特性。

(2)业主提供的设施和服务。如对外交通和道路，物资转运、存放、施工场地，通信系统，供水和供电系统以及当地劳务营地和医疗设施等。

(3)合同条件的合同形式和要点。

(4)资格预审要求。要求承包商按表格填写其主要情况，主要包括：①承包商情况概要；②主要施工人员情况表；③已完成的类似小浪底工程和规模的工程；④正在施工或即将承建的项目；⑤主要的施工设施和设备；⑥公司的财务报表；⑦银行信用证；⑧公证书；⑨外汇要求；⑩投标者的保证书。

资格预审文件规定，在截止递交资格预审申请书日期 35 天前，承包商如对资格预审文件中的内容有疑问，可以向业主提出书面询问，业主在截止日 21 天前做出答复，并通知所有承包商。

评审标准分以下两类：

(1)必须达到的标准，若达不到，申请会被拒绝("及格或不及格"标准)。

(2)计分标准，用以确定申请人资格达到工程项目要求的何种程度。

资格预审文件规定的具体标准和评分规则如下：

A.工程经验

(1)承包商必须达到的硬性指标

对于大坝工程标(Ⅰ标)：

①联营体责任方建设过造价超过3亿美元的堆石坝。

②完成过至少一个填筑量大于2 500万立方米的工程，或两个大于1 900万立方米的工程。

③直接或通过其分包商完成水泥灌浆(三座大坝)、旋喷灌浆(至少30 m深)、岩石钻孔(一个工程7 800 m)。

对于泄洪排沙系统标(Ⅱ标)：

①完成9 m内径混凝土砌隧洞2 000 m和6 m内径隧洞超过6 000 m。

②至少完成一个混凝土方量超过60万立方米的水工建筑物(混凝土坝、进水塔、消力塘和溢洪道)。

③安装过类似小浪底工程闸门尺寸的弧形门和平板门。

对于引水发电系统标(Ⅲ标)：

①完成过一个跨度大于17 m的地下厂房。

②完成过9 m内径混凝土衬砌隧洞1 000 m或内径5 m的隧洞5 000 m。

③安装过类似小浪底工程尺寸的压力钢管和闸门。

(2)评分标准

①最近20年的公司总营业额

$$分数=总营业额(以万美元计)\times 0.001$$

②最近20年的水电工程营业额

$$分数=水电工程营业额(以万美元计)\times 0.001$$

③完成水电项目数目 n_i

$$分数=\sum n_i W_i(W_i\ 见表3\text{-}19)$$

④混凝土衬砌隧洞累计总长 L_i，(适用于Ⅱ、Ⅲ标)

$$分数=\sum L_i W_i \times 0.000\ 5(W_i\ 见表3\text{-}20)$$

⑤坝高及大坝数目 n_i(适用于Ⅰ标)

$$分数=\sum n_i W_i(W_i\ 见表3\text{-}21)$$

⑥堆石坝填筑方量及大坝数目 n_i(适用于Ⅰ标)

$$分数=\sum n_i W_i(W_i\ 见表3\text{-}22)$$

表 3-19 水电项目加权系数 W_i 表

工程造价	加权系数 W_i
<1 亿美元	1
<2 亿美元	2
<3 亿美元	4
<4 亿美元	6
≥4 亿美元	10

表 3-20 隧洞加权系数 W_i 表

隧洞内径	加权系数 W_i
<4 m	1
<6 m	2
<8 m	4
<10 m	6
≥10 m	10

表 3-21 坝高加权系数 W_i 表

坝高	加权系数 W_i
<60 m	2
<80 m	4
<100 m	6
≥100 m	10

表 3-22 堆石坝填筑方量加权系数 W_i 表

填筑方量	加权系数 W_i
<1 500 万立方米	2
<1 900 万立方米	4
<2 500 万立方米	6
≥2 500 万立方米	10

⑦填筑月进度及大坝数目 n_i(适用于Ⅰ标)

$$分数=\sum n_i W_i (W_i 见表 3\text{-}23)$$

⑧混凝土防渗墙(适用于Ⅰ标)

$$分数=A/1\ 000+D/2$$

式中 A——防渗墙面积,m^2;

D——墙最大深度,m。

⑨混凝土水工建筑物方量及其数目 n_i(适用于Ⅱ标)

$$分数=\sum n_i W_i (W_i 见表 3\text{-}24)$$

⑩地下厂房开挖方量及其数目 n_i(适用于Ⅲ标)

$$分数=\sum n_i W_i \times 5 (W_i 见表 3\text{-}25)$$

表 3-23 填筑月进度加权系数 W_i 表

填筑月进度	加权系数 W_i
<40 万立方米	2
<60 万立方米	4
<100 万立方米	6
≥100 万立方米	10

表 3-24 混凝土水工建筑物方量加权系数 W_i 表

混凝土方量	加权系数 W_i
<30 万立方米	1
<50 万立方米	2
<75 万立方米	6
<100 万立方米	8
≥100 万立方米	10

表 3-25 地下厂房开挖方量加权系数 W_i 表

开挖方量	加权系数 W_i
<10 万立方米	1
<20 万立方米	2
<30 万立方米	4
<40 万立方米	6
<50 万立方米	8
≥50 万立方米	10

B.技术人员(适用于Ⅰ、Ⅱ、Ⅲ标)

对技术人员的能力从以下几个方面进行评价:

(1)人员 P_i

①文化程度 15%。

②工作年限 50%。

③在现单位工作年限 10%。

④国外工作经历 20%。

⑤在中国工作经历 5%。

(2)加权系数 W_i

①项目经理 0.5。

②高级施工工程师 0.25。

③高级技师 0.25。

$$分数 = \sum P_i W_i$$

C.施工设备

在资格评审阶段,由于施工设备还是一个不稳定变量,只是根据申请人提交设备清单及陈述,大致评定设备“够”或“不够”,待评标时再做详细分析。

D.财务能力

(1)“及格或不及格”标准(Ⅰ、Ⅱ、Ⅲ标均相同)

①投标资格是否符合世行采购指南。

②是否满足工程周转资金规定金额,即Ⅰ标>4 千万美元;Ⅱ标>6 千万美元;Ⅲ标>1.5千万美元。

(2)评分标准

①年营业额稳定/不稳定:

低年营业额(Ⅰ标、Ⅱ标<2 亿美元,Ⅲ标<1.5 亿美元);

中等年营业额(Ⅰ标、Ⅱ标<5 亿美元,Ⅲ标<3 亿美元);

高年营业额(Ⅰ标、Ⅱ标>5 亿美元,Ⅲ标>3 亿美元)。

②担保能力够/不够。

③诉讼往史可接受/不可接受。

④利润盈/亏。

评分标准是用来评价申请人资格而不是用来排定名次的，所以最后对申请人只做“预审合格”和“预审不合格”之分，而不排定名次。

4.资格预审申请

业主发出资格预审邀请函后，总共有13个国家的45个土建承包商(公司)购买了资格预审文件。到截止日期10月31日时，共有9个国家的37家公司递交了资格预审申请书。其中，单独报送资格预审文件的有2家承包商，其他的35家公司组成了9个联营体。这些承包商或联营体分别申请投独立标或投联合标的资格预审。

5.资格评审

为了进行资格评审工作，业主成立了“资格评审工作组”和“资格评审委员会”。

资格评审分两个阶段进行，第一阶段由评审工作组组成三个小组：第一小组审查资格预审申请者法人地位合法性、手续完整性及合法签字、表格填写是否完整、商业信誉及过去的施工业绩等；第二小组根据承包商提供的近两年的财务报告审查其财务状况，核查用于本工程流动资产总额是否符合要求，以及其资金来源、银行信用证、信用额度和使用期限等；第三小组为技术组，对照资格预审要求和承包商填写表格，评价承包商的施工经验、人员能力和经验、组织管理经验以及施工设备的状况等。第二阶段，汇总法律、财务和技术资格分析报告，由“资格评审委员会”评审决定资格审查结果。

根据评审结果，9个联营体和1个单独投标的承包商资格预审合格。

1993年1月5日，业主向世界银行提交了预审的评审报告。世界银行于1993年1月28～29日在华盛顿总部召开会议，批准了评审报告。

案例二

某市越江隧道工程全部由政府投资。该项目为该市建设规划的重要项目之一，且已列入地方年度固定资产投资计划，概算已经主管部门批准，施工图及有关技术资料齐全。根据《国务院关于投资体制改革的决定》，该项目拟采用BOT方式建设，市政府正在与有意向的BOT项目公司洽谈。为赶工期，政府方决定对该项目进行施工招标。因估计除本市施工企业参加投标外，还可能有外省市施工企业参加投标，故招标人委托咨询单位编制了两个标底，准备分别用于对本市和外省市施工企业投标价的评定。招标人对投标人就招标文件所提出的所有问题统一做了书面答复，并以备忘录的形式分发给各投标人，为简明起见，采用表格形式，见表3-26。

表3-26 书面答复

序号	问题	提问单位	提问时间	答复
1				
⋮				
N				

在书面答复投标人的提问后，招标人组织各投标人进行了施工现场踏勘。在投标截止日期前10天，招标人书面通知各投标人，由于市政府有关部门已从当天开始取消所有市内

交通项目的收费，因此决定将收费站工程从原招标范围内删除。

问题：

1.该项目施工招标在哪些方面存在问题或不妥之处？请逐一说明。

2.如果在评标过程中才决定删除收费站工程，应如何处理？

【案例分析】

问题1：

答：该项目施工招标存在六个方面问题(或不当之处)，分述如下：

(1)“为赶工期，政府方决定对该项目进行施工招标”不妥，因为本项目尚处在与BOT项目公司谈判阶段，项目的实际投资、建设、运营管理方或实质的招标人尚未确定，说明资金尚未落实，因而不具备施工招标的必要条件，尚不能进行施工招标。

(2)“招标人委托咨询单位编制了两个标底”不妥，因为一个工程只能编制一个标底。

(3)“两个标底分别用于对本市和外省市施工企业投标价的评定”不妥，因为招标人不得对投标人实行歧视待遇，不得以不合理的条件限制或排斥潜在投标人，不能对不同的投标单位采用不同的标底进行评标。

(4)“招标人将对所有问题的书面答复以备忘录的形式分发给各投标人”不妥，因为招标人对投标人的提问只能针对具体问题做出明确答复，但不应提及具体的提问单位(投标人)，也不必提及提问的时间(这一点可不答)。按《中华人民共和国招标投标法》规定，招标人不得向他人透露已获取招标文件的潜在投标人的名称、数量以及可能影响公平竞争的有关招标投标的其他情况，而从该备忘录中可知投标人(可能不是全部)的名称。

(5)“在书面答复投标人的提问后，招标人组织各投标人进行了施工现场踏勘”不妥，因为施工现场踏勘应安排在书面答复投标单位提问之前，投标人对施工现场条件也可能提出问题。

(6)“在投标截止日期前10天，招标人书面通知各投标人将收费站工程从原招标范围内删除”不妥，因为若招标人需改变招标范围或变更招标文件，应在投标截止日期至少15天(而不是10天)前以书面形式通知所有招标文件收受人。若迟于这一时限发出变更招标文件的通知，则应将原定的投标截止日期适当延长，以便投标人有足够的时间充分考虑这种变更对报价和工期的影响，并将其在投标文件中反映出来。本案例背景资料未说明投标截止日期已相应延长。

案例三

【背景】

某国有资金参股的智能化写字楼建设项目，经过相关部门批准拟采用邀请招标方式进行施工招标。招标人于2016年10月8日向具备承担该项目能力的A,B,C,D,E五家投标人发出投标邀请书，其中说明，10月12日～18日9至16时在该招标人总工办领取招标文件，11月8日14时，为投标截止时间。该五家投标人均接受邀请，并按规定时间提交了投标文件。但投标人A在送出投标文件后发现，报价估算有较严重的失误，遂赶在投标截止时间前10分钟递交了一份书面声明，撤回已提交的投标文件。开标时，由招标人委托的市公证处人员检查投标文件的密封情况，确认无误后，由工作人员当众拆封。由于投标人A已撤回投标文件，故招标人宣布有B,C,D,E四家投标人投标，并宣读该四家投标人的投标价格、工期和其他主要内容。

评标委员会委员全部由招标人直接确定，共由7人组成，其中招标人代表2人，本系统技术专家2人、经济专家1人，外系统技术专家1人、经济专家1人。

在评标过程中，评标委员会要求B,D两位投标人分别对其施工方案做详细说明，并对若干技术要点和难点提出问题，要求其提出具体、可靠的实施措施。作为评标委员的招标人代表希望投标人B再适当考虑一下降低报价的可能性。

按照招标文件中确定的综合评标标准，4个投标人综合得分从高到低的顺序依次为B,D,C,E，故评标委员会确定投标人B为中标人。投标人B为外地企业，招标人于11月20日将中标通知书以挂号方式寄出，投标人B于11月24日收到中标通知书。

由于从报价情况来看，4个投标人的报价从低到高的顺序依次为D,C,B,E，因此，从11月26日至12月21日，招标人又与投标人B就合同价格进行了多次谈判，结果投标人B将价格降到略低于投标人C的报价水平，最终双方于12月22日签订了书面合同。

问题：

1.从招标投标的性质来看，本案例中的要约邀请、要约和承诺的具体表现是什么？

2.从所介绍的背景资料来看，在该项目的招标投标程序中有哪些不妥之处？请逐一说明原因。

【案例分析】

问题1：

答：在本案例中，要约邀请是招标人的投标邀请书，要约是投标人的投标文件，承诺是招标人发出的中标通知书。

问题2：

答：在该项目招标投标程序中有以下不妥之处，分述如下：

(1)“招标人宣布B,C,D,E四家投标人参加投标”不妥，因为投标人A虽然已撤回投标文件，但仍应作为投标人加以宣布。

(2)“评标委员会委员全部由招标人直接确定”不妥，因为在7名评标委员中，招标人只可选派2名相当专家资质人员参加评标委员会；对于智能化办公楼项目，除了有特殊要求的专家可由招标人直接确定之外，其他专家均应采取(从专家库中)随机抽取方式确定评标委员会委员。

(3)“评标委员会要求投标人提出具体、可靠的实施措施”不妥，因为按规定，评标委员会可以要求投标人对投标文件中含义不明确的内容做必要的澄清或者说明，但是澄清或者说明不得超出投标文件的范围或者改变投标文件的实质性内容，因此，不能要求投标人就实质性内容进行补充。

(4)“作为评标委员的招标人代表希望投标人B再适当考虑一下降低报价的可能性”不妥，因为在确定中标人前，招标人不得与投标人就投标价格、投标方案的实质性内容进行谈判。

(5)对“评标委员会确定投标人B为中标人”要进行分析。如果招标人受权评标委员会直接确定中标人，由评标委员会定标是对的，否则，就是错误的。

(6)“中标通知书发出后招标人与中标人就合同价格进行谈判”不妥，因为招标人和中标人应按照招标文件和投标文件订立书面合同，不得再行订立背离合同实质性内容的其他协议。

(7)订立书面合同的时间不妥，因为招标人和中标人应当自中标通知书发出之日(不是中标人收到中标通知书之日)起30日内订立书面合同，而本案例为32日。

案例四

某大型工程，由于技术难度大，对施工单位的施工设备和同类工程施工经验要求高，而且对工期的要求也比较紧迫。业主在对有关单位和在建工程考察的基础上，仅邀请了3家国有一级施工企业参加投标，并预先与咨询单位和该3家施工单位共同研究确定了施工方案。业主要求投标单位将技术标和商务标分别装订报送。经招标领导小组研究确定的评标规定如下：

技术标共30分，其中施工方案10分(因已确定施工方案，各投标单位均得10分)、施工总工期为10分、工程质量10分、满足业主总工期要求(36个月)者得4分，每提前1个月加1分，不满足者不得分；自报工程质量合格者得4分，自报工程质量优良者得6分(若实际工程质量未达到优良者将扣罚合同价的2%)，近三年内获鲁班工程奖每项加2分，获省优工程奖每项加1分。

商务标共70分。报价不超过标底(35 500万元)的±5%者为有效标，超过者为废标。

报价为标底的98%者得满分(70分)，在此基础上，报价比标底每下降1%，扣1分，每上升1%，扣2分(计分按四舍五入取整)。

各投标单位的有关情况见表3-27。

表3-27 各投标单位的有关情况

投标单位	报价/万元	总工期/月	自报工程质量	鲁班工程奖	省优工程奖
A	35 642	33	优良	1	1
B	34 364	31	优良	0	2
C	33 867	32	合格	0	1

问题：

1.该工程采用邀请招标方式且仅邀请3家施工单位投标，是否违反有关规定？为什么？

2.请按综合得分最高者中标的原则确定中标单位。

【案例分析】

1.不违反(或符合)有关规定。因为根据有关规定，对于技术复杂的工程，允许采用邀请招标方式，邀请参加投标的单位不得少于3家。

2.(1)计算各投标单位的技术标得分，见表3-28。

表 3-28　　各投标单位的技术标得分

投标单位	施工方案	总工期	工程质量	合计
A	10	4+(36−33)×1=7	6+3×1=9	26
B	10	4+(36−31)×1=9	6+1×2=8	27
C	10	4+(36−32)×1=8	6+1=7	25

(2)计算各投标单位的商务标得分,见表 3-29。

表 3-29　　各投标单位的商务标得分

投标单位	报价/万元	报价与标底的比例/(%)	扣分	得分
A	35 642	35 642÷35 500=100.4	(100.4−98)×2≈5	70−5=65
B	34 364	34 364÷35 500=96.8	(98−96.8)×1≈1	70−1=69
C	33 867	33 867÷35 500=95.4	(98−95.4)×1≈3	70−3=67

(3)计算各投标单位的综合得分,见表 3-30。

表 3-30　　各投标单位的综合得分

投标单位	技术标得分	商务标得分	综合得分
A	26	65	91
B	27	69	96
C	25	67	92

因为 B 公司综合得分最高,故应选择 B 公司为中标单位。

学习情境四

投标人的工作

教学导航图

<table>
<tr><td rowspan="4">教</td><td>知识重点</td><td>1.建设工程施工投标程序
2.踏勘现场及复核工程量
3.建设工程施工投标文件的编制</td></tr>
<tr><td>知识难点</td><td>1.研究招标文件
2.复核工程量
3.投标文件的编制
4.投标的基本策略
5.开标后的投标技巧</td></tr>
<tr><td>推荐教学方式</td><td>1.理论部分讲授采用多媒体教学
2.实训中指导学生完成一份投标文件的编制
3.模拟一次建设工程施工投标活动</td></tr>
<tr><td>建议学时</td><td>12 学时(含 4 学时的模拟实践)</td></tr>
<tr><td rowspan="3">学</td><td>推荐学习方法</td><td>以编制一份建设工程施工投标文件为载体,设立相关的学习单元,模拟一次建设工程施工投标活动,创建相应的学习环境,将建设工程投标的理论和模拟实践相结合,以加强理论的掌握和实际应用,通过学习使学生能够独立编制投标文件并掌握投标技巧和必备的理论知识</td></tr>
<tr><td>必须掌握的理论知识</td><td>1.投标班子的组成
2.建设工程投标活动的调查研究
3.建设工程施工投标程序
4.建设工程施工投标文件的编制
5.投标的基本策略
6.开标后的投标技巧</td></tr>
<tr><td>必须掌握的技能</td><td>1.编制一份建设工程施工投标文件
2.掌握开标后的投标技巧</td></tr>
<tr><td>做</td><td>学习任务</td><td>1.举例说明哪些工程项目必须进行投标
2.分析投标文件的主要内容应该包括哪些方面,它们对工程投标有怎样的影响
3.编制一份建设工程施工投标文件,掌握建设工程施工投标文件的内容和投标技巧
4.怎样进行工程量复核?不同工程项目中的复核要点是什么
5.投标的基本策略有哪些</td></tr>
</table>

编制建设工程施工投标文件

一、实训目的

1.掌握建设工程施工投标活动的程序。

2.掌握建设施工投标的策略。

3.掌握建设施工投标的技巧和投标文件对招标文件的响应。

二、预习要求

1.预习教材中有关投标文件的内容和编制的知识。

2.预习教材中投标技巧和策略。

三、实训内容和步骤

1.由每一个实训小组确定自己将要编制的投标文件。

2.各小组根据投标文件的内容进行成员工作分工,分配相应的任务,确定工作步骤。

3.各小组成员根据分配的任务和步骤进行具体编制。

4.各小组将每个成员编制的内容进行综合分析和修改,最后汇总形成投标文件。

四、分析与讨论

1.总结本次实训项目完成过程中遇到的问题及解决办法。

2.每组选择一名学生,让其代表该组就实训过程和结果总结发言。

3.教师对讨论结果进行点评。

模拟建设工程施工投标活动

一、实训目的

1.掌握投标文件内容的组成。

2.掌握工程量的复核。

3.掌握投标文件对招标文件的响应。

二、预习要求

1.预习教材中有关投标文件的内容和编制的知识。

2.预习教材中关于投标技巧的内容。

三、实训内容和步骤

1.由有关任课教师等组成招标班子。
2.各小组根据分工组成投标班子,确定投标工作分工,分配相应的任务。
3.各小组确定投标策略。
4.投标过程中,各小组要学会用投标技巧。

四、分析与讨论

1.总结本次实训项目完成过程中遇到的问题及解决办法。
2.每组选择一名学生,让其代表该组就实训过程和结果总结发言。
3.教师对讨论结果进行点评。

项目一 投标前的准备

知识分布网络

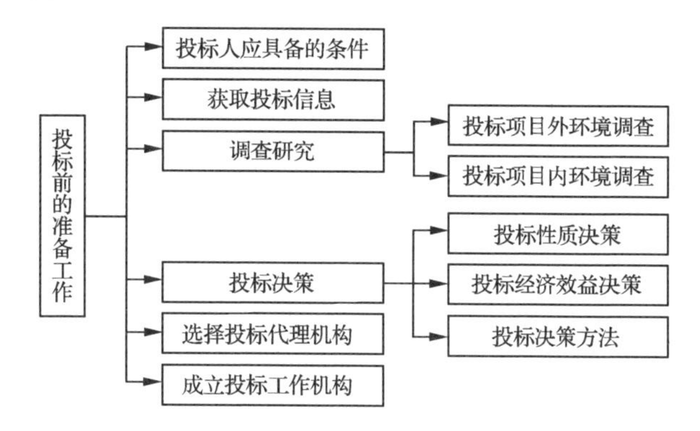

一、投标人应具备的条件

根据《中华人民共和国招标投标法》(2017 年修正)规定,投标人是响应招标、参加投标竞争的法人或其他组织。建设工程投标人应具备以下条件:

(1)投标人应是可经营建筑安装工程施工的法人单位或其他组织,而且必须持有有关主管部门批准并登记注册的建设工程施工资质。

(2)投标人应具备承担招标项目的能力。由于招标项目的规模、结构、标准、施工条件的不同,对投标人的资质、技术力量和施工经验会有相应的要求,这样才能保证项目的顺利完工。

(3)国家有关规定或者招标文件对投标人资格条件有规定的,投标人应当具备规定的资格条件。对于一些大型建设项目、重点工程或有特殊技术要求的工程,除了要求供应商或承包商有一定的资质条件,还会要求投标人具备一些与项目本身特点相关的特殊条件。如承担过相类似工程,具有特殊的施工资质,拥有特殊的施工机械设备,曾获得鲁班奖或省市级的施工质量奖。参加这类招标时，必须具有相应的资质证书和相应的工作经验与业绩证明，才能成为投标人。

(4)两个以上法人或者其他组织可以组成一个联营体，以一个投标人的身份共同投标。联营体作为投标人应符合以下条件：

①联营体各方均应当具备承担招标项目的相应能力。

②国家有关规定或者招标文件对投标人资格条件有规定的，联营体各方均应当具备规定的相应资格条件。

③由同一专业的单位组成的联营体，按资质等级较低的单位确定资质等级。

④联营体各方应当签订共同投标协议，明确约定各方拟承担的工作和相应的责任，并将共同投标协议连同投标文件一并提交给招标人。如中标，联营体各方应当共同与招标人签订合同，就中标项目向招标人承担连带责任，但是共同投标协议另有约定的除外。

⑤联营体应当指定一家联营体成员作为主办人，由联营体各方成员法定代表人签署提交一份授权书，证明其主办人资格。

⑥参加联营体的各成员不得再以自己的名义单独投标，也不得同时参加两个和两个以上的联营体投标。

二、获取投标信息

建筑工程施工投标中首先是查证获取投标信息，为使投标工作有良好的开端，投标人必须做好查证获取信息工作。多数公开招标项目属于政府投资或国家融资的工程，在“中国招标投标公共服务平台”或者项目所在地省级电子招标投标公共服务平台等发布媒介上刊登招标公告或资格预审通告。但是，经验告诉我们，对于一些大型或复杂的项目，发布招标公告后再做投标准备工作，时间仓促，投标处于被动。因此，要提前注意信息、资料的积累整理，提前跟踪项目。获取投标项目信息的方式如下：

(1)根据我国国民经济建设的建设规划和投资方向、近期国家的财政、金融政策所确定的中央和地方重点建设项目和企业技术改造项目计划收集项目信息。

(2)了解国家发展和改革委员会立项的项目，可从投资主管部门、建设银行、其他金融机构获取具体投资规划信息。

(3)跟踪大型企业的新建、扩建和改建项目计划。

(4)收集同行业其他投标人对工程建设项目的意向。

(5)注意有关项目的新闻报道。

获取有关投标信息后，如有必要，应通过合理的方式进行查证。

三、调查研究

投标人要认真调查研究，通过对获取的投标信息的分析和查证，对建设工程项目是否具备招标条件及项目业主的资信状况、偿付能力等进行必要的研究，确认信息的可靠性，分析项目是否适合本企业，以便做出正确的决策。业主进行投标调查研究，包括投标外环境调查和投标项目内环境调查等。

1.投标项目外环境调查

投标项目的外环境是指招标工程所在地的政治、经济、法律、社会、自然条件等因素的状况。

投标项目外环境直接关系着投标企业的投标报价策略及日后履行合同的盈亏，通过咨询单位、各种媒体、驻外代表机构等多种渠道全面地获取相关信息，深入地进行投标外环境调查，客观、准确地把握投标外环境，才能合理地编制投标报价，确保投标及履约的成功。投标外环境调查一般从以下几方面展开：

（1）政治环境调查

国际项目要调查所在地的政治、社会制度；政局状况，政局稳定程度，发生政变、内战、暴动等风险概率；项目所在国与周边国家、地区及投标人所在国的关系。

国内工程主要分析地区经济政策的宽松度；当地政府的开明度，是否是经济开发区、特区等；当地对基本建设有何宏观政策；对建筑工程施工的优惠条件；税收政策等。

（2）经济环境调查

经济环境调查内容有项目所在地经济发展情况；外汇储备情况及外汇支付能力（国际工程）；科学技术发展水平；自然资源状况；交通、运输、通信等基础设施条件等。

（3）市场环境调查

投标人市场环境调查是一项非常艰巨的工作，其内容也非常多，主要包括建筑材料、施工机械设备、燃料、动力、水和生活用品的供应情况、价格水平，还包括批发物价和零售物价指数的变化趋势和预测；劳务市场情况，如工人技术、工资水平、劳动保护和福利待遇规定等；金融市场情况，如银行贷款的难易程度及贷款利率等；工程承包市场状况及承包企业的经营水平；对材料设备的市场情况的了解，包括原材料和设备的来源方式、购买的成本、来源国或厂家供货情况；材料、设备购买时的运输、税收、保险等方面的规定、手续、费用；施工设备的租赁、维修费用；使用投标人本地原材料、设备的可能性以及成本比较。

（4）法律环境调查

针对国际工程，要调查项目所在国的宪法、民法和民事诉讼法、移民法和外国人管理法。国内工程主要熟悉与工程项目承包相关的经济法、税法、合同法、工商企业法、劳动法、建设法、招标投标法、金融法、仲裁法、环境保护法、城市规划法等。

（5）社会环境调查

社会环境调查内容有项目所在地的社会治安、民俗民风与民族关系、宗教信仰、工会组织及活动等。

（6）自然环境调查

自然环境调查内容有工程所在地的气象，包括气温、湿度、主导风向和风力、年降水量等；地理位置以及地形和地貌；冬雪夏雨、自然灾害如地震、洪水、台风等情况。

2.投标项目内环境调查

投标项目的内环境是指项目具体情况及特点，是决定投标报价极其重要的微观因素，尽可能详尽而准确地把握投标工程的具体情况及特点，补全并掌握报价所需的各种资料，是投标准备工作中的重要环节。投标项目内环境调查要研究招标文件，考察踏勘工程现场等。具体涉及以下四个方面：

（1）工程项目调查

工程项目方面的情况包括工程性质、规模、发包范围；工程的技术规模和对材料性能及工人技术水平的要求；总工期及分批竣工交付使用的要求；施工场地的地形、地质、地下水位、交通运输、给排水、供电、通信条件等情况；工程项目资金来源；对购买器材和雇用工人有无限制条件；工程价款的支付方式、外汇所占比例；监理工程师的资历、职业道德和工作作风等。

(2)业主情况调查

业主情况调查内容包括业主的资信情况、履约态度、支付能力、有无拖欠工程款的劣迹、对实施项目的急迫程度等。

(3)投标人内部调查

投标人对自己内部情况、资料也应当进行归纳整理。这类资料主要用于招标人要求的资格审查和分析本企业履行项目的可能性。

(4)竞争对手调查

掌握竞争对手的情况，是投标策略的一个重要环节，也是决定投标能否获胜的重要因素。投标人在制定投标策略时必须考虑竞争对手情况。

四、投标决策

投标决策是指承包商为实现其生产经营目标，针对工程招标项目，寻求并实现最优化投标行动方案的活动。

承包商应对投标项目有所选择，特别是投标项目比较多时，投哪个标不投哪个标，以及投一个什么样的标，这都关系到中标的可能性和企业的经济效益。

承包商通过投标取得项目，是市场经济条件下的必然趋势。但是，作为承包商来讲，并不是每标必投。投标决策的正确与否，关系到能否中标和中标后的效益问题，关系到施工企业的信誉和发展前景及职工的切身经济利益，甚至关系到国家的信誉和经济发展问题。因此，企业的决策班子必须充分认识到投标决策的重要意义，把这一工作摆在企业的重要议事日程上来着重考虑。

投标决策分为前期阶段和后期阶段，主要包括以下三个方面的内容：针对项目招标是否投标；倘若投标，是投什么性质的标；投标中如何采用正确的策略和技巧，以达到中标的目的。

前期阶段的投标决策必须在购买投标人资格预审资料前后完成，主要内容为针对项目招标是否投标做出决策。本节主要讲的是前期阶段的投标决策。

投标人通过投标取得项目，但是，每标必投很可能带来无谓损失，投标人要想中标，从承包工程中赢利，就需要研究投标决策的问题。

建设工程投标决策的首要任务，是在获取招标信息后，对是否参加投标竞争进行分析和论证，并做出抉择，它是投标决策产生的前提。承包商通常要综合考虑各方面的情况，如承包商当前的经营状况和长远目标、参加投标的目的、影响中标机会的内容、外部因素等。投标决策时，首先要针对项目确定是否投标，投标的条件包括：承包招标项目的可能性与可行性，即是否有能力承包该项目，能否抽调出管理力量、技术力量参加项目实施，竞争对手是否有明显优势等；招标项目的可靠性，如项目审批是否已经完成，资金是否已经落实等，招标项目的承包条件是否适合本企业，影响中标机会的内部、外部因素等是否对投标有利。

1.投标性质决策

建设工程投标存在着不同内容的风险。由于投标人对风险的态度不同，所以投标的方案可能是保守型、冒险型、经营型，即通常所讲的风险标、保险标、赢利标和保本标。

(1)风险标。明知工程承包难度大、风险大，且技术、设备、资金上都有未解决的问题，但由于队伍窝工，或因为工程赢利丰厚，或为了开拓新技术领域而决定参加投标，同时设法解决存在的问题，即是风险标。投标后，如问题解决得好，可取得较好的经济效益，锻炼出一支好的施工队伍，使企业更上一层楼；解决得不好，企业的信誉就会受到损害，严重者可能导致企业亏损以至破产。因此，投风险标必须审慎从事。

(2)保险标。对可以预见的情况，如技术、设备、资金等重大问题都有了解决的对策之后再投标，称之为保险标。企业经济实力较弱，经不起失误的打击，则往往投保险标。当前，我国施工企业多数都愿意投保险标，特别是在国际工程承包市场上投保险标。

(3)赢利标。如果招标工程既是本企业的强项，又是竞争对手的弱项；或建设单位意向明确；或本企业任务饱满，利润丰厚，才考虑让企业超负荷运转，此类情况下的投标，称赢利标。

(4)保本标。当企业无后继工程，或已经出现部分窝工，必须争取中标。但招标的工程项目本企业又无优势可言，竞争对手又多，此时，就是投保本标，或是投薄利标。

2.投标经济效益决策

投标成本估价的客观、准确、合理程度，直接关系到施工企业成本的客观补偿和盈利目标的实现，也直接影响投标的成败。在确定近期利润率时，应考虑本企业的工程任务饱满程度、近期市场行情等因素。在具体确定某项工程的利润目标时，要预留风险损失费。若确定投标，应根据工程情况，确定投标策略。报什么价(高价、中价、低价)，投标中如何采用以长制短、以优胜劣的技巧，投标决策的正确与否，这都关系到能否中标和中标后的效益，也关系到施工企业的发展前景和职工的经济利益。因此，企业的决策班子必须充分认识到投标决策的重要意义。

3.投标决策

投标决策工作应建立在掌握大量信息的基础上。企业在进行决策时，要对投标环境有客观、详尽的分析，要从企业外部环境和企业内部条件入手分析，主要考虑工程、业主、市场竞争和企业自身条件等多方面因素。在投标决策中，可借助一些决策理论和方法。这里介绍决策树法选择投标。

(1)决策树的构成

决策树的构成有四个要素：决策点、方案枝、状态结点和概率枝，如图4-1所示。

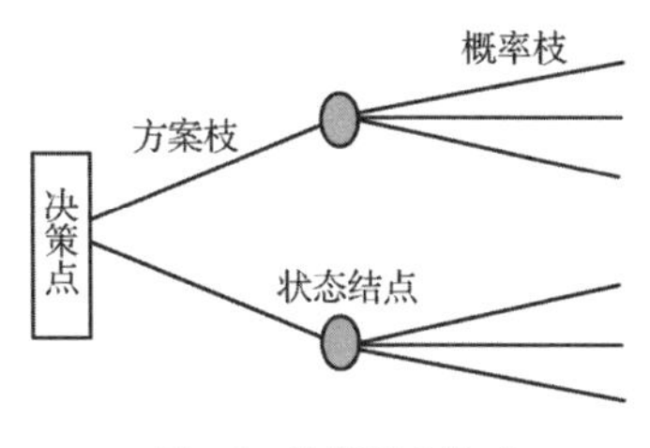

图4-1　决策树的构成

(2)决策树的分析方法

①绘制树形图。程序是从左向右分层展开。绘制树形图的前提是对决策条件进行细致分析，确定有哪些方案可供决策时选择，以及各种方案的实施会发生哪几种自然状态，然后展开其方案枝、状态结点和概率枝。

②计算期望值。程序是从右向左依次进行。首先将每种自然状态的收益值分别乘以各自概率枝上的概率，再乘以决策有效期限，最后将概率枝上的值相加，标于状态结点上。

③剪枝决策。比较各方案的收益值，如果方案实施中有费用发生，则应将状态结点值减去方

案费用再进行比较，凡是期望值小的方案枝一律减掉，最后只剩下一条贯穿始终的方案枝，其期望值最大，将此最大值标于决策点上，即为最佳方案。

如果企业由于施工能力和资源的限制，只能在不同项目中选择一个项目进行投标，那么就会有多个方案。如项目投高标、投低标或不投标等。根据已承包过的同类型项目的统计资料，确定每种方案的利润和出现的概率，绘制决策树，最后得出投标的项目和方案。

【例 4-1】 某企业只能在 A 和 B 两个工程项目上选择，A，B 两个项目方案的预测结果见表 4-1，依此选择投标方案。

表 4-1　　A，B 两个项目方案的预测结果

方案	A 高			A 低			B 高			B 低			不投
效果	优	一般	赔	优	一般	赔	优	一般	赔	优	一般	赔	
利润	500	100	−100	400	50	−120	700	300	−150	600	100	−100	0
概率	0.3	0.5	0.2	0.2	0.6	0.2	0.3	0.5	0.2	0.3	0.6	0.1	1

解：(1)先画出决策树，把各状态的概率和损益指标标在图上，如图 4-2 所示。

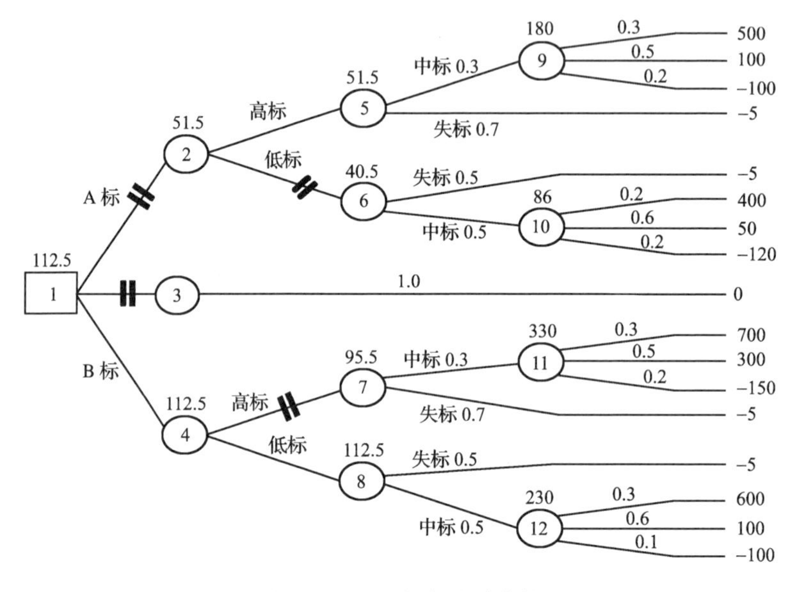

图 4-2　A，B 两个项目的决策树

(2)计算各方案的期望值

$E_{12}=600\times0.3+100\times0.6+(-100)\times0.1=230$

$E_{11}=700\times0.3+300\times0.5+(-150)\times0.2=330$

$E_{10}=400\times0.2+50\times0.6+(-120)\times0.2=86$

$E_{9}=500\times0.3+100\times0.5+(-100)\times0.2=180$

$E_{8}=230\times0.5+(-5)\times0.5=112.5$

$E_{7}=330\times0.3+(-5)\times0.7=95.5$

$E_{6}=86\times0.5+(-5)\times0.5=40.5$

$E_5 = 180 \times 0.3 + (-5) \times 0.5 = 51.5$

(3)通过比较，状态结点5的期望值大于状态结点6，所以剪掉低标方案枝，状态结点7的期望值小于状态结点8，所以剪掉高标方案枝。

在计算选择后各状态结点的期望值：

$E_4 = E_8 = 112.5, E_2 = E_5 = 51.5, E_3 = 0$

(4)决策。因为B标的期望值大于A标，所以选择投B标。

五、选择投标代理机构

代理制度在市场经济下的工程承包中极为普遍，能否物色到有能力的、可靠的代理机构协助投标人进行投标决策，在一定程度上关系着投标能否成功。可见，承包商根据工程的需要，选择合适的代理机构是十分重要的。在国际工程承包投标中，代理机构可以是个人，也可以是公司或集团。工程承包商在选择代理人时，必须注意以下两点：第一，所选的代理机构一定要完全可靠，有较强的活动能力并在当地有较好的声誉及较高的权威性；第二，应与代理人签订代理协议，根据具体情况，在协议的条文中恰当地明确规定代理机构的代理范围和双方的权利、义务。这样有利于双方互相信任，默契配合，严守条约，保证投标各项工作顺利进行。

六、成立投标工作机构

投标过程竞争十分激烈，需要有专门的机构和人员对投标全过程加以组织与管理，以提高工作效率和中标的可能性，建立一个强有力的、内行的投标班子是投标获得成功的根本保证。

对于不同的工程项目，因其规模、性质等不同，建设单位在择优时可能各有侧重，但一般来说建设单位主要考虑较低的价格、优良的质量和较短的工期，因而在确定投标班子人选及制订投标方案时必须充分考虑。

投标班子应由三类人才组成：

(1)经营管理类人才，指专门从事工程业务承揽工作的公司经营部门管理人员和拟定的项目经理。这类人员既要具有经营管理知识，视野开阔，头脑灵活，且对相关学科也有相当的知识水平，也要具有一定的法律知识和实际工作经验，还必须勇于开拓，具有较强的社会活动能力。

(2)专业技术人才，主要指工程及施工中的各类技术人才，诸如造价师、土木工程师、水暖电工程师、专业设备工程师等各类专业技术人员。他们具有较高的学历和技术职称，掌握本学科最新的专业知识，具备较强的实际操作能力，在投标时能从本公司的实际技术水平出发，确定各项专业实施方案及合理的工程造价。

(3)商务金融类人才，是指从事预算、财务和商务等方面的人才。他们具有概预算、材料设备采购、财务会计、金融、保险和税务等方面的专业知识。投标报价主要由这类人才进行具体编制。

另外，在参加涉外工程投标时，还应配备懂得专业知识和合同管理的翻译人员。

在实际操作中，投标班子的人员往往属于企业的不同部门，因此在投标工作中有关部门要共同参与，协同作战。这就要求班子的核心成员，尤其是主要领导能够全面系统地分析问题，且具有很强的协调能力和决策能力。

总之，投标工作机构的工作质量水平直接关系到项目投标的成败和企业的盈亏，投标企业必须慎重组建投标工作机构。

项目二 确定投标程序

知识分布网络

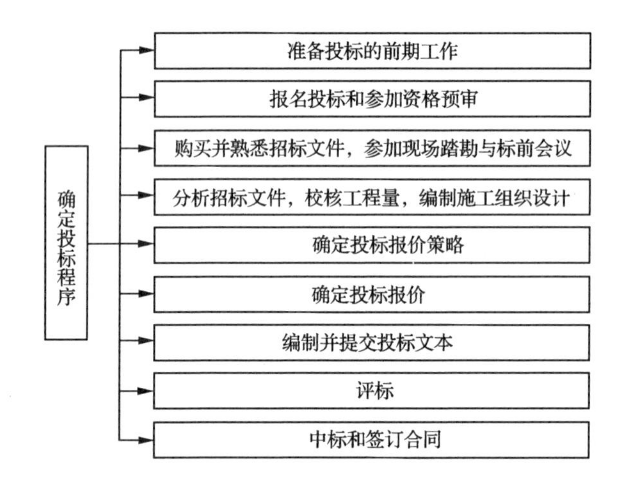

投标程序应与招标程序相配合，相适应。为了取得投标的成功，首先要了解投标程序流程图(图 4-3)及其各个步骤。

一、准备投标的前期工作

投标的前期工作主要包括获取投标信息，进行投标决策的前期投标决策阶段，从众多招标信息中确定选取哪些作为投标对象。在前面已详细介绍，故此不再赘述。

二、报名投标和参加资格预审

在我国，投标申请人一般首先到项目所在地或专业建设主管部门的工程交易中心刷 IC 卡，完成投标报名工作，然后根据招标公告或资格预审公告，在规定的时间和地点参加资格预审工作。资格预审是投标人在投标过程中需要通过的第一关。参加资格预审时，投标单位应注意以下几个方面：

(1)根据招标公告或招标人的通知，在规定的时间和地点从招标人处获得资格预审文件，为了顺利通过资格预审，投标人应在平时就把资格预审的有关材料备齐，最好储存在计算机里面，到针对某个项目编写资格预审申请书时，将有关文件调出来加以补充完善。资格预审内容中，信誉、财务状况、施工经验和人员能力等是通用的审查内容，在此基础上附加一些具体项目的补充

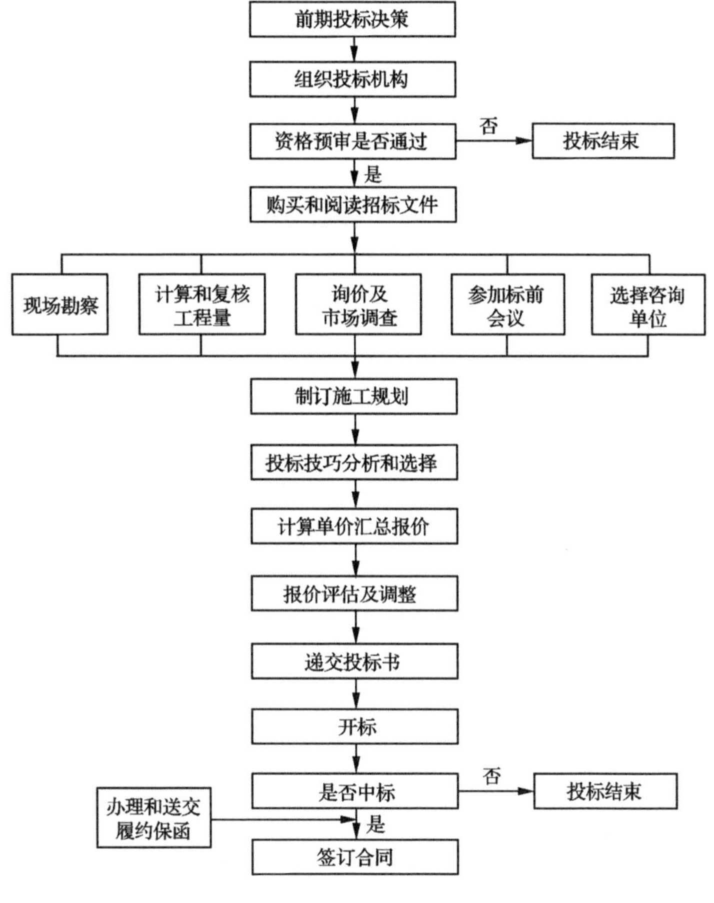

图 4-3 投标程序流程图

说明或填写一些表格，再补齐其他查询项目，即可作为资格预审申请书送出。公司业绩与公司介绍最好印成精美图册。此外，对于每一个工程，都要保存好施工合同书和工程的有关资料，以及业主和有关单位开具证明工程质量良好等的鉴定认证信，作为业绩的有力证明。如有各种奖状、证书或 ISO 各种认证证书等，应备有彩色照片及复印件。总之，平时应有目的地积累资格预审所需资料，不能临时拼凑，否则达不到业主要求，会失去一次机会。

(2)编写资格预审申请书时要加强分析，即要针对工程特点，填好重要内容，特别要反映本公司施工经验、施工水平和施工组织能力，这往往是业主考虑的重点。

(3)在投标决策阶段，研究并确定本公司发展的地区和项目，注意收集信息，如有合适项目，及早动手做资格预审的申请准备，并参考前面介绍的资格预审方法，为自己打分，找出差距，如不是自己可以解决的，应考虑寻找适宜的合作伙伴组成联营体来参加投标。

(4)做好递交资格预审调查表后的跟踪工作，以便及时发现问题，补充材料。

每参加一个工程招标的资格预审，都应该全力以赴，力争通过预审，成为可以投标的合格投标人。

三、购买并熟悉招标文件，参加现场勘察与标前会议

经过资格预审，没通过资格预审的投标人到此就完成了短暂的投标过程；通过资格预审的投标人继续后边的程序和工作。按照招标人的通知，在规定的时间和地点缴纳图纸押金后，从招标人处购买招标文件并领取图纸，开始着手准备编制投标文件。

1.熟悉招标文件

企业在决定投标并通过资格预审获得投标资格后，要购买招标文件并研究和熟悉其内容，在此过程中，应特别注意对标价计算可能产生重大影响的因素，主要包括以下几方面内容：

(1)合同条件。诸如工期、拖期罚款、保函要求、保险、付款条件、税收、货币、提前竣工奖励、争议、仲裁、诉讼法律等。

(2)材料、设备和施工技术要求。如所采用的规范、特殊施工和特殊材料的技术要求等。

(3)工程范围和报价要求。

(4)承包商可能获得补偿的权利。

(5)熟悉图纸和设计说明，为投标报价做准备。熟悉招标文件，同时找出招标文件中含糊不清的问题，及时请业主澄清。

2.参加现场勘察

现场勘察主要指到工地现场进行勘察。其目的是让投标人对工程项目所在地的地理、地质、水文、材料和周围的环境有充分的了解，并据此进行投标报价和制订施工方案。招标单位一般在招标文件中注明现场勘察的时间和地点。现场勘察既是投标者的权利，也是其义务。

现场勘察之前，应先仔细地研究招标文件，特别是文件中的工作范围、专用条款以及设计图纸和说明，然后拟订出调研提纲。确定重点要解决的问题，做到事先有准备。

如果在前述的投标决策前期阶段对拟去的地区进行了较为深入的调查研究，则拿到招标文件后就只需进行有针对性的补充调查，否则，应进行全面的调查研究。

招标单位一般在招标文件中注明现场勘察的时间和地点，业主将组织投标人到现场勘察。现场勘察是投标人必须经过的投标程序。投标人提出的报价单一般被认为是在现场勘察的基础上编制的。一旦报价单提出之后，投标人就无权因为现场勘察不周，情况了解不详细或因素考虑不全面而提出修改投标、调整报价或提出补偿等要求。因此，投标人在报价以前必须认真地进行施工现场勘察，全面地、仔细地调查了解工地及其周围的政治、经济、地理等情况。

通常情况下，业主组织投标人进行一次工地现场勘察。现场勘察均由投标人自费进行。如果是国际工程，业主应协助办理现场勘察人员出入项目所在国境的签证和居留许可证。进行现场勘察的内容如下：

(1)自然地理条件

①工程所在地的地理位置、地形、地貌、用地范围。

②气象、水文情况，包括气温、湿度、风力、年平均降雨量和最大降雨量等。对于水利和港湾工程，还应明确河水流量、水位、汛期以及风浪等水文资料。

③地质情况，包括表层土和下层基岩的地质构造及特征和其承载能力、地下水情况。

④地震及其设防烈度，洪水、台风和其他自然灾害情况。

(2)现场施工条件

①施工现场四周情况，如布置临时设施、生活营地的可能性。

②供排水、供电、道路条件、通信设施现状、引接或新修供排水线路、电源、通信线路和道路的可能性及最近的路线与距离。

③附近供应或开采砂、石、填方土壤和其他当地材料的可能性及其规格、品质和适用性。

④附近的现有建筑工程情况，包括其工程性质、施工方法、劳务来源和当地材料来源等。

⑤环境对施工的限制，如施工操作中的振动、噪声是否构成违背邻近公众利益的环境保护法令，是否需要申请进行爆破的许可；在繁华地区施工时，材料运输、堆放的限制，对公众安全保护的习惯措施；现场周围建筑物是否需要加固、支护等。

⑥投标合同段施工现场与其他合同段及与分包工程的关系。

(3)市场情况

①建筑材料、施工机械设备、燃料、动力和生活用品的供应情况，价格水平，过去几年的批发价和零售价指数，以及今后的变化趋势预测。

②劳务市场情况，包括工人的技术水平和工资水平，有关劳动保险和福利待遇的规定，在当地雇用熟练工人、半熟练工人和普通工人的可能性，以及外籍工人是否被允许入境的规定等。

③银行利率和外汇汇率。

(4)其他条件

①交通运输，包括陆运、海运、河运和空运的运输交通情况，主要运输工具的购置和租赁价格。

②编制报价的有关规定，工程所在地国家或地区工程部门颁发的有关利率和取费标准等。

(5)工地现场附近的治安情况。

总之，要分析以上情况对施工的主要影响，并对其进行评价。

3.参加标前会议

现场踏勘完成后，为了解答各投标单位对招标文件、图纸和现场踏勘等各方面的疑问，要组织标前会议。投标人要充分利用这次会议，提出自己关心的问题，将其作为以后报价的基础。

四、分析招标文件，校核工程量，编制施工组织设计

1.分析招标文件

招标文件是投标的主要依据，应该对其进行仔细分析。分析重点应主要放在投标须知、专用条款、设计图纸、工程范围以及工程量表上，最好有专人或小组研究技术规范和设计图纸，并明确特殊要求。

2.校核工程量

对于招标文件中的工程量清单，投标人一定要进行校核，因为这直接影响中标的机会和投标报价。对于无工程量清单的招标工程，应当计算工程量，其项目一般可以单价项目划分为依据。

在校核中如发现相差较大，投标人不能随便改变工程量，而应致函或直接找业主澄清。对于总价合同要特别注意，如果业主在投标前不给予更正，而且是对投标人不利的情况，投标人应在投标时附上说明。投标人在核算工程量时，应结合招标文件中的技术规范明确工程量中每一细目的具体内容，才不至于在计算单位工程量的价格时出现错误。如果招标工程是一个大型项目，而且投标时间又比较短，投标人至少要对工程量大而且造价高的项目进行核实。必要时，可以采取不平衡报价的方法来避免由于业主提供工程量的错误而带来的损失，详见本学习情境的项目五。

3.编制施工组织设计

因投标报价的需要，投标人必须编制施工组织设计。其中包括施工方案、施工方法、施工进度计划、施工机械、材料、设备、劳动力计划。编制施工组织设计的主要依据为施工图纸，编制的原则是在保证工程质量和工期的前提下，使成本最低，利润最大。

(1)选择和确定施工方法。根据工程类型，研究可以采用的施工方法。对于一般的、较简单的工程，则结合已有施工机械及工人技术水平来选定施工方法。对于大型复杂的工程，则要考虑几种方案综合比较，努力做到节省开支，加快进度。

(2)选择施工设备和施工设施。一般与研究施工方法同时进行。在工程估价过程中，还要不断进行施工设备和施工设施的比较，选择购买还是租赁。如果需要购买，是在国内购买还是在国外购买等。

(3)编制施工进度计划。编制施工进度计划应紧密结合施工方案和施工设备的选定。施工进度计划中应提出各时间段内应完成的工程量及限定日期，其是采用网络计划还是横道图计划，应根据招标文件的规定而定。

五、确定投标报价策略

在正式计算投标报价之前，必须根据投标调查的结论和相关因素制定合理的报价策略，正确决策该项目投标的总体报价水平及在该项目投标中各个部分的报价水平。影响报价策略的相关因素主要还有：

(1)投标单位对承担招标工程的实际能力的估计。

(2)投标单位对招标工程预期利润的估算。

(3)投标单位对承担招标工程的风险估计。

(4)投标单位对参与该项工程投标竞争对手实力的估计。

(5)投标单位近期的经营状况和目标。

六、确定投标报价

投标报价的确定一般需经过估算工程量，编制报价所需的各种基础资料，汇总计算初步标价，调整修正内部标价，进行盈亏分析，选择拟报标价，进行报价的优化与调整，并将其核准作为最终投标报价等步骤。

七、编制并提交投标文件

投标文本亦即投标文件，是投标须知中规定的投标人必须提交的全部投标文件的总称。投标文件的具体编制方法在后面内容详述。

八、评标

评标过程中，投标人的主要工作是准备评标委员会提出的对自己投标文件存在歧义或不明确等问题的澄清或答辩。在招标法中规定，评标委员会在评标时，如果对投标书有疑义的地方，可要求投标人进行澄清或答辩，从而让评标委员会了解投标人如何组织施工，如何保证工期、质量，如何计划劳动力、材料、机械，在意外情况下如何采取紧急措施。

九、中标和签订合同

经评标委员会的评审，向业主推荐中标的前三名，业主在最终确定中标人后，向中标人发出中标通知书。这里重点介绍中标通知书和合同的关系。

(1)投标有效期截止前，业主向中标人发出中标通知书。中标通知书采用招标文件所附的格式。按照《中华人民共和国民法典》的规定，中标通知书作为承诺书，必须对要约无条件接受。因此，业主在中标通知书中必须用肯定性的语言，而且不能再提出任何商榷的内容。如果对要约有条件，则为新的要约。最终双方必须对新的要约达成一致，合同才能成立。

(2)有时中标通知书不能形成一份合同，如以下情况：

①双方对合同的重大问题尚未实质性地达成一致时，没有完全、无条件承诺。

②有时招标文件申明，在中标通知书发出后，需要第三方(如上级政府)批准或认可，才能正式签订合同。对此，通常业主先给已选定的承包商中标意向通知书。中标意向通知书不属于确认文件，它不产生合同，对业主一般没有约束力。

在接到中标意向通知书后，承包商需要进行施工的前期准备工作(一般为了节省工期)，如调遣队伍，订购材料和设备，甚至做现场准备等。而如果由于其他原因合同最终没有签订，承包商很难获得业主的费用补偿。

③有时业主要求承包商在收到中标意向通知书后，或正式中标通知书发出前，或正式有效合同签订前进行一些前期准备工作，且业主已经提供场地，承包商也已经实际进场，虽然没有发出中标通知书或签订正式合同，但合同已实际成立和履行。如果最终没有签订正式合同，则承包商对所履行的工作有权获得合理数额的补偿。

由于正式合同没有成立，所以不能按照合同索赔，只能对中标意向通知书中涉及的材料定购、分包合同、现场准备方面的合理费用进行索赔。

对此比较好的处理办法是，由业主下达指令明确表示对这些工作付款，或双方签订一项单独施工准备合同。如果本工程承包合同不能签订，则业主对承包商做费用补偿；如果本工程承包合同签订，则该施工准备合同无效(已包含在主合同中)。

项目三 校核工程量

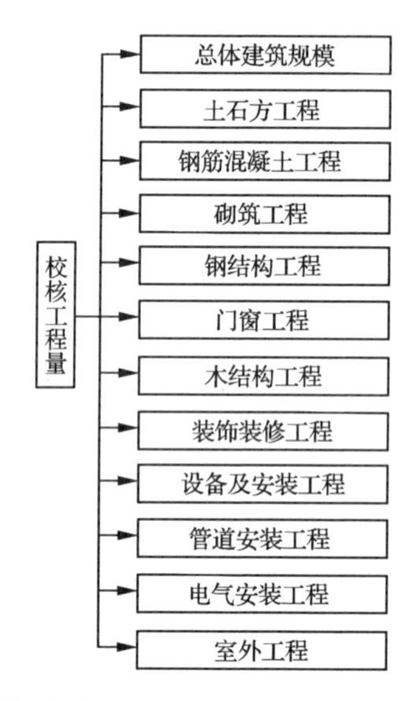

工程招标文件附有工程量清单，投标人应根据图纸仔细核算工程量，对工程量清单中所列工程量必须重点复核，因为工程量清单中费用项目齐全、计算准确与否，直接影响投标报价及中标机会。不能将复核工程量视为纯计算的工作。它是保证报价的竞争性，制定报价策略，做好施工规划的基础。当发现相差较大时，投标人不能随便改动工程量，应致函或直接找业主澄清。对仅提供图纸和设计资料的招标文件，投标人应自行计算工程量。这时必须对工程量计算规则、图纸设计的特殊要求和降低分项工程综合单价的措施等进行研究。

对于总价固定合同要特别引起重视，如果投标前业主仍不予更正，而且是对投标人不利的情况，投标人在投标时要附上声明，即工程量表中某项工程量有错误，施工结算应按实际完成量计算。有时可按不平衡报价的思路报价。在工程量复核中，对施工中工程量可能增加的项目，可提高其单价，而对工程量可能减少的项目，则可降低其单价，以达到施工中通过变更、索赔而取得合理收益的目的。这样做的前提是保证总报价仍有竞争力，有可能中标。如发现工程量有重大出入的，特别是漏项的，必要时可找招标人核对，要求招标人认可，并给出书面确认证明。对工程量小的漏项则可将其费用分摊到其他工程量大的费用项目单价中。

在核算完全部工程量表中的细目后，投标人可按大项分类汇总主要工程总量，以便对工程项目的施工规模有全面和清楚的认识，从而确定施工方法，选择经济适用的施工机械设备。对于一般土建工程项目，主要工程量汇总大致分为十二类。

一、总体建筑规模

总体建筑规模的汇总只是为了内部进行分析比较。

二、土石方工程

土石方工程包括总挖方量、填方量和余、缺土方量。其中，平整场地按其面积以平方米计算工程量；挖土方按基槽、基坑开挖的实际体积以立方米计算工程量（但必须区别所挖土方的不同土质，如以普通土、坚土、岩石等进行列项并计算工程量）；回填土按基础回填土和室内地面回填土的实际体积以立方米计算工程量（但必须区别是人工回填还是机械回填，以及是否需要夯填等情况，对其进行列项并计算工程量）；余缺土处理按其实际土方量以立方米计算工程量。土石方工程量中还应包括因为支模板、支挡土板、增加工作面等所挖填的土方量；土方支撑（挡土板）按支撑面积以平方米计算工程量。

三、钢筋混凝土工程

钢筋混凝土工程可分别汇总统计现浇素混凝土、钢筋混凝土以及预制钢筋混凝土构件，并汇总钢筋、模板数量。其中，混凝土构件按各种构件扣除接头之后的净体积以立方米计算工程量（该分项工程包括钢筋混凝土的基础、梁、板、柱、楼梯等各种构件的制作、运输、安装等工序的工程内容）；各种混凝土构件的模板应按接触面积以平方米计算工程量；各种钢筋混凝土构件所含钢筋的总重量以吨为单位计算工程量。

四、砌筑工程

砌筑工程可按砌体、空心砖砌体和黏土砖砌体统计汇总。外墙按扣除了门窗、洞口、框架等所占面积后的实际面积以平方米计算工程量（但必须区别不同的材料、墙厚、墙体构造形式等条件分类列项）；内墙按扣除了门窗、洞口、框架结构等所占面积后的实际面积以平方米计算工程量（具体要求同“外墙”）；其他砌体按实际砌筑的面积以平方米计算工程量。

五、钢结构工程

钢结构工程可按主体承重结构和零星非承重结构（如栏杆、扶手等）的吨位统计汇总。

六、门窗工程

不论钢门窗或铝门窗都以件数和面积统计。其中，门按框外围面积以平方米计算工程量，也可按“樘”来计算工程量（该分项工程包括门的制作、安装、玻璃、油漆等各工序的工作内容。但必须区别内、外门及门的不同材料、形状等情况分类列项）；窗应按框的外围面积以平方米或以“樘”来计算工程量（该分项工程包括窗的制作、安装、玻璃、油漆等工序的工作内容，但必须区别窗的不同材质、形状等条件分类列项）；安全窗栅一般是按窗框外围面积以平方米计算工程量（但必须区分不同的材质进行列项）；窗帘盒、窗帘棍、窗帘轨、窗台板等均按实际长度以延长米计算工程量（但必须区别不同构件、不同材质进行列项）。

七、木结构工程

木结构工程包括木结构、木屋面等，以面积统计。平屋面按屋面面积以平方米计算工程量（此分项工程包括找平层、隔热层、架空层、防水面层、伸缩缝等工序的工作内容）。

八、装饰装修工程（包括楼地面）

装饰装修工程包括各类地面、墙面、吊顶装饰，以面积统计。外墙粉刷或贴面按实际面积以平方米计算工程量（必须区分不同的材料、做法等分类列项）。在计算工程量时，可按外墙毛面积扣除部分门窗的面积计算，但是门窗的面积不能全扣，因为要抵消一部分门窗、洞口的侧壁需要增加的面积；内墙粉刷或油漆按实际面积以平方米计算工程量（必须区分不同的材料、做法等分类列项）。在计算工程量时，利用外墙的单面面积和内墙双面的净面积来计算；台度（墙裙）应按实际面积以平方米计算工程量（但必须区分不同的材料分类列项）；顶棚吊顶工程量按实际面积以平方米计算工程量（但必须区分不同的材料分类列项）；顶棚粉刷工程量按实际面积（包括梁侧面积）以平方米计算工程量（必须区分不同的粉刷材料分类列项）；地面垫层按实际体积以立方米计算工程量（必须区分不同的材料、有无模板等情况列项）；地面面层按实际面积以平方米计算工程量（必须区分不同的面层材料列项）。计算时，应将同种材料做的楼梯、台阶、踏步的面层面积，按照展开的面积计算后并入相应的面层面积中；踢脚线按实际长度以延长米计算工程量（应根据不同的材料列项，并且还须注明踢脚线的高度）；散水按实际面积以平方米计算工程量（此分项工程已综合了散水的垫层、面层的工作内容，故垫层不得再列项。但此分项工程也应根据不同的材料列项）。

九、设备及安装工程

设备及安装工程所涉及的设备包括电梯、自动扶梯、各类工艺设备等，以台件或安装总吨位计。

十、管道安装工程

管道安装工程包括各类供排水、通风、空气调节及工业管道，以延长米计。

十一、电气安装工程

电气安装工程中各类电缆、电线，以延长米计；各类电器设备，以台、件计。

十二、室外工程

室外工程包括围墙、地面砖铺砌、市政工程和绿化等工程。

在核实计算工程量时要注意以下共性问题的说明：①清单项目中的工程量应按建筑物或构筑物的实体净量计算，施工中所发生的材料、成品、半成品的各种制作、运输、安装等的一切损耗，应包括在报价内；②清单项目中所发生的钢材（包括钢筋、型钢、钢管等）均按理论重量计算，其理论重量与实际重量的偏差，应包括在报价内；③设计规定或施工组织设计规定的已完工产品保护发生的费用列入工程量清单措施项目费内；④高层建筑所发生的人工降效、机械降效、施工用水加压等应包括在各分项报价内；⑤卫生用临时管道应考虑在临时设施费用内；⑥施工中所发生的施工降水、土方支护结构、施工脚手架、模板及支撑、垂直运输等费用，应列在工程量清单措施项目费内。

编制投标文件

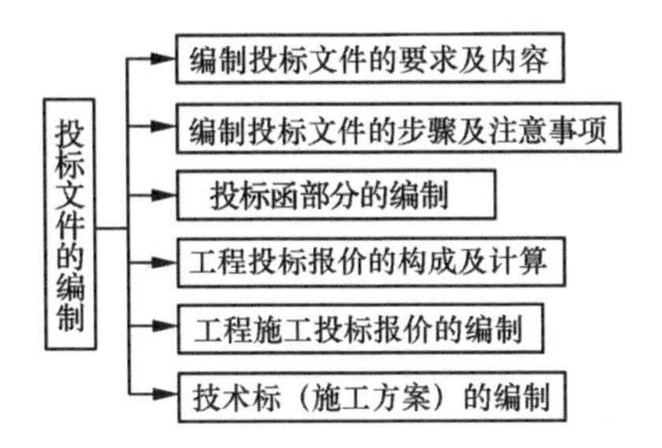

一、编制投标文件的要求及内容

投标文件是承包商参与投标竞争的重要凭证，是评标、决标和订立合同的依据，是投标人素质的综合反映和投标人能否取得经济效益的重要因素。可见，投标人应对编制投标文件的工作倍加重视。建设工程投标人应按照招标文件的要求编制投标文件。

1.编制投标文件的要求

(1)准备工作

首先组织投标班子，确定投标文件编制人员；同时要仔细阅读诸如投标须知、投标书附件等各个招标文件；要根据图纸审核工程量表的分项、分部工程的内容和数量，若发现内容或数量有误，在收到招标文件7日内以书面形式向招标人提出；还要收集现行定额标准、取费标准及各类标准图集，掌握投标政策性要求。

(2)符合性条件

①必须明确向招标人表示愿以招标文件的内容订立合同的意思。

②必须对招标文件的实质性要求完全响应(包括技术要求、投标报价要求、评标标准等)。

③必须按照规定的时间、地点提交投标文件。

(3)基本要求

①内容的完整性。投标须知规定，构成投标文件的四个方面的内容不得有任何遗漏，必须完整无缺，否则，投标书将被视为重大方面不符合要求的“废标”。

②数据及文字的准确性。投标文件中的所有数据，无论单价、合价、总标价及其大写数字均须仔细核对，确保准确无误；投标文件使用的语言必须符合招标人的要求，意思表达准确，不含混，字迹清晰，无涂改。

③手续的齐全性。编制投标文件文本的同时，对招标人要求的各种手续，包括注册手续、委托手续、联合投标相关手续、保险手续、担保手续、公证手续等，均应办妥。尤其要办好投标保函手续。根据国际惯例，投标人在投标期间必须持有一家满足招标文件要求的担保单位开具的投标保证金证书(投标保函)，投标才能被接受。这就要求投标人在提交投标文件时，还应同时提交

投标保函。因此，投标人应当寻找一家合适的金融机构作为投标担保单位。我国采用国际竞争性招标方式的大型土建项目中，投标保证金证书只能由以下单位开具：中国银行、中国银行在国外的开户行、由招标公司和业主认可的任何一家外国银行、在中国营业的中国或外国银行、外国银行通过中国银行转开。

④格式的规范性。投标文件是否规范，直接影响投标书能否有效，为保障投标文件的规范性，必须按照以下要求完成投标文件文本。第一，投标人应当根据招标人要求的文件格式进行制作，一般不得改变投标书的格式，若遇有投标书格式不能表达投标意图时，应另附补充说明。第二，关键文件和数据处必须有投标单位负责人的签章。第三，投标文件文本必须按投标须知中的规定，分别置于双层信封内，通常是将投标函封于内层，其他投标文件及投标报价材料副本置于外层信封中。两层信封均应密封，并在封口处加盖封印。第四，内、外层信封的书写亦须符合招标人的要求或国际惯例，一般在外层信封上只能书写有关投标的指示，收件人的单位地址、姓名和职务，但多数情况下只写职务而不写姓名。要注意不能在外层信封上书写投标人的单位地址和姓名，只能写在内层信封上。

⑤投标的时效性。投标有很强的时效性，根据国际惯例，逾期的投标书一般作废。因此，投标人在完成投标文件文本的校核、打印、复制、签章、分装、密封并加盖封印后，应派专人在投标截止日期前送达招标人指定的地点，取回投标收据；若必须邮寄，则应充分考虑邮件在途中的时间，确保投标书在投标截止日期前寄达招标单位，避免逾期作废。

2.编制投标文件的内容

根据招标文件及工程技术规范要求，投标文件是由一系列有关投标方面的书面资料组成的。投标文件由技术标、商务标、附件三大部分构成。采用资格后审的，还包括资格审查文件。技术标是结合项目施工现场条件编制的施工组织设计等。商务标是结合工程及企业实际状况编制的有关商务材料、投标报价书等。附件一般包括投标函及投标函附件。投标函是投标单位负责人签署的正式报价函，表明投标人的投标报价意见，它是构成合同文件的重要组成部分。附件是投标人相关证明资料。投标文件编制完成后应仔细核对和整理成册，并按招标文件要求进行密封和标记。

(1)技术标

技术标主要指施工组织设计。要求列出各种施工方案(包括建议的新方案)及其施工进度计划表，有时还要求列出人力安排计划的直方图。

(2)商务标

商务标包括：①投标函；②投标函附件；③投标保证金；④法定代表人资格证明书；⑤授权委托书；⑥具有标价的工程量清单与报价表。单份合同将各项单价列在工程量表上，有时业主要求报单价分析表，则需按招标文件规定在主要的或全部单价中附上单价分析表。

(3)附件

附件包括：①辅助资料表；②资格审查表(资格预审的，此表从略)；③对招标文件中的合同协议条款内容的确认和响应；④按招标文件规定提交的其他资料。

二、编制投标文件的步骤及注意事项

1.编制投标文件的步骤

投标人在领取招标文件以后，就要进行投标文件的编制工作。编制投标文件的一般步骤是：

(1)编制投标文件的准备工作。包括:①熟悉招标文件、图纸、资料,对图纸、资料有不清楚、不理解的地方,可以用书面形式向招标人询问、澄清;②参加招标人组织的施工现场踏勘和答疑会;③调查当地材料供应和价格情况;④了解交通运输条件和有关事项。

(2)实质性响应条款的编制。包括:①对合同主要条款的响应;②对提供资质证明的响应;③对采用的技术规范的响应等。

(3)复核、计算工程量。

(4)编制施工组织设计,确定施工方案。

(5)计算投标报价。

(6)装订成册。

2.编制投标文件的注意事项

(1)投标人编制投标文件时必须使用招标文件提供的投标文件表格格式。填写表格时,凡要求填写的空格都必须填写,否则,即被视为放弃该项要求。重要的项目或数字(如工期、质量等级、价格等)未填写的,将被作为无效或作废的投标文件处理。

(2)编制的投标文件"正本"仅一份,"副本"则按招标文件中要求的份数提供,同时要明确标明"投标文件正本"和"投标文件副本"字样。投标文件正本和副本如有不一致之处,以正本为准。

(3)投标文件正本与副本均应使用不能擦去的墨水打印或书写。投标文件的书写要字迹清晰、整洁、美观。

(4)所有投标文件均由投标人的法定代表人签署、加盖印鉴,并加盖法人单位公章。

(5)填报的投标文件应反复校核,保证分项和汇总计算均无错误。全套投标文件均应无涂改和行间插字,除非这些删改是根据招标人的要求进行的,或者是投标人造成的必须修改的错误。修改处应由投标文件签字人签字证明并加盖印鉴。

(6)如招标文件规定投标保证金为合同总价的某百分比时,开具投标保函不要太早,以防泄漏报价。但有的投标人提前开出并故意加大保函金额,以麻痹竞争对手的情况也是存在的。

(7)投标文件应严格按照招标文件的要求进行包封,避免由于包封不合格造成废标。

(8)认真对待招标文件中关于废标的条件,以免被判为无效标而前功尽弃。

三、投标函部分的编制

1.投标函(投标书)

投标书是由投标单位授权的代表签署的一份投标文件,投标书是对业主和承包商双方均具有约束力的合同的重要部分。其格式如下:

投　标　书

建设单位:________________________

1.根据已收到的招标编号为________的________工程的招标文件,遵照有关建设工程招标投标管理规定,经考察现场和研究上述招标文件的投标须知、合同条件、技术规范、图纸、工程量清单和其他有关文件后,我方愿以人民币________(大写)(________)元(小写)的总价,按上述合同条件、技术规范、图纸、工程量清单的条件承包上述工程的施工、竣工和保修任务。

2.一旦我方中标,我方保证在________年________月________日开工,________年________月________日竣工,即在________日(日历日)内竣工并移交整个工程。

3.如果我方中标，我方将按照规定提交上述总价________%的银行保函或上述总价________%的由具有独立法人资格的经济实体出具的履约担保书，作为履约保证金，共同地和分别地承担责任。

4.我方同意所递的投标文件在投标须知第________条规定的投标有效期内有效，在此期间内我方的投标有可能中标，我方将受此约束。

5.除非另外达成协议并生效，你方的中标通知书和本投标文件将构成约束我们双方的合同。

6.我方金额为人民币________元的投标保证金与本投标书同时递交。

投标人：(盖章)

地址：

法定代表人：(签字、盖章)

邮政编码：

电话：

传真：

开户银行名称：

银行账号：

开户银行地址：

电话：

2.投标书附录

投标书附录是对合同条件规定的重要要求的具体化，其格式见表 4-2。

表 4-2　　投标书附录

序号		协议条款号	
1	履约保证金： 银行保函金额 履约担保书金额	 8.1 8.1	 合同价格的____% 合同价格的____%
2	发出开工通知的时间	10.5	签订合同协议后____日内
3	误期赔偿费金额	12.5	________日
4	误期赔偿费限额	12.5	合同价格的____%
5	提前工期奖	13.1	________元/日
6	工程质量达到优良标准补偿金	15.1	________元
7	工程质量未达到要求标准时赔偿费	15.2	________元
8	预付款金额	20.1	合同价的____%
9	保留金金额	22.2.5	每次付款额的____
10	保留金限额	22.2.5	合同价格的____%
11	竣工时间	27.5	____日(日历日)
12	保质期	29.1	____日(日历日)

投标单位：(盖章)

法定代表人：(签字、盖章)

日期：　　年　　月　　日

3.投标保证金

投标保证金可选择银行保函，担保公司、保险公司提供担保书，投标保证金银行保函的一般格式如下：

投标保证金银行保函

鉴于________（下称“投标单位”）于________年________月________日参加________（下称“招标单位”）________工程的投标。

本银行________（下称“本银行”）在此承担向招标单位支付总金额人民币________元的责任。

本责任的条件是：

一、如果投标单位在招标文件规定的投标有效期内撤回其投标。

二、如果投标单位人在投标有效期内收到招标单位的中标通知书后：

1.不能或拒绝按投标的要求签署合同的协议书。

2.不能或拒绝投标须知规定提交履约保证金。

只要招标单位指明投标单位出现上述情况的条件，则本银行在接到招标单位通知就支付上述金额之内的任何金额，并不需要招标单位申述和证实其他的要求。

本保函在投标有效期后或招标单位这段时间内延长的投标有效期 28 日后保持有效，本银行不要求得到延长有效期的通知，但任何索款要求应在有效期内送到本银行。

银行名称：（盖章）

法定代表人：（签字、盖章）

银行地址：

邮政编码：

电话：

日期：　　年　　月　　日

4.授权委托书

授权委托书一般格式如下：

授权委托书

本授权委托书声明：我________系________的法定代表人，现授权委托________的________为我公司代理人，以本公司的名义参加（建设单位名称）的________工程的投标活动。代理人在开标、评标、合同谈判过程中所签署的一切文件和处理与之有关的一切事务，我均予以承认。

代理人无转委权。特此委托。

代理人：________________性别：________________年龄：________________

单　位：________________部门：________________职务：________________

投标单位：（盖章）

法定代表人：（签字、盖章）

日期：　　年　　月　　日

四、工程投标报价的构成及计算

根据《建筑安装工程费用项目组成》(2013 年修订)的规定，建筑安装工程费用项目按费用构成要素组成划分为人工费、材料费、施工机具使用费、企业管理费、利润、规费和税金；为指导工程造价专业人员计算建筑安装工程造价，将建筑安装工程费用按工程造价形成顺序划分为分部分项工程费、措施项目费、其他项目费、规费和税金。2016 年，住房和城乡建设部为适应建筑业营改增的需要颁布了建办标〔2016〕4 号文，对建筑安装工程费用项目组成进行了调整。

1.按费用构成要素组成来划分

建筑安装工程费用由人工费、材料费、施工机具使用费、企业管理费、利润、规费和税金等七部分构成。其中，人工费、材料费、施工机具使用费、企业管理费和利润包含在分部分项工程费、措施项目费、其他项目费中如图 4-4 所示。

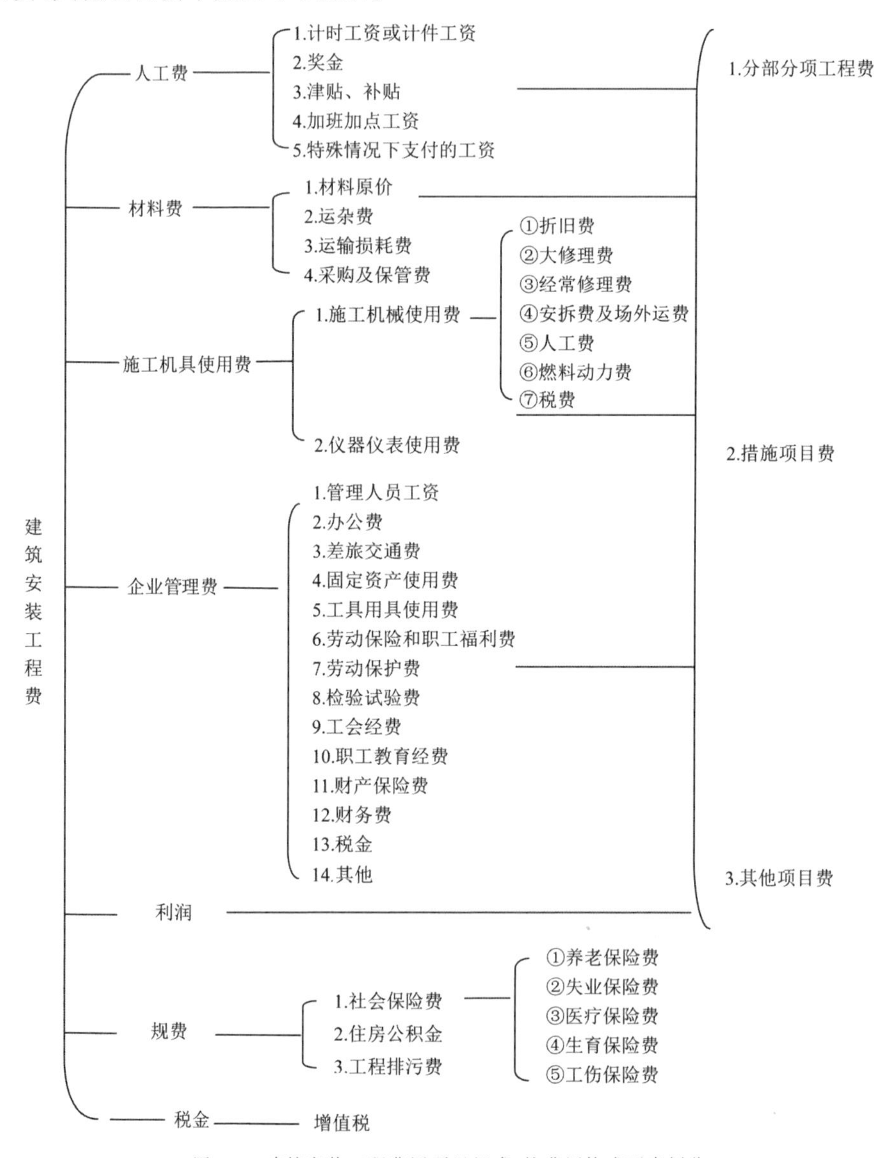

图 4-4　建筑安装工程费用项目组成(按费用构成要素划分)

(1)人工费：是指按工资总额构成规定，支付给从事建筑安装工程施工的生产工人和附属生产单位工人的各项费用。内容包括：

①计时工资或计件工资：是指按计时工资标准和工作时间或对已做工作按计件单价支付给个人的劳动报酬。

②奖金：是指对超额劳动和增收节支支付给个人的劳动报酬。如节约奖、劳动竞赛奖等。

③津贴、补贴：是指为了补偿职工特殊或额外的劳动消耗和因其他特殊原因支付给个人的津贴，以及为了保证职工工资水平不受物价影响，支付给个人的物价补贴。如流动施工津贴、特殊地区施工津贴、高温(寒)作业临时津贴、高空津贴等。

④加班加点工资：是指按规定支付的在法定节假日工作的加班工资和在法定日工作时间外延时工作的加点工资。

⑤特殊情况下支付的工资：是指根据国家法律、法规和政策规定，因病、工伤、产假、计划生育假、婚丧假、事假、探亲假、定期休假、停工学习、执行国家或社会义务等原因按计时工资标准或计时工资标准的一定比例支付的工资。

人工费的计算：

公式 1：$人工费 = \sum(工日消耗量 \times 日工资单价)$

$$日工资单价=\frac{生产工人平均月工资(计时、计件)+平均月(奖金+津贴补贴+特殊情况下支付的工资)}{年平均每月法定工作日}$$

日工资单价是指施工企业平均技术熟练程度的生产工人在每工作日(国家法定工作时间内)按规定从事施工作业应得的日工资总额。

工程造价管理机构确定日工资单价应通过市场调查、根据工程项目的技术要求，参考实物工程量人工单价综合分析确定，最低日工资单价不得低于工程所在地人力资源和社会保障部门所发布的最低工资标准的：普工 1.3 倍，一般技工 2 倍，高级技工 3 倍。施工企业投标报价时根据工程造价管理机构发布的人工费单价自主确定。

(2)材料费：是指施工过程中耗费的原材料、辅助材料、构配件、零件、半成品或成品、工程设备的费用。内容包括：

①材料原价：是指材料、工程设备的出厂价格或商家供应价格。

②运杂费：是指材料、工程设备自来源地运至工地仓库或指定堆放地点所发生的全部费用。

③运输损耗费：是指材料在运输装卸过程中不可避免的损耗。

④采购及保管费：是指为组织采购、供应和保管材料、工程设备的过程中所需要的各项费用。包括采购费、仓储费、工地保管费、仓储损耗。

$材料费 = \sum(材料消耗量 \times 材料单价)$

$材料单价=[(材料原价+运杂费)\times[1+运输损耗率(\%)]]\times[1+采购保管费率(\%)]$

工程设备是指构成或计划构成永久工程一部分的机电设备、金属结构设备、仪器装置及其他类似的设备和装置。

(3)施工机具使用费：是指施工作业所发生的施工机械、仪器仪表使用费或其租赁费。

①施工机械使用费：以施工机械台班耗用量乘以施工机械台班单价表示，施工机械台班单价应由下列七项费用组成：

◎ 折旧费：指施工机械在规定的使用年限内，陆续收回其原值的费用。

◎ 大修理费:指施工机械按规定的大修理间隔台班进行必要的大修理,以恢复其正常功能所需的费用。

◎ 经常修理费:指施工机械除大修理以外的各级保养和临时故障排除所需的费用。包括为保障机械正常运转所需替换设备与随机配备工具附具的摊销和维护费用、机械运转中日常保养所需润滑与擦拭的材料费用及机械停滞期间的维护和保养费用等。

◎ 安拆费及场外运费:安拆费指施工机械(大型机械除外)在现场进行安装与拆卸所需的人工、材料、机械和试运转费用以及机械辅助设施的折旧、搭设、拆除等费用;场外运费指施工机械整体或分体自停放地点运至施工现场或由一施工地点运至另一施工地点的运输、装卸、辅助材料及架线等费用。

◎ 人工费:指机上司机(司炉)和其他操作人员的人工费。

◎ 燃料动力费:指施工机械在运转作业中所消耗的各种燃料及水、电费等。

◎ 税费:指施工机械按照国家规定应缴纳的车船使用税、保险费及年检费等。

施工机械使用费 $=\sum$(施工机械台班消耗量 × 机械台班单价)

机械台班单价 = 台班折旧费 + 台班大修费 + 台班经常修理费 + 台班安拆费及场外运费 + 台班人工费 + 台班燃料动力费 + 台班车船税费

投标人可以参考工程造价管理机构发布的台班单价,自主确定施工机械使用费的报价,如租赁施工机械,公式为:施工机械使用费 $=\sum$(施工机械台班消耗量 × 机械台班租赁单价)

②仪器仪表使用费:指工程施工所需使用的仪器仪表的摊销及维修费用。

仪器仪表使用费 = 工程使用的仪器仪表摊销费 + 维修费

(4)企业管理费:是指建筑安装企业组织施工生产和经营管理所需的费用。内容包括:

①管理人员工资:是指按规定支付给管理人员的计时工资、奖金、津贴补贴、加班加点工资及特殊情况下支付的工资等。

②办公费:是指企业管理办公用的文具、纸张、账表、印刷、邮电、书报、办公软件、现场监控、会议、水电、烧水和集体取暖降温(包括现场临时宿舍取暖降温)等费用。

③差旅交通费:是指职工因公出差、调动工作的差旅费、住勤补助费,市内交通费和误餐补助费,职工探亲路费,劳动力招募费,职工退休、退职一次性路费,工伤人员就医路费,工地转移费以及管理部门使用的交通工具的油料、燃料等费用。

④固定资产使用费:是指管理和试验部门及附属生产单位使用的属于固定资产的房屋、设备、仪器等的折旧、大修、维修或租赁费。

⑤工具用具使用费:是指企业施工生产和管理使用的不属于固定资产的工具、器具、家具、交通工具和检验、试验、测绘、消防用具等的购置、维修和摊销费。

⑥劳动保险和职工福利费:是指由企业支付的职工退职金、按规定支付给离休干部的经费,集体福利费、夏季防暑降温、冬季取暖补贴、上下班交通补贴等。

⑦劳动保护费:是企业按规定发放的劳动保护用品的支出。如工作服、手套、防暑降温饮料以及在有碍身体健康的环境中施工的保健费用等。

⑧检验试验费:是指施工企业按照有关标准规定,对建筑以及材料、构件和建筑安装物进行一般鉴定、检查所发生的费用,包括自设试验室进行试验所耗用的材料等费用。不包括新结构、新材料的试验费,对构件做破坏性试验及其他特殊要求检验试验的费用和建设单位委托检测机构进行检测的费用,对此类检测发生的费用,由建设单位在工程建设其他费用中列支。但对施工

企业提供的具有合格证明的材料进行检测不合格的，该检测费用由施工企业支付。

⑨工会经费：是指企业按《工会法》规定的全部职工工资总额比例计提的工会经费。

⑩职工教育经费：是指按职工工资总额的规定比例计提，企业为职工进行专业技术和职业技能培训，专业技术人员继续教育、职工职业技能鉴定、职业资格认定以及根据需要对职工进行各类文化教育所发生的费用。

⑪财产保险费：是指施工管理用财产、车辆等的保险费用。

⑫财务费：是指企业为施工生产筹集资金或提供预付款担保、履约担保、职工工资支付担保等所发生的各种费用。

⑬税金：是指企业按规定缴纳的房产税、车船使用税、土地使用税、印花税、城市维护建设税、教育费附加以及地方教育费附加，营改增增加的管理费用等（城市维护建设税、教育费附加以及地方教育费附加又称为附加税费）。

⑭其他：包括技术转让费、技术开发费、投标费、业务招待费、绿化费、广告费、公证费、法律顾问费、审计费、咨询费、保险费等。

企业管理费费率的计算：

◎ 以分部分项工程费为计算基础

$$企业管理费费率=\frac{生产工人年平均管理费}{年有效施工天数\times人工单价}\times人工费占分部分项工程费比例\times100\%$$

◎ 以人工费和机械费合计为计算基础

$$企业管理费费率=\frac{生产工人年平均管理费}{年有效施工天数\times(人工单价+每一工日机械使用费)}\times100\%$$

◎ 以人工费为计算基础

$$企业管理费费率=\frac{生产工人年平均管理费}{年有效施工天数\times人工单价}\times100\%$$

施工企业投标报价时应以定额人工费或（定额人工费＋定额机械费）作为计算基数，根据历年工程造价积累的资料中的费率自主确定管理费。

（5）利润：是指施工企业完成所承包工程获得的盈利。

施工企业根据企业自身需求并结合建筑市场实际自主确定，列入报价中。招标人编制招标控制价时应以定额人工费或（定额人工费＋定额机械费）作为计算基数，其费率根据历年工程造价积累的资料，并结合建筑市场实际确定，以单位（单项）工程测算，利润在税前建筑安装工程费的比重可按不低于5%且不高于7%的费率计算。

（6）规费：是指按国家法律、法规规定，由省级政府和省级有关职能部门规定必须缴纳或计取的费用。包括：

①社会保险费

◎ 养老保险费：是指企业按照规定标准为职工缴纳的基本养老保险费。

◎ 失业保险费：是指企业按照规定标准为职工缴纳的失业保险费。

◎ 医疗保险费：是指企业按照规定标准为职工缴纳的基本医疗保险费。

◎ 生育保险费：是指企业按照规定标准为职工缴纳的生育保险费。

◎ 工伤保险费：是指企业按照规定标准为职工缴纳的工伤保险费。《中华人民共和国建筑法》（2019年修正）第四十八条规定："建筑施工企业应当依法为职工参加工伤保险缴纳工伤保险费。鼓励企业为从事危险作业的职工办理意外伤害保险，支付保险费。”

②住房公积金：是指企业按规定标准为职工缴纳的住房公积金。

社会保险费和住房公积金应以定额人工费为计算基础，根据工程所在地省、自治区、直辖市或行业建设主管部门规定费率计算。

$$社会保险费和住房公积金 = \sum(工程定额人工费 \times 社会保险费和住房公积金费率)$$

式中：社会保险费和住房公积金费率可以每万元发承包价的生产工人人工费和管理人员工资含量与工程所在地规定的缴纳标准综合分析取定。

③工程排污费：是指按规定缴纳的施工现场工程排污费。

工程排污费等其他应列而未列入的规费应按工程所在地环境保护等部门规定的标准缴纳，按实计取列入。

其他应列而未列入的规费，按实际发生计取。

(7)税金：是指国家税法规定应计入建筑安装工程造价内的增值税销项税额。

营改增方案实施后，城市维护建设税、教育费附加、地方教育附加的计算基数均为应纳增值税额(即销项税额－进项税额)，但由于在工程造价的前期预测时，无法明确可抵扣的进项税额的具体数额，造成此三项附加税无法计算。因此，根据《关于印发〈增值税会计处理规定〉的通知》(财会(2016)22 号)，城市维护建设税、教育费附加、地方教育附加等均作为“税金及附加”，在管理费中核算。

①采用一般计税的计算方法

$$税金 = 税前造价 \times 9\%$$

其中，9%为建筑业拟征增值税税率，税前工程造价为人工费、材料费、施工机具使用费、企业管理费、利润和规费之和，各费用项目均以不包含增值税可抵扣进项税额的价格计算。

②采用简易计税的计算方法

$$增值税 = 税前造价 \times 3\%$$

其中，3%为建筑业增值税税率，税前工程造价为人工费、材料费、施工机具使用费、企业管理费、利润和规费之和，各费用项目均以包含增值税进项税额的含税价格计算。

2.按照工程造价形成来划分

建筑安装工程费由分部分项工程费、措施项目费、其他项目费、规费、税金五部分组成，其中分部分项工程费、措施项目费、其他项目费包含人工费、材料费、施工机具使用费、企业管理费和利润，如图 4-5 所示。

(1)分部分项工程费：是指各专业工程的分部分项工程应予列支的各项费用。

①专业工程：是指按现行国家计量规范划分的房屋建筑与装饰工程、仿古建筑工程、通用安装工程、市政工程、园林绿化工程、矿山工程、构筑物工程、城市轨道交通工程、爆破工程等各类工程。

②分部分项工程：指按现行国家计量规范对各专业工程划分的项目。如房屋建筑与装饰工程划分的土石方工程、地基处理与桩基工程、砌筑工程、钢筋及钢筋混凝土工程等。

各类专业工程的分部分项工程划分见现行国家或行业计量规范。

$$分部分项工程费 = \sum(分部分项工程量 \times 综合单价)$$

式中：综合单价包括人工费、材料费、施工机具使用费、企业管理费和利润以及一定范围的风险费用(下同)。

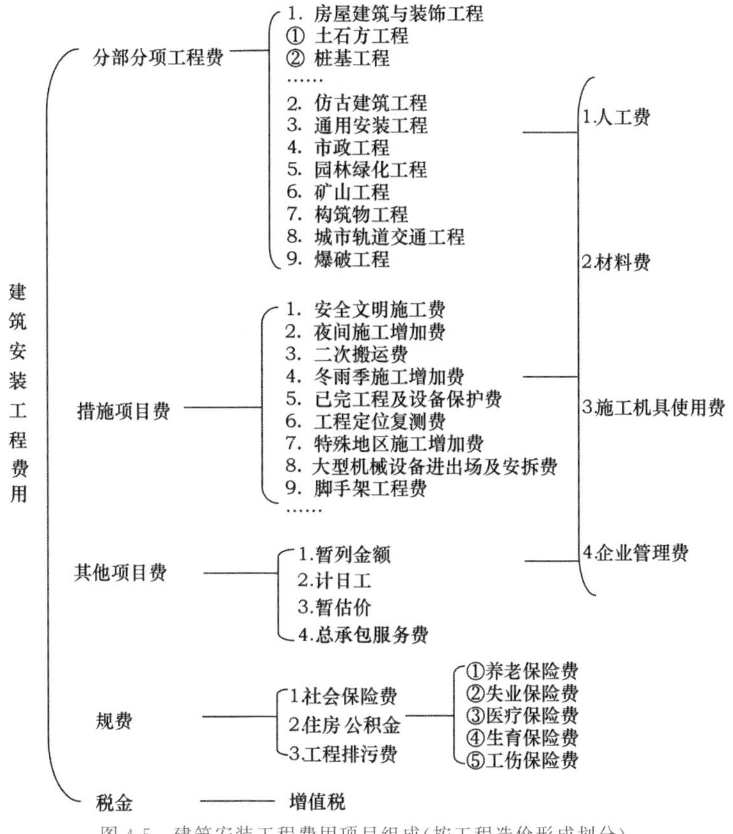

图 4-5 建筑安装工程费用项目组成(按工程造价形成划分)

(2)措施项目费:是指为完成建设工程施工,发生于该工程施工前和施工过程中的技术、生活、安全、环境保护等方面的费用。内容包括:

①安全文明施工费

◎ 环境保护费:是指施工现场为达到环保部门要求所需要的各项费用。

◎ 文明施工费:是指施工现场文明施工所需要的各项费用。

◎ 安全施工费:是指施工现场安全施工所需要的各项费用。

◎ 临时设施费:是指施工企业为进行建设工程施工所必须搭设的生活和生产用的临时建筑物、构筑物和其他临时设施费用,包括临时设施的搭设、维修、拆除、清理费或摊销费等。

安全文明施工费=计算基数×安全文明施工费费率(%)

计算基数应为定额基价(定额分部分项工程费+定额中可以计量的措施项目费)、定额人工费或(定额人工费+定额机械费),其费率由工程造价管理机构根据各专业工程的特点综合确定。

②夜间施工增加费:是指因夜间施工所发生的夜班补助费、夜间施工降效、夜间施工照明设备摊销及照明用电等费用。

夜间施工增加费=计算基数×夜间施工增加费费率(%)

③二次搬运费:是指因施工场地条件限制而发生的材料、构配件、半成品等一次运输不能到达堆放地点,必须进行二次或多次搬运所发生的费用。

二次搬运费=计算基数×二次搬运费费率(%)

④冬雨季施工增加费:是指在冬季或雨季施工需增加的临时设施、防滑、排除雨雪,人工及施

工机械效率降低等费用。

冬雨季施工增加费=计算基数×冬雨季施工增加费费率(%)

⑤已完工程及设备保护费:是指竣工验收前,对已完工程及设备采取的必要保护措施所发生的费用。

已完工程及设备保护费=计算基数×已完工程及设备保护费费率(%)

⑥工程定位复测费:是指工程施工过程中进行全部施工测量放线和复测工作的费用。

⑦特殊地区施工增加费:是指工程在沙漠或其边缘地区、高海拔、高寒、原始森林等特殊地区施工增加的费用。

⑧大型机械设备进出场及安拆费:是指机械整体或分体自停放场地运至施工现场或由一个施工地点运至另一个施工地点,所发生的机械进出场运输及转移费用及机械在施工现场进行安装、拆卸所需的人工费、材料费、机械费、试运转费和安装所需的辅助设施的费用。

⑨脚手架工程费:是指施工需要的各种脚手架搭、拆、运输费用以及脚手架购置费的摊销(或租赁)费用。

措施项目及其包含的内容详见各类专业工程的现行国家或行业计量规范。

国家计量规范规定应予计量的措施项目,其计算公式为:

措施项目费$=\sum$(措施项目工程量×综合单价)

上述②~⑤项措施项目的计费基数应为定额人工费或(定额人工费+定额机械费),其费率由工程造价管理机构根据各专业工程特点和调查资料综合分析后确定。

(3)其他项目费

①暂列金额:是指建设单位在工程量清单中暂定并包括在工程合同价款中的一笔款项。用于施工合同签订时尚未确定或者不可预见的所需材料、工程设备、服务的采购,施工中可能发生的工程变更、合同约定调整因素出现时的工程价款调整以及发生的索赔、现场签证确认等的费用。

暂列金额由建设单位根据工程特点,按有关计价规定估算,施工过程中由建设单位掌握使用、扣除合同价款调整后如有余额,归建设单位。

②暂估价:招标人在工程量清单中提供的用于支付必然发生但暂时不能确定价格的材料、工程设备以及专业工程的金额。

暂估价中的材料单价应按照工程造价管理机构发布的工程造价信息中的材料单价计算,工程造价信息未发布的材料单价,其单价参考市场价格估算;暂估价中的专业工程暂估价应分不同专业,按有关计价规定估算。

③计日工:是指在施工过程中,施工企业完成建设单位提出的施工图纸以外的零星项目或工作所需的费用。

计日工由建设单位和施工企业按施工过程中的签证计价。

④总承包服务费:是指总承包人为配合、协调建设单位进行的专业工程发包,对建设单位自行采购的材料、工程设备等进行保管以及施工现场管理、竣工资料汇总整理等服务所需的费用。

总承包服务费由建设单位在招标控制价中根据总包服务范围和有关计价规定编制,施工企业投标时自主报价,施工过程中按签约合同价执行。在计算时可参考以下标准:

◎ 招标人仅要求对分包的专业工程进行总承包管理和协调时,按分包的专业工程估算造价的1.5%计算。

◎ 招标人要求对分包的专业工程进行总承包管理和协调,并同时要求提供配合服务时,根据招标文件中列出的配合服务内容和提出的要求,按分包的专业工程估算造价的3%~5%计算。

◎ 招标人自行供应材料的,按招标人供应材料价值的1%计算。

(4)规费:详见1.按费用构成要素组成来划分。

(5)税金:同上。

建设单位和施工企业均应按照省、自治区、直辖市或行业建设主管部门发布标准计算规费和税金,不得作为竞争性费用。

3.建筑安装工程计价程序

表4-3　　工程招标控制价计价程序

工程名称:　　　　标段:

序号	内　容	计算方法	金　额(元)
1	分部分项工程费	按计价规定计算	
1.1			
1.2			
1.3			
1.4			
	……		
2	措施项目费	按计价规定计算	
2.1	其中:安全文明施工费	按规定标准计算	
3	其他项目费		
3.1	其中:暂列金额	按计价规定估算	
3.2	其中:专业工程暂估价	按计价规定估算	
3.3	其中:计日工	按计价规定估算	
3.4	其中:总承包服务费	按计价规定估算	
4	规费	按规定标准计算	
5	税金(扣除不列入计税范围的工程设备金额)	(1+2+3+4)×9%	
招标控制价合计=1+2+3+4+5			

表4-4　　工程投标报价计价程序

工程名称:　　　　标段:

序号	内　容	计算方法	金　额(元)
1	分部分项工程费	自主报价	
1.1			
1.2			
1.3			
1.4			
1.5			
2	措施项目费	自主报价	
2.1	其中:安全文明施工费	按规定标准计算	

（续表）

序号	内容	计算方法	金额(元)
3	其他项目费		
3.1	其中：暂列金额	按招标文件提供金额计列	
3.2	其中：专业工程暂估价	按招标文件提供金额计列	
3.3	其中：计日工	自主报价	
3.4	其中：总承包服务费	自主报价	
4	规费	按规定标准计算	
5	税金(扣除不列入计税范围的工程设备金额)	(1+2+3+4)×9%	
投标报价合计=1+2+3+4+5			

五、工程施工投标报价的编制

根据《建设工程工程量清单计价规范》(GB 50500—2013)和建办标〔2016〕4号文进行投标报价。依据招标人在招标文件中提供的工程量清单计算投标报价。

1.投标报价的构成

工程量清单计价的投标报价由应包括按招标文件规定完成工程量清单所列项目的全部费用，即上述分部分项工程费、措施项目费、其他项目费、规费和税金。

工程报价=分部分项工程费+措施项目费+其他项目费+规费+税金

工程量清单应采用综合单价计价。综合单价指完成一个规定计量单位的工程所需的人工费、材料费、机械使用费、管理费和利润，并考虑风险因素。

2.投标报价的格式

(1)投标报价封面及扉页

____________________工程

投 标 总 价

投　标　人：____________________

(单位盖章)

年　　月　　日

扉页

投标总价

招　　标　　人：________________________________

工 程 名 称：________________________________

投标总价(小写)：________________________________

　　　　(大写)：________________________________

投　　标　　人：________________________________

(单位盖章)

法定代表人
或其授权人　：________________________________

(单位盖章)

编　　制　　人：________________________________

(造价人员签字盖专用章)

时　　　　间：　　　年　　　月　　　日

(2)总说明

表 4-5 **总 说 明**

工程名称： 第 页 共 页

(3)工程计价汇总表

表 4-6 **建设项目招标控制价/投标报价汇总表**

工程名称： 第 页 共 页

序号	单项工程名称	金额/元	其中:元		
			暂估价	安全文明施工费	规费
	合计				

注:本表适用于建设项目招标控制价或投标报价的汇总。

表 4-7 **单项工程招标控制价/投标报价汇总表**

工程名称： 第 页 共 页

序号	单项工程名称	金额/元	其中:元		
			暂估价	安全文明施工费	规费
	合计				

注:本表适用于单项工程招标控制价或投标报价的汇总。暂估价包括分部分项工程中的暂估价和专业工程暂估价。

表 4-8 **单位工程招标控制价/投标报价汇总表**

工程名称： 标段： 第 页 共 页

序号	汇总内容	金额/元	其中:暂估价/元
1	分部分项工程		
1.1	人工费		
1.2	材料费		
1.3	设备费		
1.4	机械费		
1.5	管理费和利润		
2	措施项目		—
2.1	单价措施项目		—
2.1.1	人工费		—
2.1.2	材料费		—
2.1.3	机械费		—
2.1.4	管理费和利润		—
2.2	总价措施项目费		—

（续表）

序号	汇总内容	金额/元	其中：暂估价/元
2.2.1	安全文明施工费		—
2.2.2	其他总价措施项目费		—
3	其他项目		—
3.1	暂列金额		—
3.2	专业工程暂估价		—
3.3	计日工		—
3.4	总承包服务费		—
3.5	其他		—
4	规费		—
5	税金		—
招标控制价/投标报价合计＝1＋2＋3＋4＋5			

注：1.本表适用于单位工程招标控制价或投标报价的汇总，如无单位工程划分，单项工程也使用本表汇总。
2.本表中材料费不包括设备费。

（4）分部分项项目清单

表 4-9 **分部分项工程/单价措施项目清单与计价表**

工程名称： 标段： 第 页 共 页

序号	项目编码	项目名称	项目特征描述	计量单位	工程量	金额/元				
						综合单价	合价	其中		
								人工费	机械费	暂估价
本页小计										
合计										

表 4-10 **综合单价分析表**

工程名称： 标段： 第 页 共 页

序号	项目编码	项目名称	计量单位	工程量	清单综合单价组成明细											
					定额编号	定额名称	定额单位	数量	单价/元			合价/元				综合单价
									人工费	材料费	机械费	人工费	材料费	机械费	管理费和利润	

注：如不使用省级或行业建设主管部门发布的计价依据，可不填定额编码、名称等。

表 4-11　　综合单价材料明细表

工程名称：　　　　标段：　　　　第　页　共　页

序号	项目编码	项目名称	计量单位	工程量	材料组成明细						
					主要材料名称、规格、型号	单位	数量	单价/元	合价/元	暂估材料单价/元	暂估材料合价/元
					其他材料费			—		—	—
					材料费小计			—		—	—

注：招标文件提供了暂估单价的材料，按暂估的单价填入表内“暂估单价”栏及“暂估合价”栏。

(5)总价措施项目清单与计价表

表 4-12　　总价措施项目清单与计价表

工程名称：　　　　标段：　　　　第　页　共　页

序号	项目编码	项目名称	计算基础	费率/%	金额/元	调整费率/%	调整后金额/元	备注
		合计						

编制人(造价人员)：　　　　复核人(造价工程师)：

注：按施工方案计算的措施费，若无“计算基数”和“费率”的数值，也可只填“金额”数值，但应在备注栏说明施工方案出处或计算方法。

(6)其他项目计价表

表 4-13　　其他项目清单与计价汇总表

工程名称：　　　　标段：　　　　第　页　共　页

序号	项目名称	金额/元	结算金额/元	备注
1	暂列金额			详见明细表
2	暂估价			
2.1	材料(工程设备)暂估价/结算价	—		详见明细表
2.2	专业工程暂估价/结算价			详见明细表
3	计日工			详见明细表
4	总承包服务费			详见明细表
合计				

注：1.材料(工程设备)暂估单价进入清单项目综合单价，此处不汇总。

表 4-14　　暂列金额明细表

工程名称：　　　　标段：　　　　第　页　共　页

序号	项目名称	计量单位	暂列金额/元	备注
	合计			

注：此表由招标人填写，如不能详列，也可只列暂定金额总额，投标人应将上述暂列金额计入投标总价中。

表 4-15 材料(设备工程)暂估单价表

工程名称： 标段： 第 页 共 页

序号	材料(工程设备)名称、规格、型号	计量单位	数量	单价/元	合价/元	备注

注：此处由招标人填写"暂列单价"，并在备注栏说明暂估价的材料、工程设备拟用在哪些清单项目上，投标人应将上述材料、工程设备暂估单价计入工程量清单综合单价报价中。

表 4-16 专业工程暂估价表

工程名称： 标段： 第 页 共 页

序号	工程名称	工程内容	暂估金额/元	备注
合计				

注：此表"暂列金额"由招标人填写，投标人应将"暂列金额"计入投标总价中。结算时按合同约定结算金额填写。

表 4-17 计 日 工 表

工程名称： 标段： 第 页 共 页

编号	项目名称	单位	暂定数量	实际数量	综合单价/元	合价/元	
						暂定	实际
一	人工						
人工小计							
二	材料						
材料小计							
三	施工机械						
施工机械小计							
四	管理费和利润						
总计							

注：此表项目名称、暂定数量由招标人填写，编制招标控制价时，单价由招标人在招标文件中取定；投标时，单价由投标人自主报价，按暂定数量计算合价计入投标总价中。结算时，按发承包双方确定的实际数量计算合价。

表 4-18 总承包服务费计价表

工程名称： 标段： 第 页 共 页

序号	工程名称	项目价值/元	服务内容	计算基础	费率/%	金额/元
1	发包人发包专业工程					
2	发包人提供材料					
3						
合计						

注：此表项目名称、服务内容由招标人填写，编制招标控制价时，费率及金额由招标人按有关计价规定确定；投标时，费率及金额由投标人自主报价，计入投标总价中。

(7)规费、税金项目计价表

表 4-19 规费、税金项目计价表

工程名称： 标段： 第 页 共 页

序号	项目名称	计算基础	计算基数	计算费率/%	金额/元
1	规费				
1.1	工程排污费				
1.2	社会保障费				
(1)	养老保险费				
(2)	失业保险费				
(3)	医疗保险费				
1.3	住房公积金				
1.4	工伤保险				
2	税金	分部分项工程费＋措施项目费＋其他项目费＋规费			

3.工程量清单计价格式填写规定

(1) 工程量清单计价格式应由投标人填写。

(2) 封面应按规定内容填写、签字、盖章。

(3) 投标总价应按工程项目总价表合计金额填写。

(4)工程项目总价表。

①表中单项工程名称应按单项工程费汇总表的工程名称填写。

②表中金额应按单项工程费汇总表的合计金额填写。

(5)单项工程费汇总表。

①表中单位工程名称应按单位工程费汇总表的工程名称填写。

②表中金额应按单位工程费汇总表的合计金额填写。

(6)单位工程费汇总表中的金额应分别按照分部分项工程量清单计价表、措施项目清单计价表和其他项目清单计价表的合计金额和按有关规定计算的规费、税金填写。

(7)分部分项工程量清单计价表中的序号、项目编码、项目名称、计量单位、工程数量必须按分部分项工程量清单中的相应内容填写。

(8)措施项目清单计价表。

①表中的序号、项目名称必须按措施项目清单中的相应内容填写。

②投标人可根据施工组织设计采取的措施增加项目。

(9)其他项目清单计价表。

①表中的序号、项目名称必须按其他项目清单中的相应内容填写。

②工程暂估价与暂列金额必须按招标人提出的数额填写。

③零星工作项目计价表。

表中的人工、材料、机械、计量单位和相应数量应按零星工作项目表中相应的内容填写，工程竣工后零星工作费应按实际完成的工程量所需费用结算。

(10)分部分项工程量清单综合单价分析表和措施项目费分析表,应由招标人根据需要提出要求后填写。

(11)主要材料价格表。

①招标人提供的主要材料价格表应包括详细的材料编码、材料名称、规格型号和计量单位等。

②所填写的单价必须与工程量清单计价中采用的相应材料的单价一致。

案例一

【背景】

某工程建筑面积为1 600 m²,檐口高度11.60 m,基础为无梁式满堂基础,地下室外墙为钢筋混凝土墙,满堂基础平面布置示意,如图4-6所示,基础及剪力墙剖面示意,如图4-7所示。混凝土采用预拌混凝土,强度等级:基础垫层为C15,满堂基础、混凝土墙均为C30。项目编码及特征描述等见分部分项工程和单价措施项目工程量计算表,见表4-20。招标文件规定:土质为三类土,所挖全部土方场内弃土运距50 m,基坑夯实回填,基底无须钎探,挖、填土方计算均按天然密实土体积计算。

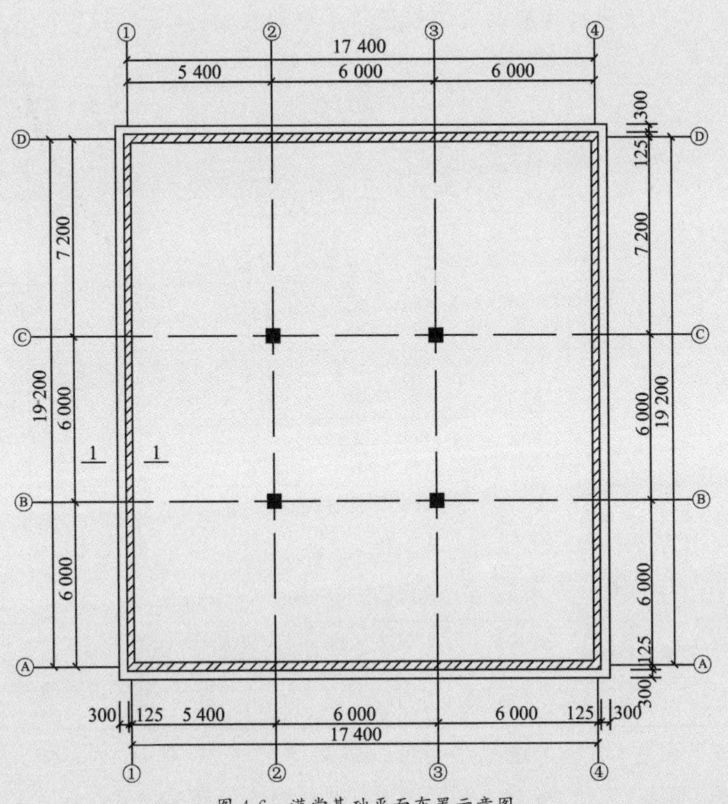

图4-6 满堂基础平面布置示意图

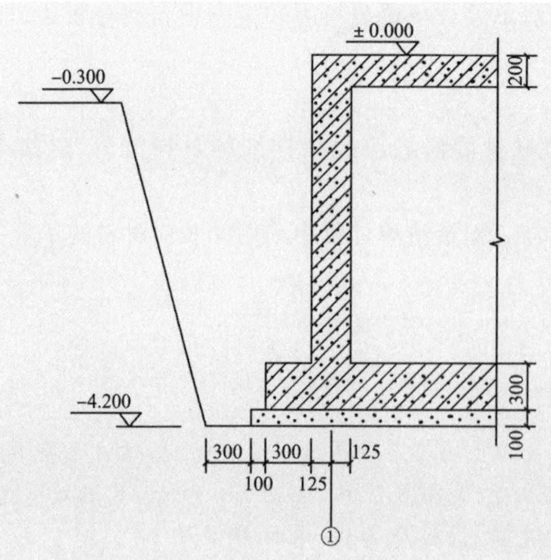

图 4-7　基础及剪力墙剖面示意图

【问题】

1.根据图示内容、《房屋建筑与装饰工程工程量计算规范》和《建设工程工程量清单计价规范》的规定，计算该工程挖一般土方、土方回填、基础垫层、满堂基础、直行墙、现浇构件钢筋、综合脚手架、垂直运输机械的招标工程量清单中的数量，计算过程填入表 4-20 中。

表 4-20　　分部分项工程和单价措施项目工程量计算表

序号	项目编码	项目名称	项目特征	计量单位	工程量	计算过程
1	010101002001	挖一般土方	1.土壤类别：三类土 2.挖土深度：3.9 m 3.弃土运距：场内堆放运距为 50 m	m^3		
2	010103001001	土方回填	1.密实度要求：符合规范要求 2.填方运距：50 m	m^3		
3	010501001001	基础垫层	1.混凝土种类：预拌混凝土 2.混凝土强度等级：C15	m^3		
4	010501004001	满堂基础	1.混凝土种类：预拌混凝土 2.混凝土强度等级：G30	m^3		
5	010504001001	直行墙	1.混凝土种类：预拌混凝土 2.混凝土强度等级：C30	m^3		
6	010515001001	现浇构件钢筋	1.钢筋种类：带肋钢筋 HRB400 2.钢筋型号：＃22	t	28.96	
7	011701001001	综合脚手架	1.建筑结构形式：地上框架、地下剪力墙结构 2.檐口高度：11.60 m	m^2		
8	011703001001	垂直运输机械	1.建筑结构形式：地上框架、地下剪力墙结构 2.檐口高度、层数：11.60 m 三层	m^2		
9		其他工程	略			

2.依据工程所在省《房屋建筑与装饰工程消耗量定额》的规定，挖一般土方的工程量按设计图示基础（含垫层）尺寸，另加工作面宽度、土方放坡宽度乘以开挖深度，以体积计算，基础土方放坡，自基础（含垫层）底标高算起。混凝土基础垫层支模板和混凝土基础支模板的工作面均为每边 300 mm，三类土，放坡起点深度为 1.5 m。采用机械挖土（坑内作业）放坡

系数为 0.25，计算编制投标报价时机械挖一般土方、回填土方的施工工程量。

3.工程所在省《房屋建筑与装饰工程消耗量定额》中部分分部分项工程人材机的消耗量见表 4-21 所示，该省行政主管部门发布的工程造价信息上的相关价格和部分市场资源价格见表 4-22 所示。部分单价措施项目人材机的费用见表 4-23 所示，该省发布的根据工程规模等指标确定的该工程的管理费率和利润率分别为定额人工费的 30% 和 20%，招标工程量清单中已明确所有现浇构件钢筋的暂估单价均为 3 000 元/t，钢筋的暂估总价为 280 000 元。该省《房屋建筑与装饰工程消耗量定额》中的满堂基础垫层、满堂基础、混凝土墙、综合脚手架、垂直运输的工程量计算规则与《房屋建筑与装饰工程工程量清单计算规范》中的计算规则相同。除上述已计算的内容外，该工程其他的分部分项工程和单价措施项目费小计为 2 100 000 元(含单价措施项目费 100 000 元)。上述价格和费用均不包含增值税可抵扣进项税额。编制该工程的挖一般土方、回填土方、混凝土满堂基础、钢筋等分部分项工程的综合单价分析表以及分部分项工程和单价措施项目清单与计价表。

表 4-21　　房屋建筑与装饰工程消耗量定额(节选)　　单位：10 m^3

定额编号			1—47	1—63	1—133	5—1	5—8	5—24	5—95
项目		单位	挖掘机挖装一般土方	机动翻斗车运土方≤100 m	机械夯填土	混凝土垫层	满堂基础(无梁式)	混凝土直行墙	现浇构件钢筋#22
人工	普通工	工日	0.266		0.852	1.111	0.761	1.241	1.350
	一般技工	工日				2.221	1.522	2.482	2.700
	高级技工	工日				0.370	0.254	0.414	0.450
材料	预拌混凝土 C15	m^3				10.100			
	预拌混凝土 C30	m^3					10.100	9.825	
	塑料薄膜	m^2				47.775	25.095		
	土工布	m^2						0.703	
	水	m^3				3.950	1.520	0.690	0.093
	电	kW·h				2.310	2.310	3.660	
	预拌水泥砂浆	m^3						0.275	
	钢筋 HRB400	t							1.025
	镀锌铁丝，0.7	kg							1.600
	低合金钢焊条	kg							4.800
机械	混凝土抹平机	台班					0.030		
	履带式推土机 75 kW	台班	0.022						
	履带式单斗液压挖掘机 1 m^3	台班	0.024						
	机动翻斗车 1 t	台班		0.584					
	自卸汽车 15 t	台班							
	电动夯实机 250 N·m	台班			0.955				
	钢筋切断机 40 mm	台班							0.090
	钢筋弯曲机 40 mm	台班							0.180
	直流弧焊机 32 kV·A	台班							0.400
	对焊机 75 kV·A	台班							0.060
	电焊条烘干箱 45 cm×35 cm×45 cm	台班							0.040

表 4-22　　工程造价信息价格及市场资源价格表

序号	资源名称	单位	除税单价/元	序号	资源名称	单位	除税单价/元
1	普工	工日	60.00	13	混凝土抹平机	台班	41.56
2	一般技工	工日	80.00	14	履带式推土机 75 kW	台班	858.54
3	高级技工	工日	110.00	15	履带式单斗液压挖掘机 1 m^3	台班	1 202.91
4	预拌混凝土 C15	m^3	300.00	16	机动翻斗车 1 t	台班	161.22
5	预拌混凝土 C30	m^3	360.00	17	自卸汽车 15 t	台班	985.32
6	塑料薄膜	m^2	2.50	18	电动夯实机 250 N·m	台班	67.36
7	土工布	m^2	2.80	19	钢筋切断机 40 mm	台班	45.46
8	水	m^3	4.40	20	钢筋弯曲机 40 mm	台班	25.27
9	电	kW·h	0.90	21	直流弧焊机 32 kV·A	台班	109.56
10	预拌水泥砂浆	m^3	420.00	22	对焊机 75 kV·A	台班	135.08
11	镀锌铁丝,0.7	kg	8.57	23	电焊条烘干箱 45 cm×35 cm×45 cm	台班	14.74
12	低合金钢焊条	kg	10.50				

表 4-23　　单价措施项目消耗量定额费用表(除税)

定额编号	项目名称	计量单位	人工费/元	材料费/元	施工机具使用费/元
17－21	基础垫层复合模板	m^2	13.70	26.69	0.62
17－25	满堂基础复合板木支撑	m^2	17.89	35.12	1.26
17－36	混凝土直行墙复合模板钢支撑	m^2	19.25	45.79	2.39
17－9	综合脚手架	m^2	24.69	15.02	4.01
17－76	垂直运输机械	m^2	1.04	0.00	35.43

4.总价措施项目清单编码见表 4-24,安全文明施工费(含环境保护、文明施工、安全施工、临时设施)、夜间施工增加费、二次搬运费、冬雨期施工增加费、已完工程及设备保护费等以分部分项工程中的人工费作为计取基数,费率分别为:25%、3%、2%、1%、1.2%,总价措施费中的人工费含量为 20%。该工程的分部分项工程中的人工费为 403 200 元,单价措施项目中的人工费为 60 000 元,编制该工程的总价措施项目清单与计价表。

表 4-24　　总价措施项目清单的统一编码

项目编码	项目名称	项目编码	项目名称
011707001	安全文明施工费(含环境保护 文明施工安全施工、临时设施)	011707005	冬雨期施工增加费
011707002	夜间施工增加费	011707007	已完工程及设备保护费
011707004	二次搬运费		

5.招标工程量清单的其他项目清单中已明确:暂列金额 300 000 元,发包人供应材料价值为 320 000 元(总承包服务费按 1%计取)。专业工程暂估价 200 000 元(总承包服务费按 5%计取),计日工中暂估普工 10 个,综合单价为 110 元/工日,水泥 2.6 t;综合单价为 410 元/t;中砂 10m^3,综合单价为 120 元/m^3,灰浆搅拌机(400L)2 个台班,综合单价为 30.50 元/台班。编制其他项目清单与计价汇总表。

6.若规费按分部分项工程和措施项目费中全部人工费的 26%计取,增值税税率为 11%。编制单位工程投标报价汇总表,确定该单位工程投标报价。

【答案】

问题1：

解：根据图示内容、《房屋建筑与装饰工程工程量计算规范》和计价规范的规定，计算该工程挖一般土方、土方回填、余方弃置、满堂基础垫层、混凝土满堂基础、混凝土墙、综合脚手架、垂直机械运输的招标工程量清单中的数量，见表4-25。

表4-25　分部分项工程和单价措施项目工程量计算表

序号	项目编码	项目名称	项目特征	计量单位	工程量	计算过程
1	010101002001	挖一般土方	1.土壤类别：三类土 2.挖土深度：3.9 m 3.弃土运距：场内堆放运距为50 m	m^3	1 457.09	(17.4+0.25+0.3×2+0.1×2)×(19.2+0.25+0.3×2+0.1×2)×3.9=1 457.09
2	010103001001	土方回填	1.密实度要求：符合规范要求 2.填方运距：50 m	m^3	108.44	1 457.09－37.36－109.77－(17.4+0.25)×(19.2+0.25)×(3.9－0.1－0.3)=108.44
3	010501001001	基础垫层	1.混凝土种类：预拌混凝土 2.混凝土强度等级：C15	m^3	37.36	(17.4+0.25+0.3×2+0.1×2)×(19.2+0.25+0.3×2+0.1×2)×0.1=37.36
4	010501004001	满堂基础	1.混凝土种类：预拌混凝土 2.混凝土强度等级：G30	m^3	109.77	(17.4+0.25′+0.3×2)×(19.2+0.25+0.3×2)×0.3=109.77
5	010504001001	直行墙	1.混凝土种类：预拌混凝土 2.混凝土强度等级：C30	m^3	69.54	(17.4×2+19.2×2)×0.25×(4.2－0.1－0.3)=69.54
6	010515001001	现浇构件钢筋	1.钢筋种类：带肋钢筋 HRB400 2.钢筋型号：#22	t	28.96	
7	011701001001	综合脚手架	1.建筑结构形式：地上框架、地下剪力墙结构 2.檐口高度：11.60 m	m^2	1 600.00	建筑面积1 600.00
8	011703001001	垂直运输机械	1.建筑结构形式：地上框架、地下剪力墙结构 2.檐口高度、层数：11.60 m 三层三	m^2	1 600.00	建筑面积1 600.00
9		其他工程	略			

问题2：

解：依据工程所在省建设主管部门发布的《房屋建筑与装饰工程消耗量定额》的规定，计算基础挖一般土方、回填土方的施工工程量，自垫层底面开始放坡。

(1)机械挖一般土方工程量计算：

挖土方下底面面积＝(17.4+0.25+0.3×2+0.1×2+0.3×2)×(19.2+0.25+0.3×2+0.1×2+0.3×2)＝397.19(m^2)

挖土方上底面面积＝(17.4+0.25+0.3×2+0.1×2+0.3×2+3.9×0.25×2)×(19.2+0.25+0.3×2+0.1×2+0.3×2+3.9×0.25×2)＝478.80(m^2)

机械挖土体积 $F_w=(397.19+478.80+\sqrt{397.19\times478.80})\times3.9\times1/3=1\ 705.70(m^3)$

机动翻斗车场内运输所挖全部土方工程量＝挖土体积＝1 705.70(m^3)

(2)基础回填土工程量计算：

$V_T=V_W$－室外地坪标高以下埋设物＝1 705.70－37.36—109.77－(17.4＋0.25)×(19.2＋0.25)×(3.9－0.1－0.3)＝357.05(m^3)

机动翻斗车场内运输回填土方工程量＝357.05(m^3)

问题3：

解：根据人材机的消耗量表(表4-21)、资源价格表(表4-22)、单价措施项目费用表(表4-23)以及管理费率和利润率分别为定额人工费的30％和20％。编制该工程的分部分项工程综合单价分析表，见表4-26～表4-29，编制的分部分项工程和单价措施项目清单与计价表见表4-30。

1.编制该工程的分部分项工程量清单综合单价分析表。

(1)机械挖一般土方综合单价分析表见表4-26。

每1 m^3 机械挖一般土方清单工程量所含施工工程量：

机械挖一般土方：1 705.70/1 457.09/10＝0.117 (10 m^3)

机动翻斗车运土方：1 705.70/1 457.09/10＝0.117 (10 m^3)

(2)基础土方回填综合单价分析表见表4-27。

每1 m^3 基础土方回填清单工程量所含施工工程量：

土方回填：357.05/108.44/10＝0.329 (10 m^3)

土方运输50 m：357.05/108.44/10＝0.329 (10 m^3)

(3)混凝土满堂基础综合单价分析表，见表4-28。

满堂基础模板工程量＝[(17.4＋0.25＋0.3×2)×2＋(19.2＋0.25＋0.3×2)×2]×0.3＝22.98(m^2)

每1 m^3 满堂基础清单工程量所含施工工程量：

满堂基础混凝土：109.77/109.77/10＝0.100 (10 m^3)

满堂基础模板：22.98/109.77＝0.209 (m^2)

(4)钢筋综合单价分析表，见表4-29。

由表4-29可知，＃22钢筋的暂估合价为：3 075.00×28.96＝89 052.00元，其他规格型号钢筋的暂估合价为：280 000.00－89 052.00＝190 948.00元。

(5)满堂基础垫层、混凝土直行墙的综合单价组成也包含各自模板的费用。

直行墙模板工程量＝(17.4＋0.25＋19.2＋0.25)×2×3.8＋(17.4－0.25＋19.2－0.25)×2×3.6＝541.88(m^2)

混凝土直行墙单价(元/m^3)的计算过程如下：

每1 m^3 混凝土直行墙工程量所含施工工程量：

直行墙混凝土：69.54/69.54/10＝0.100(10 m^3)

直行墙模板：541.88/69.54＝7.792(m^2)

人工费：(1.241×60＋2.482×80＋0.414×110)×0.100＋7.792×19.25＝181.85(元/m^3)

材料费：(9.825×360＋0.703×2.8＋0.690×4.4＋3.660×0.9＋0.275×420)×0.100＋7.792×45.79＝722.88(元/m^3)

表 4-26

挖一般土方综合单价分析表

项目编码	10101002001			项目名称		挖一般土方		计量单位	m³	工程量	1 457.09
清单综合单价组成明细											
定额编号	定额名称	定额单位	数量	单价				合价			
				人工费	材料费	机械费	管理费及利润	人工费	材料费	机械费	管理费及利润
1—47	挖掘机挖装一般土方	10 m³	0.117	15.96		47.76	7.98	1.87		5.59	0.93
1—63	机动翻斗车 运土方≤100 m	10 m³	0.117			94.15	0.00	0.00		11.02	0.00
人工单价		小计						1.87		16.61	0.93
60、80、110 元/工日		未计价材料费									
清单项目综合单价								19.41			
材料费明细	主要材料名称、规格、型号					单位	数量	单价/元	合价/元	暂估单价/元	暂估合价/元
	其他材料费							—			
	材料费小计							—			

表 4-27

土方回填综合单价分析表

项目编码		010103001001		项目名称		土方回填		计量单位	m³	工程量	108.44
清单综合单价组成明细											
定额编号	定额名称	定额单位	数量	单价				合价			
				人工费	材料费	机械费	管理费及利润	人工费	材料费	机械费	管理费及利润
1—63	机动翻斗车运土方≤100 m	10 m³	0.329			94.15	0.00	0		31.00	0.00
1—133	机械夯填土	10 m³	0.329	51.12		64.33	25.56	16.83		21.18	8.42
人工单价		小计						16.83		52.18	8.42
60、80、110 元/工日		未计价材料费									
清单项目综合单价								77.43			
材料费明细	主要材料名称、规格、型号					单位	数量	单价/元	合价/元	暂估单价/元	暂估合价/元
	其他材料费							—		—	
	材料费小计							—		—	

表 4-28

混凝土满堂基础综合单价分析表

项目编码	10501004001			项目名称		满堂基础		计量单位	m³	工程量	109.77
清单综合单价组成明细											
定额编号	定额名称	定额单位	数量	单价				合价			
				人工费	材料费	机械费	管理费及利润	人工费	材料费	机械费	管理费及利润
5—8	满堂基础(无梁式)	m³	0.100	195.36	3 707.50	1.25	97.68	19.54	370.75	0.12	9.77
17—25	满堂基础复合板木支撑	m²	0.209	17.89	35.12	1.26	8.95	3.74	7.34	0.26	1.87
人工单价		小计						23.28	378.09	0.38	11.64
60、80、110 元/工日		未计价材料费									
清单项目综合单价								413.39			
材料费明细	主要材料名称、规格、型号					单位	数量	单价/元	合价/元	暂估单价/元	暂估合价/元
	预拌混凝土 C30					1.01	360	363.60			
	塑料薄膜					2.5095	2.5	6.27			
								0			
	其他材料费								8.22		
	材料费小计							—	378.09		

表 4-29

现浇构件钢筋综合单价分析表

项目编码		10515001001		项目名称		现浇构件钢筋		计量单位	t	工程量	28.96
清单综合单价组成明细											
定额编号	定额名称	定额单位	数量	单价				合价			
				人工费	材料费	机械费	管理费及利润	人工费	材料费	机械费	管理费及利润
5—95	现浇构件钢筋#22	t	1.000	346.5	3 139.52	61.16	173.25	346.50	3 139.52	61.16	173.25
人工单价		小计						346.50	3 139.52	61.16	173.25
60、80、110 元/工日		未计价材料费									
清单项目综合单价								3 720.43			

材料费明细	主要材料名称、规格、型号	单位	数量	单价/元	合价/元	暂估单价/元	暂估合价/元
	钢筋 HRB400 以内#22	1.025			3 000.00	3 075.00	
	低合金钢焊条	4.8	10.50	50.40			
				0			
	其他材料费				14.12		
	材料费小计			—	64.52		3 075.00

表 4-30

分部分项工程和单价措施项目清单与计价表

序号	项目编码	项目名称	项目特征	计量单位	工程量	金额		
						综合单价	合价	其中暂估价
1	10101002001	挖一般土方	1.土壤类别:三类土 2.挖土深度:3.9 m 3.弃土运距:场内堆放运距为 50 m	m^3	1 457.09	19.41	28 289.07	
2	10103001001	土方回填	1.密实度要求:符合规范要求 2.填方运距:50 m	m^3	108.44	77.43	8 396.43	
3	10501001001	基础垫层	1.混凝土种类:预拌混凝土 2.混凝土强度等级:C15	m^3	37.36	369.56	13 806.76	
4	10501004001	满堂基础	1.混凝土种类:预拌混凝土 2.混凝土强度等级:G30	m^3	109.77	413.39	45 377.94	
5	10504001001	直行墙	1.混凝土种类:预拌混凝土 2.混凝土强度等级:C30	m^3	69.54	1 014.28	70 533.03	
6	10515001001	现浇构件钢筋	1.钢筋种类:带肋钢筋 HRB400 2.钢筋型号:#22	t	28.96	3 720.43	107 743.64	89 052.00
7	11701001001	综合脚手架	1.建筑结构形式:地上框架、地下剪力墙结构 2.檐口高度:11.60 m	m^2	1 600	56.07	89 712.00	
8	11703001001	垂直运输机械	1.建筑结构形式地上框架、地下室剪力墙结构 2.檐口高度、层数:11.60 m 三层三	m^2	1 600	36.99	59 184.00	
9		其他工程	略				2 100 000.00	190 948.00
合计							2 523 042.87	280 000.00

施工机具使用费：0＋7.792×2.39＝18.62（元/m^3）

管理费：181.85×30%＝54.56（元/m^3）

利润：181.85×20%＝36.37（元/m^3）

混凝土直行墙的综合单价为：181.85＋722.88＋18.62＋54.56＋36.37＝1 014.28（元/m^3）

满堂基础垫层模板工程量＝[（17.4＋0.25＋0.3×2＋0.1×2）×2＋（19.2＋0.25＋0.3×2＋0.1×2）×2]×0.1＝7.74（m^2）

满堂基础垫层、综合脚手架、垂直机械运输等的综合单价的计算类似上述算法（计算过程略），分别为：369.56 元/m^3、56.07 元/m^2、36.99 元/m^2。

2.编制分部分项工程和单价措施项目清单与计价表，见表 4-30。

问题 4：

解：总价措施项目参照计价规范选择列项，还可以根据工程实际情况补充，总价措施项目清单与计价表，见表 4-31。

表 4-31　　总价措施项目清单与计价表

序号	项目编码	项目名称	计算基础/元	费率/%	金额/元	调整费率/%	调整后金额/元
1	11707001	安全文明施工费（含环境保护、文明施工安全施工、临时设施）	403 200.00	25	110 880		
2	11707002	夜间施工增加费	403 200.00	3	13 305.6		
3	11707004	二次搬运费	403 200.00	2	8 870.4		
4	11707005	冬雨期施工增加费	403 200.00	1	4 435.2		
5	11707007	已完工程及设备保护费	403 200.00	1.2	5 322.24		

安全文明施工费＝403 200.00×25%＋403 200.00×25%×20%×（30%＋20%）＝110 880.00（元）

夜间施工增加费＝403 200.00×3%＋403 200.00×3%×20%×（30%＋20%）＝13 305.60（元）

二次搬运费＝403 200.00×2%＋403 200.00×2%×20%×（30%＋20%）＝8 870.40（元）

冬雨期施工增加费＝403 200.00×1%＋403 200.00×1%×20%×（30%＋20%）＝4 435.20（元）

已完工程及设备保护费＝403 200.00×1.2%＋403 200.00×1.2%×20%×（30%＋20%）＝5 322.24（元）

其中人工费＝403 200.00×（25%＋3%＋2%＋1%＋1.2%）×20%＝25 966.08（元）

问题 5：

解：编制该工程其他项目清单与计价汇总表，见表 4-32。

表 4-32 其他项目清单与计价汇总表

序号	项目名称	计量单位	金额/元	结算金额	备注
1	暂列金额	元	300 000.00		
	材料暂估价	元			不计入总价
2	专业工程暂估价	元	200 000.00		
3	计日工 10×110+2.6×410+10×120+2×30.50=3 427.00 元	元	3 427.00		
	总承包服务费 200 000×5%=10 000.00 元 320 000×1%=3 200.00 元	元	13 200.00		
	合　计		516 627.00		

问题 6：

解：1.编制单位工程投标报价汇总表，见表 4-33。其中：

措施项目费合计=单价措施项目费+总价措施项目费=(89 712.00+59 184.00+100 000.00)+142 813.44=248 896.00+142 813.44=391 709.44(元)

分部分项工程费合计=2 523 042.87−248 896.00=2 274 146.87(元)

表 4-33 单位工程投标报价汇总表

序号	汇　总　内　容	金额/元	其中：暂估价/元
1	分部分项工程	2 274 146.87	280 000.00
1.1			
……			
2	措施项目	391 709.44	
2.1	其中：安全文明施工费	110 880.00	
3	其他项目	516 627.00	
3.1	暂列金额	300 000.00	
3.2	专业工程暂估价	200 000.00	
3.3	计日工	3 427.00	
3.4	总承包服务费	13 200.00	
4	规费(403 200.00+60 000.00+25 966.08)×26%	127 183.18	
5	税金(1+2+3+4)×9%	297 869.98	
	投标报价=1+2+3+4+5	3 607 536.48	

2.确定该单位工程投标报价。

单位工程投标报价为：3 607 536.48 元。

六、技术标（施工方案）的编制

随着技术的进步，建筑工程的技术含量也越来越高。体现施工企业技术水平高低的施工组织设计，在投标书中所占的分量也越来越重。为适应投标工作中激烈的竞争形势，必须重视和加强施工组织设计的编制工作。一般情况下，报价占投标书评分比例的40%～60%；施工组织设计占20%～40%；商务综合占10%～20%。投标项目的施工组织设计是投标报价的前提条件，是评标时要考虑的重要因素，应由投标单位的技术专家负责编制，主要考虑施工方法、主要施工机具的配置、各工种劳动力的安排及现场施工人员的平衡、施工计划进度与分批竣工的安排、施工质量保证体系、安全及环境保护等。投标书中施工组织设计内容是核心内容。施工组织设计编制过程首先要认真研究分析招标文件的有关具体规定。由于招标提供的资料仅是代表性资料，不能满足投标方的需要，因此要通过详细的施工现场调查对施工方案进行细化完善，使设计结果具有可实施性和可操作性。对于重点、难点方案可以采取多个施工方案投标的方法，使它们具有不同的特色，分析优劣点，使评委们对方案进行评审后能够确定中标的最佳方案。施工组织设计要注意新工艺、新方法、新技术、新材料的使用，注意施工组织方案与投标报价要求相结合，既具有先进性，又具备经济上的合理性。要在确定施工队伍的基础上利用施工进度网络，对施工进度进行安排；在施工方案中要突出工艺流程和工艺标准的先进性与合理性；对施工平面布置要注意完整性和环境保护的具体要求，综合制订工期、质量、安全的施工方案时要注意关联性和协调性；以施工方案为核心，结合投标项目的实际情况，推行ISO 9002质量保证模式，采取综合性措施，保证企业经营方针、质量方针的实现。投标单位对拟定的施工组织设计进行费用和成本的分析，以此作为报价的重要依据。

1.施工组织设计相关资料的收集

在充分研究招标文件的具体要求后，投标单位按照确定的投标意向进行资料准备。资料准备主要是收集以下五个方面的资料：

(1)工程任务文件

①上级批准的设计任务书和工程项目一览表。

②建设单位要求分期分批施工的项目和工期函件。

③工程合同或协议书。

(2)工程设计文件

①建筑区域平面图。

②建筑工程总平面图。

③各建筑物的平、立、剖面图。

④施工场地土方平衡竖向设计和建筑物竖向设计图。

⑤工程总概算书。

(3)技术计算资料

①建筑安装工程工期定额，主要用于编制施工总进度计划。

②有关工程的概算指标，用于编制资源需要量计划。

③概算定额，用于施工部署和施工方案中的有关计算。

④有关水、电、路及临时建筑的设计参考指标。

(4)工地自然条件资料

①气温、雨雪、风力和冰冻层等气象资料。

②工地地形图和地质勘探资料。

③附近地区的汛期防洪资料。

(5)地区资源潜力资料

①水、电、气等能源供应情况。

②现有铁路、公路、桥梁和水运等交通能力情况。

③地方材料的品种和可供应量情况。

④附近地区加工企业的种类和生产能力情况。

2.编制施工组织设计主要研究的问题

(1)施工总进度计划的确定

施工总进度计划是施工组织总设计中的主要内容,也是中标后现场施工管理的中心,是施工现场各项施工活动在时间上的具体安排和体现。计划中应说明各个施工项目及其主要工种工程施工准备时间,单位工程、分项工程的拟定用工时间,施工现场的各种资源的需要量等。编制的要点是准确计算所有项目的工程量,填入工程量汇总表,并根据本单位的施工经验、企业的机械化程度、建设规模和建筑类型对总工期进行具体分析。对施工顺序,分步施工计划,连续、均衡、有节奏施工等因素进行具体分析。施工总计划不同,间接费的数额就不同,因此,投标报价方案的确定和施工总进度计划有很大联系。

在投标阶段编制的工程进度计划不是工程实际施工计划,可以粗略一些,除招标文件规定用网络图外,一般用横道图表示。但应满足以下要求:总工期符合招标文件的要求,如果合同要求分期、分批竣工交付使用,应标明分批交付使用的时间和数量;应表示各项主要工程的开始和结束时间(例如房屋建筑中的土方工程、基础工程、混凝土结构工程、屋面工程、装修工程、水电安装工程等开始和结束时间);要体现主要工序相互衔接的合理安排;应有利于均衡地安排劳动力,尽可能避免现场劳动力数量不稳定,以提高工效和节省临时设施;须有利于充分有效地利用施工机械设备,减少机械设备占用周期;便于编制资金流动计划,利于降低流动资金占用量,节省资金利息。

由于招标文件有关规定不同,编制施工总进度计划的出发点也不同,编制时有两种不同的情况。

①无具体工期要求。应考虑合理工期、最短工期、适中工期三种进度计划并分别估价,最终采取哪一方案报价,要根据招标方的要求和其他因素来确定。

◎ 合理工期是指按承包商本身习惯的施工组织方法和顺序,工效最高、成本最低的工期,而不考虑加班钟点或其他特殊的赶工措施。以此编制施工总进度计划,报价最低,但总工期较长。

◎ 最短工期是考虑所有允许和可能的加快进度的措施(如节假日和夜间加班、增加施工机械或其他特殊技术措施等),而可能实现的工期。以此原则编制施工总进度计划,总工期最短,但报价最高。

◎ 适中工期是指在合理工期与最短工期间选择且以此原则可编制能大幅度缩短总工期,又不增加很多成本的施工总进度计划。

②有具体工期要求。招标文件规定了总工期,规定分部工程的交工工期,如基础完成、结构封顶、1～5 层先交付使用等等。也可能仅提出总工期的要求。招标文件中工期的规定是对施工

总进度计划的约束条件，在编制施工总进度计划时必须满足，而且今后实际施工时也必须满足这些要求。此时，应考虑如下施工总进度计划：

◎ 完全按招标文件的工期要求编制施工总进度计划。通常采用“倒排进度”的方法，根据分部工程工期和总工期的要求，安排人力和机械，以保证工期目标。由于业主的工期要求一般都比承包商的合理工期短，因而需要采取加快进度的措施。

◎ 在适当提前工期情况下编制施工总进度计划。通常业主在招标文件中提出提前工期要求，表明业主希望提早发挥投资效益，比较注重工期目标，往往把工期作为评标的主要因素。尽管在业主工期要求较短的情况下，进一步缩短工期需要采取特殊的加快进度措施，可能大幅度地增加成本、提高投标价，但是，更短的工期对业主具有较强的吸引力。以此原则编制施工总进度计划，主要考虑将总工期和分期交付工程的工期适当提前。

◎ 在规定工期奖的情况下编制施工总进度计划。一般合同条件对工期奖的规定是针对合同工期。如果单位时间的工期奖额超过承包商加快进度而增加的成本额(合同工期和提前的工期一般均有一个适当区间)，估价人员就可以适当加快施工总进度。

(2)施工的技术方案

不同的技术方案或工艺方法，所需的施工机械、辅助设备、劳动力的费用有时会有较大差异。尤其是对于土方工程、基础工程、围护和降水措施、主体结构工程、混凝土搅拌和浇筑等，施工方法对其估价的影响相当大。施工方法的选择既要考虑技术上的可能性，满足施工总进度计划的要求，又要考虑经济性。施工方案应包括以下主要内容：

①各分部分项工程完整的施工方案，保证质量措施。

②施工机械的进场计划。

③工程材料的进场计划。

④施工现场平面图、布置图及施工道路平面图。

⑤冬雨期施工措施。

⑥地下管线及其他地上或地下设施的加固措施。

⑦保证安全生产，文明施工，较少扰民，降低环境污染和噪声的措施。

(3)拟订施工方案时的注意事项

①施工方案的可行性。主要是施工机械的数量和性能选择、施工场地及临时设备的安排、施工顺序及其衔接等。特别是对项目的难点或要害部位的施工方法应进行可行性论证。

②工程材料和机械设备供应的技术性能符合设计要求。

③施工质量的保证措施。投标书中提出的质量控制和管理措施，包括质量管理制度的严密性、质量管理人员的配备、质量检验仪器设备的配置等。

④根据分类汇总的工程数量和工程进度计划中该类工程的施工周期，以及招标文件的技术要求，选择和确定各项工程的主要施工方法和适用、经济的施工方案。

投标项目施工方案拟订过程中要对其进行综合评价，即对不同施工方案的总费用、总工期、劳动资源消耗总量以及劳动生产率、劳动效率、劳动力均衡系数、设备资源使用总量与利用率水平、建筑材料使用总量与消耗水平、质量指标等进行技术经济评价，作为投标决策过程的备选方案。

投标项目施工方案拟订后，可以采取类比法对方案进行评价。类比是指与本公司相同类型施工项目的技术经济指标和投标中标率进行对比。在信息较完整的情况下，可以同竞争对手过去已中标的施工项目的施工方案进行类比，应注意竞争对手的特点、优势和劣势。

投标项目施工方案拟订过程中要注意新工艺、新材料、新设备的应用，它是竞标过程中评标委员会专家的关注点。招标方对投标人采用的特殊技术和关键技术的先进性和可靠性应予以重视，因此对于不同的分项工程应注意施工方案的特殊性，例如，土方挖掘工程、降低地下水位措施、基坑围护设施、模板工程等。

(4)分包工程的范围划定

分包商企业通常规模较小，但在某领域具有明显的专业特长，如某些对手工操作技能要求较高或需要专用施工机械设备的分部分项工程。作为总包商或主承包商，如果对某些分部分项工程由自己施工不能保证工程质量要求或成本过高而引起报价过高，从而降低自己的投标竞争能力，就应当考虑对这些工程内容选择适当的分包商来完成。在国际工程中，通常对以下工程内容要考虑分包：

①劳务性工程。这种工程不需要什么技术，也不需要施工机械和设备，在工程所在地选择劳务分包公司通常是比较经济的。例如，室外绿化、清理施工现场垃圾、施工现场内二次搬运、一般维修工作等。

②手工操作技能要求高的工程。这种工程劳动消耗量大，花费时间多，单位时间的产出量少，总包商即使有专业技术工人，但长期大批雇用这类工人在外地承包工程也是不经济的。因为这势必要增加施工现场临时设施、管理工作和费用，还可能在有关工程内容不足或不连续时将这些专业技术工人当普通工使用。另外，这种工程有时还可能涉及当地技术规范对操作工艺的特殊要求，本公司的工人未必熟悉。因此，选择工程所在地的公司或在当地长期做专业分包的公司做分包是明智的。

③需要专用施工机械的工程。这类工程可以在当地购置或租赁施工机械，由自己施工。但是，如果相应的工程量不大或专用机械价格和租赁费过高，则可将其作为分包工程内容。

④机电设备安装工程。机电设备供应商负责安装，尤其当设备供应商在工程所在地时，这比承包商安装要经济，利于保证安装工程质量。另外，发达国家的跨国公司在世界各地区都有其分支机构，可以就近为其设备买主提供安装、调试、维修和其他服务。

(5)资源的调度与使用

分析投标项目施工方案时要估算直接生产劳务数量，考虑其来源及进场时间安排。并根据所需直接生产劳务的数量，结合以往经验估算所需间接劳务和管理人员的数量，进而估算生活临时设施的数量和标准等。估算主要的和大宗的建筑材料的需用量，考虑其来源和分批进场的时间安排，从而可估算现场用于存储、加工的设施。如果有些建筑材料，如砂、石等拟就地自行开采，则应估计采砂、石的设备和人员，并计算自采砂石的单位成本价格。如有些构件拟在现场自制，应确定相应的设备、人员和场地面积，并计算自制构件的成本价格。根据现场设备、高峰人数和一切生产和生活方面的需要，估算现场用水、用电量，确定临时供电和给排水设施。还要考虑其他临时工程的需要和建设方案。

根据施工总进度计划，可以计算出不同时间所需要的材料种类和数量，并据此制订材料采购计划。为了保证工程的顺利施工，在制订材料采购计划时要考虑以下因素：一是采购地点、产品质量和价格；二是运输方式、所需时间和价格；三是合理的储备数量。对于特殊或贵重材料，还要考虑得更周到些。

工程上所用设备的采购或订货，除了施工总进度计划中的安装时间外，还要考虑采购或订货的周期、运输所需要的时间、设备本身价格及运输费用(包括保险费)、付款方式和时间等。

根据施工总进度计划、劳动力和施工机械设备安排计划、材料和工程设备采购计划,可以绘制出工程资金需要量图。但这仅仅是工程承包的资金流出量,要编制资金筹措计划,还要考虑资金流入量,其中最主要的是业主支付的工程预付款、材料和设备预付款(若有)、工程进度款。这样,就可以绘制出该工程的资金流量图,以此作为编制资金筹措计划的依据。要特别注意业主预付款和进度款的数额、支付的方式和时间、预付款起扣时间、方式和数额。显然,贷款利率也是必须考虑的重要因素之一,若贷款利率较高,而业主预付款和进度款的支付条件比较苛刻,则意味着承包商要垫付大量的资金并支付高额利息,从而需要相应提高投标报价。

项目五 投标报价的策略与技巧

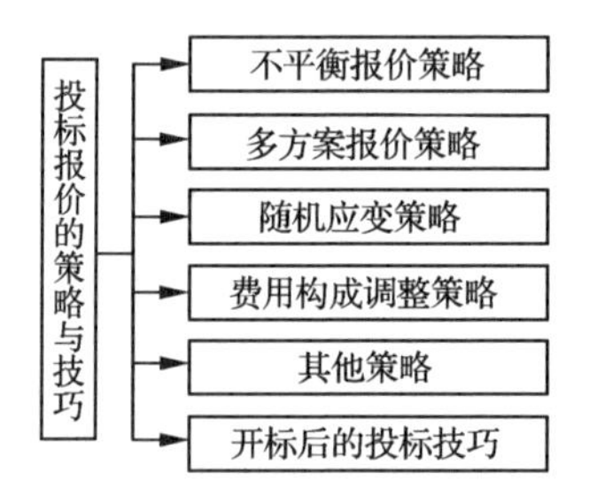

投标策略是指投标过程中,投标人根据竞争环境的具体情况而制定的行动方针和行为方式,是投标人在竞争中的指导思想,是投标人参加竞争的方式和手段。投标策略是一种艺术,它贯穿于投标竞争过程的始终。其中最为重要的是投标报价的基本策略。投标报价是承包商根据业主的招标条件,以报价的形式参与建筑工程市场竞争,争取承包项目的过程。报价是影响承包商投标成败的关键。合理的报价,不仅对业主有足够的吸引力,而且应使承包商获得一定的利益。报价是确定中标人的条件之一,但不是唯一的条件。一般来说,在工期、质量、社会信誉相同的条件下,招标人以选择最低报价标为好。企业不能单纯追求报价最低,应当在评价标准和项目本身条件所决定的标价高低的因素基础上充分考虑报价的策略。

在下列情况下报价可高一些:施工条件差(如场地狭窄、地处闹市)的工程;专业要求高的技术密集型工程,而本公司这方面有专长,声望也高;总价低的小工程,以及自己不愿意做而被邀请投标时,不便于不投标的工程;特殊的工程,如港口码头工程、地下开挖工程等;业主对工期要求紧的工程;投标对手少的工程;支付条件不理想的工程。

在下列情况下报价应低一些:施工条件好的工程,工作简单、工程量大而一般公司都可以做的工程,如大量的土方工程、一般房建工程等;本公司目前急于打入某一市场、某一地区,或虽已在某地区经营多年,但即将面临没有工程的情况(某些国家规定,在该国注册公司一年内没有经营项目时，就要撤销营业执照)，且机械设备等无工地转移；附近有工程而投标项目可利用该项工程的设备、劳务或有条件短期内突击完成的；投标对手多，竞争力强的工程；非急需工程；支付条件好的工程，如现汇支付。

投标人对报价应做深入细致的分析，包括分析竞争对手、市场材料价格、企业盈亏、企业当前任务情况等，再做出报价决策，即报价上浮或下浮的比例，决定最后报价。在实际工作中采用的报价策略有：不平衡报价策略、多方案报价策略、随机应变策略、费用构成调整策略和其他策略。

一、不平衡报价策略

不平衡报价策略是指一个工程项目的投标报价在总价基本确定后，调整内部各个项目的报价，既不提高总价，又不影响中标，同时能在结算时得到更理想的经济效益。一般情况如下：

(1)对能先拿到工程款的项目(如建筑工程中的土方、基础等前期工程)的单价可以定高一些，利于资金周转，存款利息也较多；而后期项目单价适当降低。

(2)估计以后会增加工程量的项目，可提高其单价；工程量会减少的项目，可降低单价。

(3)图纸不明确或有错误的，估计会修改的项目，单价可提高；工程内容说明不清的单价可降低，有利于以后的索赔。

(4)没有工程量，只填单价的项目(如土方工程中的挖淤泥、岩石等)，其单价宜高，这样既不影响投标标价，以后发生时又可多获利。

(5)对于暂定数额(或工程)，其发生可能性大，价格可定高；估计不一定发生的，价格可定低。

(6)零星用工可稍高于工程单价中的工资单价，因它不属于承包总价的范围，发生时实报实销，也可多获利。

不平衡报价策略一定要建立在对工程量表中工程量仔细核对分析的基础上，特别是对于报低单价的项目，执行时工程量增多将造成承包商的重大损失。因此，一定要控制在合理幅度内，一般为8%～10%。应用不平衡报价策略时应在保持报价总价不改变的前提下，在适当的调整范围内进行不平衡报价。在实际工作中要注意不平衡报价策略的比较和资金现值分析相结合。

二、多方案报价策略

招标项目工程范围不明确、条款不清楚或技术规范要求苛刻时，则要在充分估计投标风险的基础上，按多方案报价策略处理，即按原招标文件报一个价，然后再提出，“如果条款(如某规范规定)做某些变动，报价可降低多少……”，以此降低总价，吸引业主；或是对某些部分提出“按成本补偿合同”方式处理，其余部分报一个总价。有时招标文件中规定，可以提一个备选方案，即可以部分或全部修改原设计方案，提出投标人的方案。投标人应组织一批有经验的工程师，对原招标文件的方案仔细研究，提出更合理的方案吸引业主，促成方案中标。这种新的备选方案必须有一定的优势，如降低总造价，提前竣工，采用新技术、新工艺、新材料，工程运作更合理等。但要注意的是，对原招标方案一定也要报价，以供业主比较。增加备选方案时，方案不必太具体，保留方案的关键技术，防止业主将此方案交给其他承包商实施。备选方案要比较成熟，或依据一定的已有实践经验。因为投标时间不长，没有把握的备选方案，可能会引起很多后患。多方案报价和增加备选方案报价与施工组织设计、施工方案的选择有着密切的关系，应发挥投标人的整体优势，调动人员的积极性，促进报价方案整体水平的提升。制订方案要具体问题具体分析，深入施工现场调查研究，集思广益选定最佳建议方案，要从安全、质量、经济、技术和工期上，对建议（比选）方案进行综合比较，使选定的建议（比选）方案在满足安全、质量、技术、工期等要求的前提下，达到最佳效益。

三、随机应变策略

在投标截止日之前，一些投标人采取随机应变策略，即根据竞争对手可能提出的方案，在充分预案的前提下，采取突然降价策略、开口升级策略、扩大标价策略、许诺优惠条件策略等。

报价是保密性的工作，但是投标人往往通过种种渠道、手段获悉对手情况，在报价时可以采取迷惑对方的手法。先按一般情况报价或表现出对工程兴趣不大，投标快截止时，再突然降价。如鲁布革水电站引水系统工程招标时，日本大成公司认定主要竞争对手是前田公司，在开标前把总报价降低8.04%，取得最低标，为中标打下坚实基础。采用该方法时，要在投标报价时考虑降价的幅度，在投标截止日期前，根据情报信息分析判断，做出最后决策。

1.突然降价策略

突然降价法是指投标人在开标前，提出降价率。由于开标只降总价，在签订合同后可采用不平衡报价的方法调整工程量表内的各项单价或价格，同样能取得更多的效益。采取突然降价法必须在信息完备、测算合理、预案完整、系统调整的条件下运作。

2.开口升级报价策略

开口升级报价策略是指将工程中的一些风险大、花钱多的分项工程或工作抛开，仅在报价单中注明，由双方再度商讨决定。这样大大降低了报价，用最低价吸引业主，取得与业主商谈的机会，而在议价谈判和合同谈判中逐渐提高报价。

3.扩大标价策略

扩大标价策略是较常用的，先按正常的已知条件编制价格，再对工程中变化较大或没有把握的工作，采用扩大单价、增加“不可预见费”的方法来减少风险。但是采用该方法会因总价高而不易中标。

4.许诺优惠条件策略

投标报价附带优惠条件是一种行之有效的手段。招标单位评标时，主要考虑报价和技术方案，还要分析其他条件，如工期、支付条件等。因此，在投标时可主动提出提前竣工、低息贷款、赠予施工设备、免费转让新技术或某种技术专利、免费技术协作、代为培训人员等优惠条件，这均是吸引业主、利于中标的辅助手段。

四、费用构成调整策略

有的招标文件要求投标人对工程量大的项目报“单价分析表”。投标者可将单价分析表中的人工费及机械设备费报价调高，材料费报价调低。这主要是为了今后补充项目报价时，可能参考选用“单价分析表”中较高的人工费和机械设备费，而材料则往往采用市场价，因而可获得较高的收益。

1.计日工报价

单纯计日工的报价可以高，以便日后业主用工或使用机械时可以多盈利。用“名义工程量”时，则需具体分析是否报高价，以免抬高总报价。

2.暂定工程量的报价

暂定工程量可分为三类:第一类,业主规定暂定工程量的分项内容和暂定总价款,规定所有投标人都必须在总报价中加入这笔固定金额,但由于分项工程量不是很准确,允许将来按投标人所报单价和实际完成的工程量付款;第二类,业主列出了暂定工程量的项目和数量,但并没有限制这些工程量的估价总价款,要求投标人既列出单价,也应按暂定项目的数量计算总价,当将来结算付款时可按实际完成的工程量和所报单价支付;第三类,暂定工程是一笔固定总金额,金额用途将来由业主确定。

对于第一类情况,由于暂定总价款是固定的,对总报价水平竞争力没有任何影响,因此,投标时应将暂定工程量的单价适当提高。这样工程量变更不影响投标人收益,投标报价的竞争力同样不受影响。对于第二类情况,投标人必须慎重考虑,如果单价定高了,会增大总报价,影响投标报价的竞争力;如果单价定低了,将来这类工程量增大,会影响收益。一般来说,这类工程量可以采用正常价格。如果承包商估计今后实际工程量肯定会增大,则可适当提高单价,使将来增加额外收益。第三类情况对投标竞争没有实际意义,按招标文件要求将规定的暂定款列入总报价即可。

3.阶段性报价

大型分期建设工程,在一期工程投标时,可以将部分间接费分摊到二期工程,少计利润,争取中标。这样在二期工程招标时,凭借第一期工程的经验、临时设施以及创立的信誉,比较容易中标。但应注意分析二期工程实现的可能性,如开发前景不明确,后续资金来源不明确,实施二期工程遥遥无期,则不宜这样考虑。

4.无利润报价

缺乏竞争优势的承包商,在特定情况下,报价中根本不考虑利润而去夺标。这种办法一般是处于以下情况时采用:

(1)有可能在得标后,将大部分工程包给索价较低的分包商。

(2)分期建设的项目,先以低价获得首期工程,而后赢得机会创造二期工程中的竞争优势,在以后的实施中赚得利润。

(3)长时期承包商没有在建的工程项目,如果再不中标,难以维持生存。因此,虽然本工程无利可图,但只要能维持工程的日常运转,就可设法渡过暂时的困难,以图东山再起。

五、其他策略

其他策略包括:信誉制胜策略、优势制胜策略、联合保标策略。

1.信誉制胜策略

信誉,在建筑业意味着工程质量好,及时交工,守信用。如同工厂产品的商标,名牌产品价格就高。建筑企业信誉好,价格就高些,如某建设项目,施工技术复杂,难度大,而某公司过去承担过此类工程,取得信誉,业主信得过,报价就可稍高。若为了占领某地区市场,建立信誉,也可以降低报价,以求将来发展。

2.优势制胜策略

优势体现在施工质量、施工速度、价格水平、设计方案上,采用优势制胜策略可以有以下几种方式:

(1)以质取胜。建筑产品质量第一,百年大计。投标企业用自己以前承建的施工项目质量的社会评价及荣誉、质量保证体系的科学完备性、已通过的国际和国内相关认证等,作为获得中标的重要条件。

(2)以快取胜。通过采取有效措施缩短施工工期,并能保证进度计划的合理性和可行性,从而使招标工程早投产、早收益,以吸引业主。

(3)以廉取胜。前提是保证施工质量,这对业主具有较强的吸引力。从投标单位的角度出发,采取该策略通过降价扩大任务来源,降低固定成本的摊销比例,为降低新投标工程的承包价格创造条件。

(4)以改进设计取胜。通过研究原设计图纸,若发现明显不合理之处,可提出改进设计的建议和降低造价的措施。在这种情况下,一般仍然要按原设计报价,再按建议的方案报价。

3.联合保标策略

在竞争对手众多的情况下,采取几家实力雄厚的承包商联合控制标价,一家出面争取中标,再将其中部分项目转让给其他承包商分包,或轮流相互保标。在国际上这种做法很常见,但是一旦被业主发现,则有可能被取消投标资格。联合保标在国内属违法行为,即"围标"。

上述策略是投标报价中经常采用的,策略选择需要掌握充足的信息,竞标企业对项目重要性的认识直接影响策略选择。策略的应用又与谈判、答辩的技巧有关,灵活使用投标报价基本策略的目的是中标,获得项目承建权。

六、开标后的投标技巧

投标人通过公开开标可以得知众多投标人的报价。但低价不一定中标,业主要综合各方面的因素严肃评审,有时需经过谈判(答辩),方能确定中标人。若投标人利用议标谈判的机会,展开竞争,就可以变投标书的不利因素为有利因素,提高中标机会。特殊情况下,议标方式的发包工程还存在,即通常是选两个或三个条件较优者进行谈判。招标人可分别向他们发出通知进行议标谈判。招标惯例规定,投标人在标书有效期内,不能对包括造价在内的重要投标内容进行实质性改变。但是,某些议标的谈判可以例外。在议标谈判中的投标技巧主要有:

1.降低投标价格

投标价格不是中标的唯一因素,但却是中标的关键性因素。在议标中,投标人提出降低标价是议标的主要手段和实质内容。需要注意的是:其一,要摸清招标人的意图,在得到其降低标价的明确暗示后,再提出降价的要求。因为有些国家的政府相关招标法规规定,已投出的投标书不得改变任何文字,若有改动,投标即告无效。其二,降低投标价格要适当,应在自己投标降价计划范围内。降低投标价格,要考虑两方面因素:降低投标利润和降低经营管理费。在具体操作时,通常通过在投标时测算的利润空间,设定降价百分比系数,需要时可迅速地提出降价后的投标价。设定降价系数时应确定降价幅度与利润的函数关系及降价临界点。降价临界点不一定是利润为零的点,它是根据企业经营管理需要决定的某一利润水平,包含亏损标在内。降价系数可以是针对总造价的,也可以是针对某些分项的。

2.补充投标优惠条件

除中标的关键性因素投标价格外,在议标的谈判技巧中,还可以考虑其他许多重要因素,如缩短工期,提高工程质量,降低支付条件要求,提出新技术和新设计方案以及提供补充机械设备等,以此优惠条件得到招标人的认同,争取中标。

项目六 了解电子投标

电子投标的工作阶段和内容与传统投标完全一样，但电子投标需要在公共资源交易平台中的电子招标投标交易系统中进行，网上投标流程和网上操作手续繁杂，在此以我国发达地区的电子投标交易字系统为例进行说明电子投标的具体操作流程。

一、企业信息登记

施工、监理及勘察设计企业按要求必须在住房和建设主管部门备案，特殊情况或其他企业如需使用电子招标投标系统，应在此办理企业信息登记，已经在住房和建设主管部门或深圳公共资源交易中心深圳交易集团有限公司建设工程招标业务分公司办理过企业信息备案，则跳过此步。

二、数字证书办理

电子招标投标系统须使用CA数字证书（机构数字证书或业务数字证书）登录，已经办理过CA数字证书且处于有效期内，则跳过此步。

三、查看投标邀请或招标公告

1.邀请招标的项目

（1）工作内容

对于邀请招标的招标项目，招标人可在招标项目登记备案前向拟邀请单位发出邀请通知，受邀单位可在邀请回复截止时间前反馈是否同意投标。

（2）投标人操作说明

进入投标子系统，单击导航栏【查看投标邀请】菜单，进入操作页面，显示本单位收到的所有投标邀请信息列表。可单击标段名称查看邀请信息，或单击【回复】按钮查看邀请信息并选择是否同意投标，提交给招标人。

2.公开招标的项目

（1）工作内容

工作内容需要查看招标公告。

（2）投标人操作说明

投标人登录投标系统单击导航栏招标公告模块【查看招标公告菜单】查看已发布的招标公告信息，如有疑问，可在招标公告详细信息页提出质疑。对于招标公告提出的质疑，招标人会在【招标公告答疑澄清】进行答疑，请投标人关注该部分信息，以便了解招标人答疑信息。

四、投标报名

1.工作内容

资格审查方式为投标报名的招标项目，需先进行投标报名并经招标人审查合格后，方准许递交投标文件。由此进入报名及查看招标人实时审查情况。

2.投标人操作说明

投标人单击导航栏投标报名模块【网上报名】菜单进入当前接受报名标段列表页，单击【报名】按钮进入报名信息录入页，根据不同招标项目类型要求，录入项目经理/总监（如需要），添加联合体副体单位信息（如有），上传报名文件，填写联系人信息，签名确认成功即报名成功。

报名完成后，在报名截止时间前可随时查看该列表页审核结果列审查状态，须修改报名资料的，单击操作列【报名】按钮进入报名信息录入页后，需先单击【撤销确认】按钮撤销提交，再修改报名信息。报名截止时间之后，投标人可进入【参与报名项目】菜单，关注报名资料审查结果及查看本单位报名记录。

五、参加资格预审

1.工作内容

本阶段的主要工作：下载资格预审文件；编制资格预审申请文件；递交资格预审申请文件及解密等。

2.投标人操作说明

投标人单击导航栏【下载资格预审文件】菜单进入查看审核通过的资格预审文件信息，单击招标公告名称链接进入查看页面，并可下载相应文件（如有变更澄清，此处只显示最新版本文件）。

投标人登录投标子系统，打开导航栏投标模块【提交资格预审申请文件】菜单，进入标段名称列表，单击【递交资格预审申请文件】按钮，打开上传资格预审申请文件的详细页面，进行相关编辑操作，根据不同招标项目类型要求，录入项目经理/总监（如需要）。投标报名不允许修改）。上传资格预审申请文件，填写联系人信息，签名确认成功即递交成功。签名成功的可单击【打印回执】按钮，打开网上递交资格预审申请文件回执页面打印。递交成功后，请在该页面下载已上传的资格预审申请文件并使用标书查看工具测试解密和查看是否正常。截标时间之前，如投标人需对资格预审申请文件信息进行修改重新提交，需要单击【撤销签名】按钮，使用机构数字证书签名确认撤销后，才能对资格预审申请文件信息进行修改或重新上传文件。

资格预审申请截止时间后，投标人进入导航栏资格预审模块【资格预审开启】菜单，打开资格预审开启标段列表页面，找到相应标段，单击操作列【进入】按钮，打开资格预审申请文件开启页面，该页面同步显示资格预审开标系统文件开启状态等信息。如递交资格预审申请文件时上传的文件为加密文件，可单击该页面右上方【网上解密】按钮，进入文件网上解密页面，插入用于解密文件的数字证书，单击标书文件后的【解密】按钮进行解密。投标人也可选择前往市建设工程分公司进行现场解密。

投标人进入导航栏【资格预审结果】菜单，打开已发布资格预审结果的标段列表页面，列表中合格数/申请家数列显示经评审合格单位数量/全部递交资格预审申请文件单位数量，单击标段名称链接打开相应标段资格预审详细结果页面，该页可查看已发布的评审结果报表及合格/不合格单位信息。

六、下载招标资料

1.工作内容

招标人发布招标文件或进行变更澄清后，投标人可下载最新的招标文件及答疑补遗等文件，并按最新的招标文件要求编制投标文件。

2.投标人操作说明

投标人进入【下载招标文件】菜单，进入下载招标文件标段列表页，单击标段名称链接进入详细页面，重新发布招标文件后，此处仅显示有效的招标文件。

七、踏勘现场

打开导航栏【踏勘现场通知】菜单，进入踏勘通知列表页面，单击标段名称链接，查看已发布的踏勘通知详细信息。

八、提交查看投标担保

1.工作内容

担保公司录入投标担保信息，供招标方及市建设工程分公司查询工程担保情况。

2.投标人操作说明

投标人进入投标担保模块【查看投标保函】菜单，打开本单位已办理投标保函标段列表页，单击操作列【详情】按钮，查看详细投标保函信息。该保函记录由担保公司在投标单位办理投标保函后手工录入。

九、递交投标文件

1.工作内容

投标人须在截标时间之前完成递交投标文件，请按招标文件要求的递交方式(网上递交或窗口递交)正确递交。

2.投标人操作说明

投标人登录投标子系统，打开导航栏投标模块【提交投标文件】菜单，进入标段名称列表，单击【递交投标文件】按钮，打开上传投标文件的详细页面，进行相关编辑操作，根据不同招标项目类型要求，录入项目经理/总监(如需投标报名、资格预审或邀请招标工程、预选招标子工程，从前序流程读取，不允许修改)。上传投标文件，填写联系人信息，签名确认成功即递交成功。签名成功的可单击【打印回执】按钮，打开网上递交投标文件回执页面打印。递交成功后，请在该页面下载已上传的投标文件并使用标书查看工具测试解密和查看是否正常。截标时间之前，如投标人需对投标文件信息进行修改重新提交，须单击【撤销签名】按钮，使用机构数字证书签名确认撤销后，才能对投标文件信息进行修改或重新上传文件。

重要提示：请至少在截标时间前 2 小时，上传投标文件；对于超过 50 MB 的文件，请预留更多时间。在生成投标文件后，请对照招标文件要求，认真核对签名信息和数量，再上传投标文件；上传成功后，请务必下载、检查，确保文件内容和签名无误。

十、资格审查结果(资格后审)

1.工作内容

资格审查方式为资格后审的招标项目，或直接抽签定标的招标项目，截标时间过后，由此查看招标人提交资格审查情况及本单位及其余各投标人资格审查结果。

2.投标人操作说明

投标人单击导航栏资审结果模块【查看资审结果】菜单，进入资格审查标段列表页，是否合格列显示为该标段本单位资格审查结果(未审查、合格、不合格)。单击标段名称可进入查看审查结果列表页，在该页面中单击【查看审查情况】可查看各单位资格审查文件及详细项合格情况。

十一、开标

1.工作内容

开标会议当天及之后可进入本单位投标工程的开标会页面，投标人可在此查看开标现场情况，并进行网上解密投标文件，也可选择前往开标现场跟踪开标情况。

2.投标人操作说明

投标人打开导航栏开标模块【开标会】菜单，进入开标会列表页面，单击操作列【进入】按钮，进入开标室页面，该页同步显示开标系统中的数据。如递交的投标文件为加密文件，可单击页面右上方【网上解密】按钮，进入网上解密页面，该页面同步开标系统网上解密的即时通知信息及解密截止时间等信息，投标人须在解密截止时间前插入正确的解密数字证书，单击加密文件后的【解密】按钮(非加密文件不显示此按钮)进行解密。

打开【开标结果公示】菜单，进入开标结果公示标段列表页面，该页面仅显示本单位参与投标工程的开标结果公示信息，单击操作列【查看】按钮，可查看由开标系统发布的《开标情况表》。

十二、评标

1.工作内容

评标期间，评标委员会可能就投标文件中的疑问向投标人提出质疑，投标人可由此提交质疑问题的答复结果，或选择前往评标室答疑。评标结束后，查看评标结果公示信息。

2.投标人操作说明

投标人打开导航栏【评标结果公示】菜单，进入评标结果公示信息页面，显示已发布评标结果公示的标段。单击标段名称链接，即可查看评标结果公示的详细信息。

评标过程中，评标委员会可能会就投标文件问题向投标人提出澄清要求，投标人可打开【评标澄清问题答复】菜单，查看评标委员会提出的要求澄清问题，并于规定时间内单击操作列【回复】按钮录入答复内容予以答复。投标人也可在收到澄清要求的通知后，直接前往评标现场答复。逾期将不提供网上答复功能。

十三、定标

1.工作内容

招标人完成定标后，投标人在此查看参与投标工程的定标结果公示信息、中标结果公示以及接收电子版中标通知书或招标结果通知书。

2.投标人操作说明

投标人打开导航栏定标模块【查看定标结果】菜单，进入查看定标结果标段列表页，该列表显示本单位已参与投标且已经定标系统公示定标结果，单击标段名称链接进入查看定标结果详细内容页。

投标人单击导航栏【定标结果公示】菜单，进入定标结果公示标段列表页，该列表显示已经定标系统公示定标结果，单击标段名称链接进入查看定标结果公示详细内容页。

投标人打开导航栏定标模块【查看中标公示】菜单，进入中标公示列表页，该列表显示所有已发布的中标公示信息，单击标段名称可查看详细。

中标人打开导航栏定标模块【中标通知书】菜单，可查看招标人已发送给本单位的中标通知书(中标通知书仅发送给中标人)。

投标人打开【招标结果通知书】菜单，进入招标结果通知书列表页，该列表显示本单位已投标但未中标的，且招标人已发出中标通知书的标段，单击标段名称查看详细信息。

案例二

某政府投资项目，主要分为建筑工程、安装工程和装修工程 3 部分，项目投资为 5 000 万元，其中，估价为 80 万元的设备由招标人采购。

招标文件中，招标人对投标有关时限的规定如下：(1)投标截止时间为自招标文件停止出售之日起第 15 日上午 9 时整；(2)接受投标文件的最早时间为投标截止时间前 72 小时；(3)若投标人要修改、撤回已提交的投标文件，须在投标截止时间 24 小时前提出；(4)投标有效期从发售投标文件之日开始计算，共 90 天。并规定，建筑工程应由具有一级以上资质的企业承包，安装工程和装修工程应由具有二级以上资质的企业承包，招标人鼓励投标人组成联营体投标。

在参加投标的企业中，A、B、C、D、E、F 为建筑公司，G、H、J、K 为安装公司，L、N、P 为装修公司，除了 K 公司为二级企业外，其余均为一级企业。上述企业分别组成联营体投标，各联营体具体组成见表 4-34：

表 4-34 各联营体具体组成表

联营体编号	1	2	3	4	5	6	7
联营体组成	A、L	B、C	D、K	E、H	G、N	F、J、P	E、L

在上述联营体中，某联营体协议中约定：若中标，由牵头人与招标人签订合同，之后将该联营体协议送交招标人；联营体所有与业主的联系工作以及内部协调工作均由牵头人负责；各成员单位按投入比例分享利润并向招标人承担责任，且需向牵头人支付各自所承担合同额部分 1% 的管理费。

问题：

1.该项目估价为 80 万元的设备采购是否可以不招标？说明理由。

2.分别指出招标人对投标有关时限的规定是否正确，说明理由。

3.按联营体的编号，判别各联营体的投标是否有效？若无效，说明原因。

4.指出上述联营体协议内容中的错误之处，说明理由或写出正确的做法。

【案例分析】

1.正确答案：该设备采购必须招标，因为该项目属于政府投资项目，且投资额在 3 000 万元以上(投资额达 5 000 万元)。

2.正确答案：(1)投标截止时间的规定正确，因为自招标文件开始出售至停止出售至少为 5 个工作日，故满足自招标文件开始出售至投标截止不得少于 20 日的规定。

(2)接受投标文件最早时间的规定正确，因为有关法规对此没有限制性规定。

(3)修改、撤回投标文件时限的规定不正确，因为在投标截止时间前均可修改、撤回投标文件。

(4)投标有效期从发售招标文件之日开始计算的规定不正确；投标有效期应从投标截止时间开始计算。

3.正确答案：

(1)联营体 1 的投标无效，因为投标人不得参与同一项目下不同的联营体投标。

(2)联营体 2 的投标有效。

(3)联营体 3 的投标有效。

(4)联营体 4 的投标无效，因为投标人不得参与同一项目下不同的联营体投标。

(5)联营体 5 的投标无效，因为缺少建筑公司，若其中标，主体结构工程必然要分包，而主体结构工程分包是违法的。

(6)联营体 6 的投标有效。

(7)联营体 7 的投标无效，因为投标人不得参与同一项目下不同的联营体投标。

4.正确答案：

(1)由牵头人与招标人签订合同错误，应由联营体各方共同与招标人签订合同。

(2)签订合同后将联营体协议送交招标人错误，联营体协议应当与投标文件一同提交给招标人。

(3)各成员单位按投入比例向业主承担责任错误，联营体各方应就承包的工程向业主承担连带责任。

案例三

某施工单位决定参与该工程的投标。在基本确定技术方案后，为增强竞争能力，对其中某技术措施拟订了三个方案进行比选。方案一的费用为 C1=100+4T；方案二的费用为 C2=150+3T；方案三的费用为 C3=250+2T。

经分析，这种技术措施的三个比选方案对施工网络计划的关键线路均没有影响。各关键工作可压缩的时间及相应增加的费用见表 4-35。

表 4-35　各关键工作可压缩时间及相应增加的费用表

关键工作	A	C	E	H	M
可压缩时间/周	1	2	1	3	2
压缩单位时间增加的费用/(万元/周)	3.5	2.5	4.5	6.0	2.0

在问题 2 和问题 3 分析中假定所有关键工作压缩后不改变关键线路。

问题：

1.若仅考虑费用和工期因素，请分析这三种方案的适用情况。

2.若该工程的合理工期为 60 周，该施工单位相应的估价为 1 653 万元。为了争取中标，该施工单位投标应报工期和报价各为多少？

3.若招标文件规定，评标采用“经评审的最低投标价法”，且规定，施工单位自报工期小于 60 周时，工期每提前 1 周，其总报价降低 2 万元作为经评审的报价，则施工单位的自报工期应为多少？相应的经评审的报价为多少？若该施工单位中标，则合同价为多少？

4.如果该工程的施工网络图如图 4-6 所示，在不改变该网络计划中各工作逻辑关系的条件下，压缩哪些关键工作可能改变关键线路？压缩哪些关键工作不会改变关键线路？为什么？

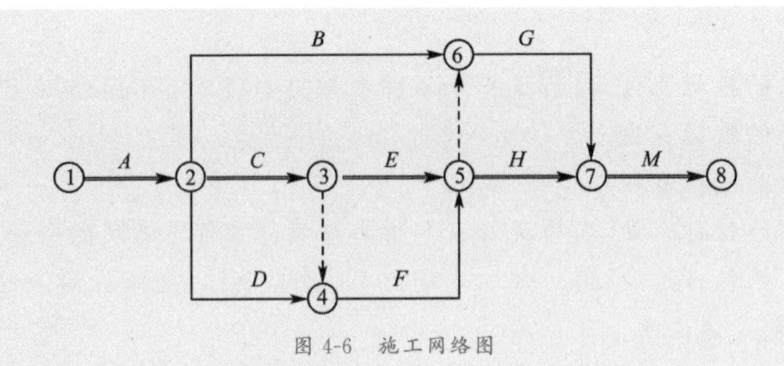

图 4-6 施工网络图

【案例分析】

问题 1

令 C1=C2,即 100+4T=150+3T,解得 T=50 周。

当工期小于 50 周时,应采用方案一;当工期大于 50 周时,应采用方案二。

再令 C2=C3,即 150+3T=250+2T,解得 T=100 周。当工期小于 100 周时,应采用方案二;当工期大于 100 周时,应采用方案三。

因此,当工期小于 50 周时,应采用方案一;当工期大于 50 周、小于 100 周时,应采用方案二;当工期大于 100 周时,应采用方案三。

问题 2

因为方案二的费用函数为 C2=150+3T,所以对压缩 1 周时间增加的费用小于 3 万元的关键工作均可压缩,即应对关键工作 C 和 M 进行压缩。

则自报工期:(60-2-2)周=56 周

相应的报价:1 653-(60-56)×3+2.5×2+2.0×2=1 650(万元)

问题 3

因为工期每提前 1 周,可降低经评审的报价 2 万元,所以对压缩 1 周时间增加的费用小于 5 万元的关键工作均可压缩,即应对关键工作 A、C、E、M 进行压缩。

则自报工期:60-1-2-1-2=54 周

相应的经评审的报价:1 653-(60-54)×(3+2)+3.5+2.5×2+4.5+2.0×2=1 640(万元)

则合同价为 1 640+(60-54)×2=1 652(万元)

问题 4

压缩关键工作 C、E、H 可能改变关键线路。

压缩关键工作 A、M 不会改变关键线路。

案例四

某办公楼施工招标文件的合同条款中规定:预付款数额为合同价的 10%,开工日支付,基础工程完工时扣回 30%,上部结构工程完成一半时扣回 70%,工程款根据所完工程量按季度支付。

承包商 C 对该项目投标,经造价工程师估算,总价为 9 000 万元,总工期为 24 个月,其中:基础工程估价为 1 200 万元,工期为 6 个月;上部结构工程估价为 4 800 万元,工期为 12

个月；装饰和安装工程估价为3 000万元，工期为6个月。

经营部经理认为，该工程虽然有预付款，但平时工程款按季度支付不利于资金周转，决定除按上述数额报价，另外建议业主将付款条件改为：预付款为合同价的5%，工程款按月度支付，其余条款不变。

假定贷款月利率为1%（为简化计算，季利率取3%），各分部工程每月完成的工作量相同且能按规定及时收到工程款（不考虑工程款结算所需要的时间）。

假定基础工程、上部结构工程、装饰和安装工程依次施工，无交叉作业时间。

计算结果保留两位小数。

问题：

1.该经营部经理所提出的方案属于哪一种报价技巧？运用是否得当？

2.若承包商C中标且业主采纳其建议的付款条件，承包商C所得工程款的终值比原付款条件增加多少？（以预计的竣工时间为终点）

表4-36　年金终值系数($F/A,i,n$)

	2	3	4	6	9	12	18
1%	2.010	3.030	4.060	6.152	9.369	12.683	19.615
3%	2.030	3.091	4.184	6.468	10.159	14.192	23.414

3.若合同条款中关于付款的规定改为：预付款为合同价的10%，开工前1个月支付，基础工程完工时扣回30%，以后每月扣回10%；每月工程款于下月5日前提交结算报告，经工程师审核后于第3个月末支付。请画出该工程承包商C的现金流量图。

【案例分析】

问题1：

答：该经营部经理所提出的方案属于多方案报价法，该报价技巧运用得当，因为承包商C的报价既适用于原付款条件也适用于建议的付款条件，其投标文件对原招标文件做出了实质性响应。

问题2：

解：

1.计算按原付款条件所得工程款的终值。

预付款 $A_0=9\ 000\times10\%=900$（万元）

基础工程每季工程款 $A_1=1\ 200/2=600$（万元）

上部结构工程每季工程款 $A_2=4\ 800/4=1\ 200$（万元）

装饰和安装工程每季工程款 $A_3=3\ 000/2=1\ 500$（万元）

则按原付款条件所工程款的终值：

$FV_0=A_0(F/P,3\%,8)+A_1(F/A,3\%,2)(F/P,3\%,6)-0.3A_0(F/P,3\%,6)-0.7A_0(F/P,3\%,4)+A_2(F/A,3\%,4)(F/P,3\%,2)+A_3(F/A,3\%,2)=900\times1.267+600\times2.030\times1.194-0.3\times900\times1.194-0.7\times900\times1.126+1\ 200\times4.184\times1.061+1\ 500\times2.030=9\ 934.90$（万元）

2.计算按建议的付款条件所得工程款的终值。

预付款 $A_0'=9\ 000\times5\%=450$(万元)

基础工程每月工程款 $A_1'=1\ 200/6=200$(万元)

上部结构工程每月工程款 $A_2'=4\ 800/12=400$(万元)

装饰和安装工程每月工程款 $A_3'=3\ 000/6=500$(万元)

则按建议的付款条件所得工程款的终值:

$FV'=A_0'(F/P,1\%,24)+A_1'(F/A,1\%,6)(F/P,1\%,18)-0.3A_0'(F/P,1\%,18)-0.7A_0'(F/P,1\%,12)+A_2'(F/A,1\%,12)(F/P,1\%,6)+A_3'(F/A,1\%,6)=450\times1.270+200\times6.152\times1.196-0.3\times450\times1.196-0.7\times450\times1.127+400\times12.683\times1.062+500\times6.152=9\ 990.33$ (万元)

3.两者的差额。

$FV'-FV_0=9\ 990.33-9\ 934.90=55.43$(万元)

因此,按建议的付款条件,承包商C所得工程款的终值比原付款条件增加55.43万元。

问题3:

答:承包商C该工程的现金流量图如图4-7所示。

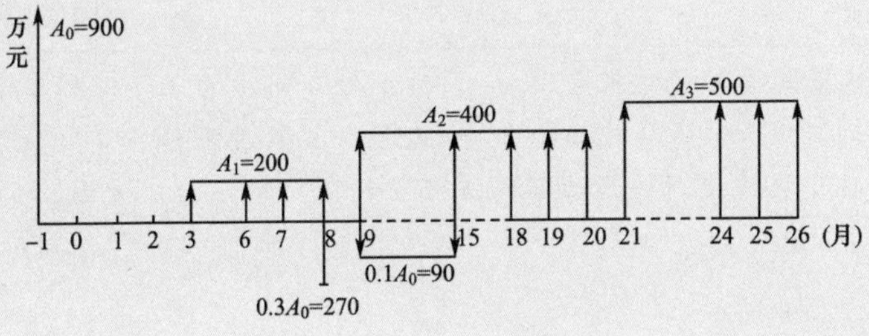

图4-7 现金流量图

学习情境五

合同中的管理工作

教学导航图

教	知识重点	1.合同示范文本 2.工程变更 3.工程索赔
	知识难点	1.工程中合同的谈判 2.工程合同变更管理 3.工程合同索赔管理 4.价格调整
	推荐教学方式	1.理论部分讲授采用多媒体教学 2.实训中指导学生模拟一套完整的工程合同谈判过程
	建议学时	10 学时
学	推荐学习方法	以工程合同管理为载体，设立相关的学习单元，创建相应的学习环境，将合同管理过程中的谈判、变更的程序、索赔以及争议的处理贯穿其中，通过学习使学生能够独立进行合同管理
	必须掌握的理论知识	1.工程变更 2.索赔管理 3.价格调整
	必须掌握的技能	1.合同谈判 2.索赔及争议的处理
做	学习任务	1.举例说明生活中有哪些合同需要谈判？谈判的目的是什么？谈判的内容怎么确定 2.分析工程合同管理的主要内容应该包括哪些方面？它们对合同有什么样的影响 3.合同实际实施过程中，为什么会出现合同变更？变更需要哪些程序？变更的结果怎样？ 4.工程中为什么会引起索赔，是不是索赔会对公司的信誉和效益有所影响？管理中怎样才能赢得索赔

实训项目 合同谈判

一、实训目的

1.掌握合同管理内容。

2.掌握合同谈判的目的和内容。

3.进一步理解法律、合同谈判与合同变更、合同索赔、合同争议的处理之间的关系。

二、预习要求

1.预习教材中有关合同管理内容和合同谈判的知识。

2.预习教材中工程合同变更、索赔和争议处理的知识。

三、实训内容和步骤

1.由每一个实训小组根据前述签订的合同确定合同谈判的目的、内容、成员以及分工。

2.各小组进行成员工作分工,绘制责任分配矩阵(RAM)和工作分解结构图(WBS)。

3.设计合同谈判的策略和主要内容。

4.谈判。

5.合同谈判目的的实现。

四、分析与讨论

1.总结本次实训项目完成过程中遇到的问题及解决办法。

2.每组选择一名学生,让其代表该组就实训过程和结果总结发言。

3.教师对讨论结果进行点评。

项目一 认识工程合同示范文本

一、合同示范文本的内涵和作用

1. 合同示范文本的内涵

合同示范文本就是各行业协会、市场监管部门或某组织根据相关法律法规和经验,针对特定行业或领域,单独或会同有关行业主管部门制定发布,供当事人在订立合同时参照使用的合同文本。

我国实行合同示范文本制度。根据国办发〔1990〕13 号文和国家工商局〔1990〕133 号文的精神,我国合同示范文本制度已于 1990 年 10 月 1 日起在全国逐步推行。

2. 制定合同示范文本应遵循的基本原则

为维护合同各方的利益，合同示范文本的制定推行工作应遵循以下原则：

(1)合法合规

合同示范文本内容应当符合各项法律法规规定。对于法律法规未作具体规定的，应当符合相关法律原则以及行业惯例。

(2)公平合理

合同示范文本的制定应当持中立立场，对合同当事人的权利与义务进行合理分配，确保各方当事人权利与义务对等。

(3)尊重意思自治

合同示范文本供当事人参照使用，合同各方具体权利与义务由使用人自行约定；使用人可以根据自身情况，对合同示范文本中的有关条款进行修改、补充和完善。

(4)主动公开

制定机关应当主动公开其制定的合同示范文本，供社会各界参照使用。

3. 实行合同示范文本制度的作用

合同示范文本的制定推行，有利于提升社会合同法律意识，引导规范合同签约履约行为，维护各方当事人权益，矫正不公平格式条款。

二、国际工程合同示范文本介绍

在国际工程发展的上百年时间里，很多工程专业组织都致力于编写、修订各具特色的合同示范文本(简称为合同条件)，其中比较知名的合同条件有英国土木工程师学会(Institution of Civil Engineers，ICE)编写的 ICE 和 NEC 合同条件；国际咨询工程师联合会(International Federation of Consulting Engineers，FIDIC)编写的 FIDIC 合同条件；英国皇家建筑师学会等组成的联合会(Joint Contract Tribunal，JCT)制定的合同条件；美国建筑师学会(American Institute of Architects，AIA)编写的合同条件等。这些工程领域知名的协会或组织为了编制和修订各自的标准合同文件花费了大量的资源。为了适应不同的项目和体现国际工程管理新的发展趋势和变化，这些专业组织花费了大量时间和资源编制、修订各自的合同条件。这些合同条件就构成了一系列的合同条件，供不同的项目业主选用。

国际工程合同的管理研究历经了长期的历程，已经形成了一定的水平和比较系统完善的合同条件系列，下边介绍国际上一些被广泛采用的合同条件的产生与发展。

1.ICE 或 NEC 合同条件

(1)ICE 或 NEC 合同条件产生与发展

早在 1818 年英国就设立了 ICE，并且出版了 ICE 合同条件，该范本内容包含了土木工程施工合同条件、投标书格式、协议书以及保函。1950 年 1 月，该范本经过修改重新出版，并且在认可机构中增加了英国咨询工程师协会(Association of Consulting Engineers，ACE)。随着国际工程的发展需要，原施工合同已不适应新的工程形式，故出现了新的施工合同。随着 ICE 范本的使用，英国土木工程师学会委员会(ICE)于 1985 年 9 月被批准并开始编制新的工程合同范本，该合同范本被称为 NEC（New Engineering Contract）合同条件。NEC 合同条件是对 ICE 合同条件的发展，1991 年发行了征求意见稿；随后通过在一些国家的不同类型工程中试行运用及多次讨论，广泛征求愈见，于 1993 年 3 月正式出版第 1 版，并在 1995 年出版了修订后的第 2 版，2005 年出版了第 3 版。其"新"不仅表现在它的结构形式上，而且它的内容也很新颖。自问世以来，已在英国本土、原英联邦成员国、南非等地使用，受到了业主、承包商、咨询工程师的一致好评。

（2）NEC 合同条件的组成

NEC 系列合同包括了如下的合同和文件：

①《工程施工合同》（The Engineering and Construction Contract，ECC）。主要用于发包人（业主）与承包人之间的承发包合同，也可用于业主与项目管理公司之间的总承包管理合同。

②《工程施工分包合同》（The Engineering and Construction Subcontract，ECS），用于承包人分包时，与分包人之间的分包合同，该分包合同与工程施工合同很相似，为适应分包的情况补充少量合同条款。

③（《专业服务合同》（Professional Services Contract，PSC）。用于业主与项目经理、设计师、监理工程师等咨询服务关系人之间的服务合同。

④《工程施工简要合同》（The Engineering and Construction Short Contract，ECSC）。适用于工程结构简单，风险较低，对项目管理要求一般的项目。

⑤《裁决人合同》（Adjudicators Contract，AjC）。用于发包人和承包人共同与裁决人的合同，也同样适用于工程施工分包合同和专业服务合同中的项目裁决需求。

（3）NEC 合同条件体系结构

以 NEC 工程施工合同（ECC）为例说明 NEC 合同条件体系结构。ECC 包含了六个主要选择条款即计价方式选择，不同的主要选项提供各种风险在雇主和承包商之间不同的基本分摊方案。由于风险分摊不一样，每个选项使用不同的向承包商付款的方式。

①六项主要选项条款（任何合同形式必须且只能选择一项主要选项条款）。主要包括：总价合同；单价合同；目标总价合同；目标单价合同；成本加酬金合同；工程管理合同。根据不同的风险分摊方案以及工程款支付的不同方式，发包人跟据自身的管理能力和项目具体情况选择不同的合同形式。

②九项核心条款（任何合同形式都必须有的条款）。核心条款包括：总则；承包人的主要职责；工期；检验与缺陷；支付；补偿；权利；风险与保险；争端与终止。

关于支付，发包人可根据自己的需求，从上述六种合同形式中选择一种。NEC 可以提供总价合同、单价合同、成本加酬金合同、目标成本合同和工程管理合同。因此，NEC 不是某种标准的合同条件，而是内涵广泛的系列合同条件。

③十五项次要选项条款（非必选条款）。主要包括：a.完工保证；b.总公司担保；c.工程预付款；d.结算币种（多币种结算）；e.部分完工；f.设计责任；g.价格波动；h.保留（留置）；i.提前完工奖励；j.工期延误赔偿；k.工程质量；l.法律变更；m.特殊条件；n.责任赔偿；o.附加条款。发包人可以

根据具体情况，任意选择次要选项条款。

ECC 合同选项条款选项代表了 NEC 系类合同的精髓。

(4)NEC 合同合同条件的特点

①灵活性。ECC 合同可用于所有的工程领域，包括土木、电气、机械和房屋建筑工程；可用于承包人承担部分设计责任、全部设计责任或无设计责任的承包模式。ECC 合同提供了 6 种不同类型的计价方式选择，包括竞争性招标、目标合同、成本偿付合同和管理合同等。在具体使用合同时，主要选项与次要选项可以任意组合。

②清晰和简洁。尽管 ECC 合同是法律文件，但是用普通易懂的语言编写，尽量避免使用施工合同专家才能理解的一些法律术语和措辞，尽可能使用常用词语以便能被母语为非英语的人员理解。ECC 合同的编排和组织有助于使用者熟悉合同内容，合同条款少于一般的示范文本的条款数目，ECC 合同既不需要也没有包含条款之间的相互引用条款。

③促进良好的管理。ECC 合同有利于工程的有效管理，有预见的以合作的态度管理合同当事人的行为，业主、设计师、承包人和项目经理合作完成项目，使发包人减少工程成本和工期延长的风险，同时也增加承包人获取利润的可能性。主要体现在：第一，明确分摊发包人与承包人之间的风险；第二，早期警告程序，承包人和项目经理有责任对工程造成影响的事件互相警告，体现的是相互的合作关系；第三，补偿事件，ECC 合同将补偿事件的处理方法融入整个合同的起草过程，是合同中大多数工作程序的基础。

2.FIDIC 合同条件

FIDIC 在 1913 年由欧洲三个国家独立的咨询工程师协会创立，1948 年英国加入，1953 年美国、加拿大、澳大利亚等国加入，现总部设在瑞士的日内瓦。中国工程咨询协会 1996 年代表中国参加了 FIDIC。FIDIC 的宗旨是倡导先进的工程管理理念，从而指导国际承包业的良性发展，为其成员方的会员公司提供服务。FIDIC 的主要工作有：

①研究国际工程中存在的问题。

②提出解决问题的策略。

③召开工程管理国际专题研讨会。

④编制和推行国际工程中的各类合同范本。

FIDIC 出版各种文献和出版物，包括各种合同、协议标准范本、各项工作指南、以及工作惯例建议等，得到了世界各有关组织的广泛承认和实施，是工程咨询行业的重要指导性文献。FIDIC 的权威性主要体现在其高质量的合同条件上，世界银行、亚洲开发银行、非洲开发银行等国际金融机构的贷款项目指定使用 FIDIC 的合同范本，并被国际工程界广泛采纳；因此，FIDIC 合同条件成为国际惯例，也被称为工程界的“圣经”。FIDIC 系列的合同条件根据封面的颜色来命名，因此形成了彩虹族系列合同文件，主要有红皮书、黄皮书、银皮书橘皮书和《土木工程施工合同一分合同条件》、蓝皮书(《招标程序》)、白皮书(《顾客/咨询工程师模式服务协议》)、《联合承包协议》、《咨询服务分包协议》等构成。下边主要介绍红皮书、黄皮书、橘皮书和银皮书及其发展历程：

(1)FIDIC 合同条件的产生与发展

① FIDIC《土木工程施工合同条件》(红皮书)(Conditions of Contract for Works of Civil Engineering Construction)。该条件第1版出版于1957年1月,它是FIDIC委员会以当时正在英国使用的、由土木工程师协会(IEC)制订的合同格式为蓝本编制而成的。1963年出版的FIDIC条件"红皮书"第2版,保持了第1版原有的特色,同时增加了当FIDIC条件用于河道疏浚和土方填筑合同时,对通用条件部分文字进行变动、修改的方法。1977年出版了全面修订后的FIDIC条件"红皮书"第3版,同时编写了与之相配套的解释性文件。1987年9月,FIDIC条件"红皮书"第4版出版,在瑞士洛桑召开的FIDIC学术年会上举行了首发式。

②FIDIC《电气与机械工程合同条件》(黄皮书)(Conditions of Contract for Electrical and Mechanical Works)。在1963年FIDIC条件"红皮书"第2版出版时,国际咨询工程师联合会(FIDIC)首次出版了用于业主和承包商之间有关机械设备的供应和安装的《电气与机械工程合同条件》,因为封面为黄色(野外施工机械设备多为黄色),故称为FIDIC条件"黄皮书"。1977年,FIDIC要求合同委员会审查FIDIC合同条件"黄皮书"第1版,准备出版第2版,与此同时编制《电气与机械工程合同文件注释》手册,对每一条款进行注释,以防理解错误。1980年经过修订后的FIDIC条件"黄皮书"第2版及注释手册出版。1987年经过7年实践应用和修订的FIDIC条件"黄皮书"第3版出版。

③FIDIC《设计—建造和交钥匙合同条件》(橘皮书)(Conditions of Contract for Design-Build and Turnkey)。该条款出版1995年,主要用设计施工总承包(DB模式)或者交钥匙工程总承包模式。

(2)1999版FIDIC合同条件的产生与适用范围

随着国际承包市场商业项目的增多,使得原来的FIDIC合同条件有必要加以更新。于是FIDIC在调查了全球几百家业主单位、承包商、咨询公司的基础上,于1999年正式出版了四个新合同版本。它们分别是:《施工合同条件》(新红皮书)、《设备与设计-建造合同》(新黄皮书)、《EPC/交钥匙项目合同条件》(银皮书)、《简明合同格式》(绿皮书)。1999版合同条件与前边其他版本的合同条件无论是在结构上还是内容上有很大的不同,因此,1999版是在旧版本的一种变革而不是改良,是全新彩虹一族。1999版前三个合同条件的特点是术语一致、结构统一,都是二十个条款,相互对应;适用法律广,措辞精确;淡化工程师的独立地位,实践需要简明合同文本。

(3)2017版FIDIC的产生与发展

2017年12月,FIDIC在伦敦正式发布2017年第二版FIDIC合同系列文件。历经18年的运用,FIDIC对1999版新彩虹族合同条件进行了大幅修订,FIDIC合同条件中相应的规定更加刚性化、程序化,对索赔、争议裁决、仲裁作出了更加明确的规定。2017年第二版FIDIC合同主要特点为:①对通知和沟通提出了更清晰和更具体的要求。例如,特别强调了在发出通知或进行其他通信交流时,对方不回应情形下的具体规定,或视为默认同意,或视为拒绝/否定;②将索赔与争端进行区分,同时强调同等对待业主和承包商提出的索赔,即业主和承包商的索赔适用同一程序;③增加了争端避免机制;④进一步强化了项目管理工具,包括对质量管理及其验证做了更为详细的规定。因此,FIDIC 2017版与1999版的合同条件、术语和结构都是一致的,只不过由

1999 版的 20 个条款增到 21 个条款(索赔与争端分成 2 个条款)。

(4) FIDIC 2017 版合同条件的主要内容

由于 FIDIC 2017 版新红皮书、新黄皮书和银皮书在结构上都相同,均由 21 条构成,这里以新红皮书为例介绍 FIDIC 合同条件的内容。FIDIC 条件的内容有合同协议书、通用合同条款和专用合同条款三部分组成。其中通用条款共 21 条,主要包括:①一般性规定;②业主;③工程师;④承包商;⑤指定分包商;⑥人员与劳工;⑦工程设备,材料与工艺;⑧开工、延误与暂停;⑨竣工检验;⑩业主的接收;⑪缺陷责任;⑫测量和估价;⑬变更与调整;⑭合同价格与支付;⑮业主终止合同;⑯承包商暂停与终止合同;⑰风险与责任;⑱保险;⑲不可抗力;⑳索赔;㉑争端与仲裁。

3.AIA 合同条件

(1)AIA 合同条件的产生与发展

AIA 成立于 1857 年,是美国主要的建筑师专业社团,该机构致力于提高建筑师的专业水平,促进其事业的成功以达到改善大众的居住环境和生活水准。

作为建筑师的专业社团,其制定的 AIA 系列合同范本在美国建筑业界及美洲地区工程界具有很高的权威性,合同范本的使用范围广、影响大。AIA 制定并发布的合同主要用于私营的房屋建筑工程,经过多年的发展,针对不同的工程管理模式定制了不同的协议书和通用合同条件,AIA 形成了一个包括 90 多个独立文件在内的完整而复杂的体系,通过这些独立文件的组合,能涵盖工程项目的各个具体方面。AIA 一直关注建筑业的最新动态,每年都会对部分文件进行修订或者重新编写。2007 年 AIA 对其合同系列合同范本进行了大规模修订,规范了合同体系,每个编号都有明确的含义,编号系统的定义见表 5-1。例如"A201－2007"表示 A 系列"业主与承包商"的"合同文件",管理模式为"传统模式",发布年份为"2007 年"。

表 5-1　　2007 年 AIA 文件编号系统

系列	类型	模式	序列号	发布年份
A—G	1—8	0—9	1—9	
A:发包人 承包人	1:协议书	0,1,2:传统模式	1,2,3…,9	2007
B:发包人 建筑师	2:合同条件	3:CMa,CMc		
C:其他	3:保函/资质	4:设计－制造		
D:杂项	4:分包协议	5:室内设计		
E:示例	5:指南	6:国际工程		
F:备用编号	6:备用编号	7:备用编号		
G:表格	7:投标/施工	8:备用编号		
	8:建筑师业务	9:集成化模式		

AIA 出版的所有合同范本可以按照两种方式来进行分类。第一类是按照"系列"划分,表明使用合同范本的双方的合同关系或文件的性质。包括 A、B、C、D、E、F 6 个系列,其中 F 为备用编号,A 系列是发包人与承包人之间的合同文件,B 系列是发包人与建筑师之间的合同文件。

第二类是按照"族"(表明工程的项目管理模式或工程的类型。为适用合同各方之间不同的关系，AIA合同包括了以下不同系列的合同和文件，AIA合同范本一览表见表5-2。

表5-2　AIA合同范本一览表

合同编号	合同名称
Al01－2007	发包人与承包人之间的协议书标准格式(用于固定总价)，类似文件有：A101 CMa－1992(用于CMa)，A105－2007(小型项目专用，包含通用条件)，A107－2007(固定总价，用于有限范围项目)
Al21CMc－2003	发包人(业主)与CM经理之间的协议书标准格式。类似文件有：A131 CMc－2003(成本补偿，无最大价格保证)
Al41－2004	发包人(业主)与设计－建造承包人之间的协议书标准格式
A201－2007	施工合同一般条件。类似文件有：A201 CMa－1992(用于CMa)，A201 SC－1999(联邦政府专用条件)
A401－2007	承包人与分包人之间的协议书标准格式
A503－2007	补充条件指南，类似文件包括：A511 CMa－1993(用于CMa)
B101－2007	发包人(业主)与建筑师之间的协议书标准格式，类似文件有：B141 CMa－1992(用于CMa)，B151－1997(简要格式)，B155－1993(用于小型项目)，B163－1993(用于指定服务类别)，B171 ID－2003(室内设计专用)
B142－2004	发包人(业主)与咨询机构之间的协议书标准格式
B143－2004	设计－建造承包人与建筑师之间的协议书标准格式

(2)AIA编制的各类合同范本特点

①适用范围广、合同范本选择灵活。

②对承包人的要求非常细致。

③使用法律范围较为复杂。

三、我国建设工程施工合同(示范文本)的产生与发展

1.我国工程合同示范文本的产生

我国的合同研究起步晚，经历了项目从简单到复杂，从项目区域小到国际化的探索过程。20世纪80年代中期国内的大型项目起草的合同协议书只有几页纸；20世纪80年代中后期国内研究合同的同时也在摸索合同文本检索、相关的事务性管理软件，该时期注重合同的市场经营作用、合同的签订及条款的理解等；到20世纪80年代后期，我国工程界开始研究FIDIC合同条件、国际上先进的合同管理方法、程序、索赔管理案例、方法、措施及手段等。

2.建设工程施工合同(示范文本)

(1)1991建设工程施工合同(示范文本)

1991年，国家建设部与工商行政管理局联合颁发了《建设工程施工合同(示范文本)》(GF－1991－0201)。这个合同文本的颁布是我国工程史上的里程碑事件，标志着我国探索项目管理的新台阶。该合同示范文本内容涉及施工中的各个环节，规范了合同主体行为，为工程各参与方实

施工作提供依据，很好地解决了合同签订过程中存在的各种难题，有效避免了合同双方不平等条款的存在，保障了招标投标和监理制度的顺利执行，完善了市场经济条件下我国的建设合同制度。

(2)1999 版建设工程施工合同(示范文本)

20 世纪 90 年代我国建筑市场发展迅速并逐步开放，工程质量制度和监理制等全面推行，使得 1991 版示范文本渐渐不能适应需要。此外，《中华人民共和国建筑法》以及《中华人民共和国招标投标法》等相关工程建设法规相继出台，1991 版示范文本的相关条款与新出台的法律存在相矛盾的地方。因此，在参照 FIDIC 施工合同条件的基础上，建设部、国家工商行政管理局在 1999 年 12 月 24 日发布了《建设工程施工合同(示范文本)》(GF－1999－0201)，1999 版建设工程示范文本是在 1991 版的基础上修订而成的，它对旧版示范文本的内容和结构做出了较大幅度的修改和调整，在结构上更具有系统性和完备性、与国际惯例相接轨具有国际性和规范性、实际操作中更体现有实用性和公平性。

(3)2013 版建设工程施工合同(示范文本)

随着工程市场的迅猛发展和建设领域相关法律法规的修订完善，随着我国社会主义市场经济体系的建立，建设工程领域也朝市场化转变，特别是随着国外一些先进建筑经验的进入及我国大量参与外国建筑市场的施工，对施工合同提出了更高的要求，对示范文本的修订势在必行。为此，2013 年 4 月 3 日，住建部和国家工商行政管理总局以建市〔2013〕56 号文件，发布了《建设工程施工合同(示范文本)》(GF－2013－0201)(简称新《示范文本》)，自 2013 年 7 月 1 日起正式执行。修订的预期目标是既能够接轨国际惯例，又能够适应我国工程实践的争议解决机制，使其能够公正、科学、高效地解决建设工程纠纷，对内促进项目目标的完整实现，对外保障社会环境的稳定和谐。

(4)2017 版建设工程施工合同(示范文本)

2017 年 10 月，住建部、工商总局颁布了《建设工程施工合同(示范文本)》(GF－2017－0201)，自 2017 年 10 月 1 日起执行，原《建设工程施工合同(示范文本)》(GF－2013－0201)同时废止。在 2013 建设工程施工合同(示范文本) 的基础上完善了与质量保证金有关的条款。因此，对 2013 施工合同其他条款仍然延用，没有太大变化。

3.建设工程施工合同(示范文本)主要内容

建设工程施工合同(示范文本)和 FIDIC 合同条件相似，也是由合同协议书、通用合同条款和专用合同条款三部分组成。

(1)合同协议书

《示范文本》合同协议书共计 13 条，主要包括：工程概况、合同工期、质量标准、签约合同价和合同价格形式、项目经理、合同文件构成、承诺以及合同生效条件等重要内容，集中约定了合同当事人基本的合同权利与义务。

(2)通用合同条款

通用合同条款是合同当事人根据《中华人民共和国建筑法》等法律法规的规定，就工程建设的实施及相关事项，对合同当事人的权利义务做出的原则性约定。

通用合同条款共计 20 条，具体条款分别为：一般约定、发包人、承包人、监理人、工程质量、安全文明施工与环境保护、工期和进度、材料与设备、试验与检验、变更、价格调整、合同价格、计量与支付、验收和工程试车、竣工结算、缺陷责任与保修、违约、不可抗力、保险、索赔和争议解决。

(3)专用合同条款

专用合同条款是对通用合同条款原则性约定的细化、完善、补充、修改或另行约定的条款。合同当事人可以根据不同建设工程的特点及具体情况，通过双方的谈判、协商对相应的专用合同条款进行修改补充。在使用专用合同条款时，应注意以下事项：专用合同条款的编号应与相应的通用合同条款的编号一致；合同当事人可以通过对专用合同条款的修改，满足具体建设工程的特殊要求，避免直接修改通用合同条款；在专用合同条款中有横道线的地方，合同当事人可针对相应的通用合同条款进行细化、完善、补充、修改或另行约定；如无细化、完善、补充、修改或另行约定，则填写“无”或画“/”。

4.建设工程施工合同(示范文本)的性质和适用范围

《示范文本》为非强制性使用文本。《示范文本》适用于房屋建筑工程、土木工程、线路管道和设备安装工程、装修工程等建设工程的施工承发包活动，合同当事人可结合建设工程具体情况，根据《示范文本》订立合同，并按照法律法规规定和合同约定承担相应的法律责任及合同权利与义务。

本章项目三、项目四、项目五均以 FIDIC 2017 版红皮书和建设工程施工合同(示范文本)的内容为基础进行讲解与应用。

项目二 工程合同的谈判

知识分布网络

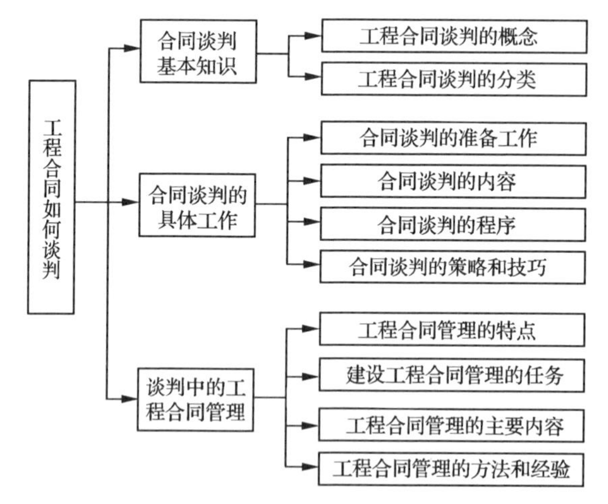

工程建设是一项综合性技术经济活动，它涉及面广，工期长，新型材料不断出现，技术发展速度快，质量要求高，项目实施较为困难。同时，工程的参加单位和协作单位多，一个工程就涉及业主、承包商、设计单位、监理单位、材料供应商、设备供应商、银行等十几家甚至几十家单位，如果工程实施中有一家工作出现失误，就可能会对他方工作产生干扰。合同正是各项目参加者的连接纽带，通过签订合同将参加工程建设的各方有机结合起来，合理确定各方的权利和义务关系，规范各方的行为，才能保证工程的顺利实施。

在完成了资格预审、邀请投标、提交投标书和评标工作之后，就进入了合同谈判、签约和实施阶段。

一、合同谈判的基本知识

1.工程合同谈判的概念

工程合同谈判是工程施工合同签订双方对是否签订合同以及合同具体内容达成一致的协商过程。通过谈判，能够充分了解对方及项目的情况，为高层决策提供依据。

2.工程合同谈判的分类

招标投标方式订立的合同，也存在谈判情况，并且可以"发出中标通知书"的时间为界，分成两个阶段，即确定中标人之前的谈判和订立书面合同的谈判，或称决标之前的谈判和决标之后的谈判。只是招标投标订立合同的谈判与一般订立合同谈判相比，法律规定了更多的限制条件而已。

决标前主要进行两个方面的谈判：技术性谈判（也称为技术答辩）和经济性谈判（主要是价格问题）。

决标后谈判的目的是将双方在此以前达成的协议具体化和条理化，对全部合同条款予以法律认证，为签署合同协议完成最后的准备工作。一般来讲，决标后的谈判会涉及合同的商务和技术的所有条款。

二、合同谈判的具体工作

1.合同谈判的准备工作

合同谈判是业主与承包商面对面的直接较量，谈判的结果直接关系到合同条款的订立是否于己有利，因此，在合同正式谈判开始前，无论是业主还是承包商，必须深入细致地做好充分的思想准备、组织准备、资料准备等，做到知己知彼，心中有数，为合同谈判的成功奠定坚实的基础。谈判的准备工作具体包括以下几部分：

（1）合同谈判的思想准备。

（2）合同谈判的组织准备。

（3）合同谈判的资料准备。

（4）背景材料的分析。

（5）谈判方案的准备。

（6）会议具体事务的安排准备。

2.合同谈判的内容

合同谈判的内容因项目情况、合同性质、原招标文件规定和发包人的要求而异。一般来讲，合同谈判会涉及合同的商务、技术的所有条款。主要内容分为以下几个方面：

（1）关于工程内容和范围的确认

①合同的"标的"是合同最基本的要素，工程承包合同的标的就是工程承包内容和范围。因此，在签订合同前的谈判中，必须首先共同确认合同规定的工程内容和范围。承包人应当认真重新核实投标报价的工程项目内容和范围与合同中表述的是否一致，合同文字的描述和图纸的表

达是否准确，不模糊含混。承包人也应当查实自己的标价有没有任何只能凭推测和想象计算的成分。如果有这种成分，则应通过谈判予以澄清和调整，并力争删除或修改合同中出现的诸如“除另有规定外的一切工程”，“承包人可以合理推知需要提供的为本工程实施所需的一切辅助工程”之类含混不清的工程内容或工程责任的说明词句。

对于在谈判讨论中经双方确认的内容及范围方面的修改或调整，应和其他所有在谈判中双方达成一致的内容一样，以文字方式确定下来，并以“合同补充”或“会议纪要”方式作为合同附件并说明构成合同的一部分。

②发包人提出增减工程项目或要求调整工程量和工程内容时，务必在技术和商务等方面重新核实，确定有把握方可应允。同时对书面文件、工程量表或图纸予以确认，其价格亦应通过谈判确定并填入工程量清单。

③发包人提出的改进方案、某些修改和变动，或发包人接受承包人的建议方案等，首先应认真对其技术合理性、经济可行性以及在商务方面的影响等进行综合分析，权衡利弊后方能表态接受、有条件接受甚至拒绝。变动必然会对价格和工期产生影响，应利用这一时机争取变更价格或要求发包人改善合同条件以谋求更好的效益。

④对于原招标文件中的“可供选择的项目”和“临时项目”应力争说服发包人在合同签订前予以确认，或商定一个确认最后期限。

⑤对于一般的单价合同，如发包人在原招标文件中未明确工程量变更部分的限度，则谈判时应要求与发包人共同确定一个“增减量幅度”（FIDIC 第四版建议为 15%），当超过该幅度时，承包人有权要求对工程单价进行调整。

(2)关于技术要求、技术规范和施工技术方案。技术要求是发包人极为关切而承包人也应更加注意的问题，我国在采用技术规范方面往往和国外有一定差异。

3.合同谈判的程序

(1)一般讨论

谈判开始阶段通常都是先广泛交换意见，各方提出自己的设想方案，探讨各种可能性，经过商讨逐步将双方意见综合并统一起来，形成共同的问题和目标，为下一步详细谈判做好准备。

(2)技术谈判

在一般讨论之后，就要进入技术谈判阶段。主要对原合同中技术方面的条款进行讨论，包括工程范围、技术规范、标准、施工条件、施工方案、施工进度、质量检查、竣工验收等。

(3)商务谈判

主要对原合同中商务方面的条款进行讨论，包括工程合同价款、支付条件、支付方式、预付款、履约保证、保留金、货币风险的防范、合同价格的调整等。需要注意的是，技术条款与商务条款往往是密不可分的，因此，在进行技术谈判和商务谈判时，不能将两者分割开来。

(4)合同拟定

逐条逐项审查讨论合同条款。先审查一致性问题，后审查讨论不一致的问题，对双方不能确定、达不成一致意见的问题，再请示上级审定，下次谈判继续讨论，直至双方对新形成的合同条款一致同意并形成合同草案为止。

4.合同谈判的策略和技巧

谈判是通过不断讨论、争执、让步确定各方权利、义务的过程，实质上是双方各自说服对方和被对方说服的过程。它直接关系到谈判桌上各方最终利益的得失,因此,必须注重谈判的策略和技巧。以下介绍几种常见的谈判的策略和技巧:

(1)掌握谈判议程,合理分配各议题时间。

(2)高起点战略。

谈判的过程是各方妥协的过程,通过谈判,各方都或多或少会放弃部分利益以求得项目的进展。而有经验的谈判者在谈判之初会有意识向对方提出苛刻的谈判条件。这样对方会过高估计本方的谈判底线,从而在谈判中更多做出让步。

(3)注意谈判氛围。

(4)拖延与休会。

(5)避实就虚。

(6)对等让步。

(7)分配谈判角色。

(8)善于抓住实质性问题。

任何一项谈判都有其主要目标和主要内容。在整个项目的谈判过程中,要始终注意抓住主要的实质性问题如工作范围、合同价格、工期、支付条件、验收及违约责任等来谈,不要为一些鸡毛蒜皮的小事争论不休,而把大的问题放在一边。

三、谈判中的工程合同管理

一个工程建设项目起始于合同管理,也终结于合同管理,合同管理贯穿于工程实施的全过程和各个方面。

1.工程合同管理的特点

(1)建设工程项目的完成是一个渐进的过程。在这个过程中,完成工程项目持续的时间要比完成其他合同时间长,特别是建设工程承包合同的有效期最长,一般的建设项目要一两年的时间,有的工程长达五年甚至更长。以施工合同为例,施工合同不仅包括施工期限,还包括保修期。当然如果加上招标投标期和合同谈判与签订期,施工合同的生命期会更长。由此可见,建设工程合同的管理是个较长的过程。

(2)因为工程价值量大、合同价格高,所以合同管理对经济效益影响较大。

(3)工程合同变动较为频繁。这主要是由于工程在完成过程中内部与外部干扰的事件多造成的。因此,加强合同控制与变更管理就十分重要。

(4)工程合同管理工作极为复杂,所以对工程合同管理就必须严密、细致、准确。工程体积庞大、结构复杂,对技术标准和质量标准要求很高,工程项目的参加单位和协作单位也多,可能涉及十几家甚至几十家。由此,涉及的合同文件也异常多,这就更需要进行科学合理的协调和管理,保证工程的有序进行。

(5)合同风险大。由于合同实施时间长,变动大,涉及面广,导致合同受外界环境(如经济条件、社会条件、法律和自然条件等)影响大,引起的风险也大,所以加强建设工程合同管理对减少和降低风险是至关重要的。

(6)工程合同管理是综合性的、全面的、高层次的管理工作。由于合同中包括项目的整体目标,所以合同管理对项目的进度控制、质量管理、成本管理有总控制和总协调作用,它是工程项目管理的核心和灵魂。

(7)合同管理要处理与业主及其他方面的经济关系,则必须服从企业经营管理和企业战略,特别在投标报价、合同谈判、制定合同执行战略和处理索赔问题时,更要注意这个问题。

2.建设工程合同管理的任务

建设工程合同是项目法人单位与建筑企业确认工程“承、发、包”等业务关系的主要法律形式,是进行工程施工、监理和验收的主要依据。建设工程合同管理是对与工程建设项目有关的各类合同,从条款的拟定、协商、签署、履行情况等环节入手进行检查和分析,以期通过科学的合同管理工作,实现工程项目“三大控制”(质量控制、工期控制、成本控制)的任务,维护当事人的合法权益,提高工程建设项目合同的履约率。

3.工程合同管理的主要内容

工程合同管理的内容很多,有进度质量、费用、图纸规范、变更和索赔方面的,也有工程风险、工程验收仲裁纠纷处理、档案资料等方面的,但所有管理都是围绕合同管理而进行的。在合同管理的不同阶段,其管理内容的侧重面也有所不同。在合同形成阶段的管理工作,是与所选的价格合理的合格承包商,签订内容完善、含义明确、责权利清晰的合同文件;在合同实施阶段的管理工作,主要有对合同执行保证体系的管理,对合同管理工作程序的管理,对合同实施过程的控制管理等。

4.工程合同管理的方法和经验

(1)设立合同管理机构和配备合同管理人员。

(2)完善合同文件是做好合同管理的基础工作。

(3)建立合同管理目标制度并规范变更管理。合同管理目标是指合同管理活动应当达到的预期结果和最终目的。

(4)推行合同示范文本制度。

(5)加强索赔管理。

(6)记录往来函件是合同管理中的重要环节。

(7)建立文档管理系统。

(8)实施合同执行的统筹。

(9)严格执行建设工程合同管理法律法规。

合同管理必须协调和处理各方面的关系,使相关的各合同和合同规定的各工程活动之间不相矛盾,在内容上、技术上、组织上、时间上协调一致,形成一个完整的、周密的、有序的体系,以保证工程有秩序、按计划地实施。

在现代工程中,没有有效的合同管理,就不可能有有效的工程项目管理,当然也就不可能实现项目的目标。有效的合同管理是促进参与工程建设各方履行合同约定义务,确保实现建设目标的重要手段。

项目三 工程变更

一、工程变更的概念

由于工程建设的周期长、涉及的经济关系和法律关系复杂、受自然条件和客观因素的影响大，导致项目的实际情况与项目招标投标时的情况相比会发生一些变化。

工程变更包括工程量变更、工程项目的变更（如发包人提出增加或者删减原项目内容）、进度计划的变更、施工条件的变更等。如果按照变更的起因划分，变更的种类有很多，如：发包人的变更指令（包括发包人对工程有了新的要求、发包人修改项目计划、发包人削减预算、发包人对项目进度有了新的要求等）；设计错误，必须对设计图纸作修改；工程环境变化；新的技术和知识，有必要改变原设计、实施方案或实施计划；法律法规或者政府对建设项目有了新的要求等等。当然，这样的分类并不是十分严格的，变更原因也不是相互排斥的。这些变更最终往往表现为设计变更，因为我国要求严格按图施工，因此如果变更影响了原来的设计，则首先应当变更原设计。考虑到设计变更在工程变更中的重要性，往往将工程变更分为设计变更和其他变更两大类。

二、工程变更的性质

任何部分的工程变更，业主、监理和承包商都可以提出。但按照 FIDIC 合同条件的规定，不管由谁提出的任何变更，都必须经监理工程师批准，并由监理工程师发出有关的变更指示。变更指示一经监理工程师发出，即应视之为合同文件的一部分，因此，工程变更具有一定的法律性。没有监理工程师的变更指示，合同的任何一方都不能对工程及其有关方面做出任何的改动；监理工程师发出的工程变更指示，合同双方则必须执行。实质上，工程变更是对合同文件进行修正或补充。

三、工程变更指令的内容

由于工程变更具有一定的法律性，因此工程变更指令具有充分的严密性和公正性。所以，对于一项工程变更指令，并不是简单地说明决定哪一部分进行变更，而应当是一份包括以下内容的完整的文件。

1. 工程变更的原因和依据

工程变更指令应当说明进行此项变更的原因和依据。例如：

(1)属于图纸错误的变更。应说明图纸错误的情况，变更后有关部分的计算书。

(2)属于合同文件的变更。应附有业主、承包商双方签定的修改有关变更部分的协议书。

(3)业主(或承包商)提出的变更。除说明原因外，还应附有业主(或承包商)要求变更的函件。

(4)增加项目的变更函件。

2. 技术标准

属于工程项目范围内的变更（包括设计图纸的变更和技术规范的变更），在变更文件中应规定有关的技术标准。对于合同技术规范中已有规定的技术标准的项目，应说明按合同中规定的技术标准执行；对于合同技术规范中没有规定技术标准的新增的变更项目，则应参考有关法规，并结合工程情况，提出有关的技术标准。

工程变更中的技术标准，应当同技术规范一样，对原材料及成品的验收标准及检测频率，以及施工工艺等方面进行规定。

3. 工程变更的内容和范围

在工程变更文件中对变更部分的内容和涉及到的范围应予以详细说明。属于工程项目的变更、应列出每项工程详细的工程量清单，并说明该项工程变更前后每个项目数量的变化情况。

工程变更中的工程量清单，同合同中的工程量清单一样，清单中的数量不是最终的数量，而是估算的数量，准确的最终数量也是通过监理人员的计量确定。因此，在工程变更中，对有关项目的计量方法也应予以规定。

四、FIDIC 2017 版合同条件下的工程变更

1. 工程变更的范围

由于工程变更属于合同履行过程中的正常管理工作，工程师可以根据施工进展的实际情况，在认为必要时就以下几个方面发布变更指令：

(1)对合同中任何工作工程量的改变。为了便于合同管理，当事人双方应在专用条款内约定工程量变化较大可以调整单价的百分比(视工程具体情况，可在 15%～25%范围内确定)。

(2)任何工作质量或其他特性的变更。

(3)工程任何部分标高、位置和尺寸的改变。

(4)删减任何合同约定的工作内容。

(5)新增工程按单独合同对待。

(6)改变原定的施工顺序或时间安排。

2. 变更程序

颁发工程接收证书前的任何时间，工程师可以通过发布变更指令或以要求承包商递交建议书的任何一种方式提出变更。

(1)指令变更

工程师在业主授权范围内根据施工现场的实际情况，在确属需要时有权发布变更指令。指令的内容应包括详细的变更内容、变更工程量、变更项目的施工技术要求和有关部门文件图纸，以及变更处理的原则。

(2)要求承包商递交建议书后再确定的变更。其程序为：

①工程师将计划变更事项通知承包商，并要求他递交实施变更的建议书。

②承包商应尽快予以答复。一种情况可能是通知工程师由于受到某些非自身原因的限制而无法执行此项变更，另一种情况是承包商依据工程师的指令递交实施此项变更的说明，内容包括：

A.将要实施的工作的说明书以及该工作实施的进度计划。

B.承包商依据合同规定对进度计划和竣工时间做出任何必要修改的建议，提出工期顺延要求。

C.承包商对变更估价的建议,提出变更费用要求。

③工程师作出是否变更的决定,尽快通知承包商说明批准与否或提出意见。在这一过程中应注意的问题是:

A.承包商在等待答复期间,不应延误任何工作。

B.工程师发出每一项实施变更的指令,应要求承包商记录支出的费用。

C.承包商提出的变更建议书,只是作为工程师决定是否实施变更的参考。除了工程师作出指令或批准以总价方式支付的情况外,每一项变更应依据计量工程量进行估价和支付。

3. 变更估价

(1)变更估价的原则

承包人按照工程师的变更指令实施变更工作后,往往会涉及对变更工程价款的确定问题。变更工程的费率或价格,往往是双方协商时的焦点。计算变更工程应采用的费率或价格,可分为三种情况:

①变更工作在工程量表中有同种工作内容的单价,应以该费率计算变更工程费用。

②工程量表中虽然列有同类工作的单价或价格,但对具体变更工作而言已不适用,则应在原单价和价格的基础上制定合理的新单价或价格。

③变更工作的内容在工程量表中没有同类工作的费率和价格,应按照与合同单价水平相一致的原则,确定新的费率或价格。

(2)可以调整合同工作单价的原则

具备以下条件时,允许对某一项工作规定的费率或单价加以调整:

①此项工作实际测量的工程量比工程量表或其他报表中规定的工程量的变动大于10%。

②工程量的变更与对该项工作规定的具体费率的乘积超过了接受的合同款额0.01%。

③由此工程量的变更直接造成该项工作每单位工程量费用的变动超过1%。

每种新的费率或价格应考虑以上描述的有关事项对合同中相关费率或价格加以合理调整后得出。如果没有相关的费率或价格可供推算新的费率或价格,应根据实施该工作的合理成本和合理利润,并考虑其他相关事项后得出。

4.删减原定工作后对承包商的补偿

工程师发布删减工作的变更指令后承包商不再实施部分工作,合同价格中包括的直接费部分没有受到损失,但摊销在该部分的间接费、利润和税金则实际不能合理回收。因此,承包商可以就其损失向工程师发出通知并提供具体的证明资料,工程师与合同双方协商后确定一笔补偿金额加入到合同价内。

五、我国现行合同条款下的工程变更

1. 工程变更的范围和内容

在履行合同中发生以下情形之一的,经发包人同意,监理人可按合同约定的变更程序向承包人发出变更指示:

(1)取消合同中任何一项工作,但被取消的工作不能转由发包人或其他人实施,此项规定是为了维护合同公平,防止某些发包人在签约后擅自取消合同中的工作,转由发包人或其他承包人实施而使本合同承包人蒙受损失。如发包人将取消的工作转由自己或其他人实施,构成违约,按照《中华人民共和国民法典》中的规定，发包人应赔偿承包人损失。

(2)改变合同中任何一项工作的质量或其他特性。

(3)改变合同工程的基线、标高、位置或尺寸。

(4)改变合同中任何一项工作的施工时间或改变已批准的施工工艺或顺序。

(5)为完成工程需要追加的额外工作。

在履行合同过程中，经发包人同意，监理人可按约定的变更程序向承包人作出变更指示，承包人应遵照执行。没有监理人的变更指示，承包人不得擅自变更。

2. 变更程序

在合同履行过程中，监理人发出变更指示包括下列三种情形：

(1)监理人认为可能要发生变更的情形

在合同履行过程中，可能发生上述变更情形的，监理人可向承包人发出变更意向书。变更意向书应说明变更的具体内容和发包人对变更的时间要求，并附必要的图纸和相关资料。变更意向书应要求承包人提交包括拟实施变更工作的计划、措施和竣工时间等内容的实施方案。发包人同意承包人根据变更意向书要求提交的变更实施方案的，由监理人发出变更指示。若承包人收到监理人的变更意向书后认为难以实施此项变更，应立即通知监理人，说明原因并附详细依据。监理人与承包人和发包人协商后确定撤销、改变或不改变原变更意向书。

(2)监理人认为发生了变更的情形

在合同履行过程中，发生合同约定的变更情形的，监理人应向承包人发出变更指示。承包人收到变更指示后，应按变更指示进行变更工作。

(3)承包人认为可能要发生变更的情形

承包人收到监理人按合同约定发出的图纸和文件，经检查认为其中存在变更情形的，可向监理人提出书面变更建议。变更建议应阐明要求变更的依据，并附必要的图纸和说明。监理人收到承包人书面建议后，应与发包人共同研究，确认存在变更的，应在收到承包人书面建议后的14天内作出变更指示。经研究后不同意作为变更的，应由监理人书面答复承包人。

无论何种情况确认的变更，变更指示只能由监理人发出。变更指示应说明变更的目的、范围、变更内容以及变更的工程量及其进度和技术要求，并附有关图纸和文件。承包人收到变更指示后，应按变更指示进行变更工作。

3. 变更估价

(1)变更估价的程序

承包人应在收到变更指示或变更意向书后的14天内，向监理人提交变更报价书，报价内容应根据变更估价原则，详细开列变更工作的价格组成及其依据，并附必要的施工方法说明和有关图纸。变更工作影响工期的，承包人应提出调整工期的具体细节。监理人认为有必要时，可要求承包人提交要求提前或延长工期的施工进度计划及相应施工措施等详细资料。监理人收到承包人变更报价书后的14天内，根据变更估价原则，商定或确定变更价格。

(2)变更估价的原则

因变更引起的价格调整按照下列原则处理：

①已标价工程量清单中有适用于变更工作子目的，采用该子目的单价。此种情况适用于变

更工作采用的材料、施工工艺和方法与工程量清单中已有子目相同，同时也不因变更工作增加关键线路工程的施工时间；

②已标价工程量清单中无适用于变更工作子目但有类似子目的，可在合理范围内参照类似子目的单价，由发、承包双方商定或确定变更工作的单价。此种情况适用于变更工作采用的材料、施工工艺和方法与工程量清单中已有子目基本相似，同时也不因变更工作增加关键线路上工程的施工时间。

③已标价工程量清单中无适用或类似子目的单价，可按照成本加利润的原则，由发、承包双方商定或确定变更工作的单价。

④因分部分项工程量清单漏项或非承包人原因的工程变更，引起措施项目发生变化，造成施工组织设计或施工方案变更，原措施费中已有的措施项目，按原措施费的组价方法调整；原措施费中没有的措施项目，由承包人根据措施项目变更情况，提出适当的措施费变更，经发包人确认后调整。

变更的确认、指示和估价的过程如图 5-1 所示。

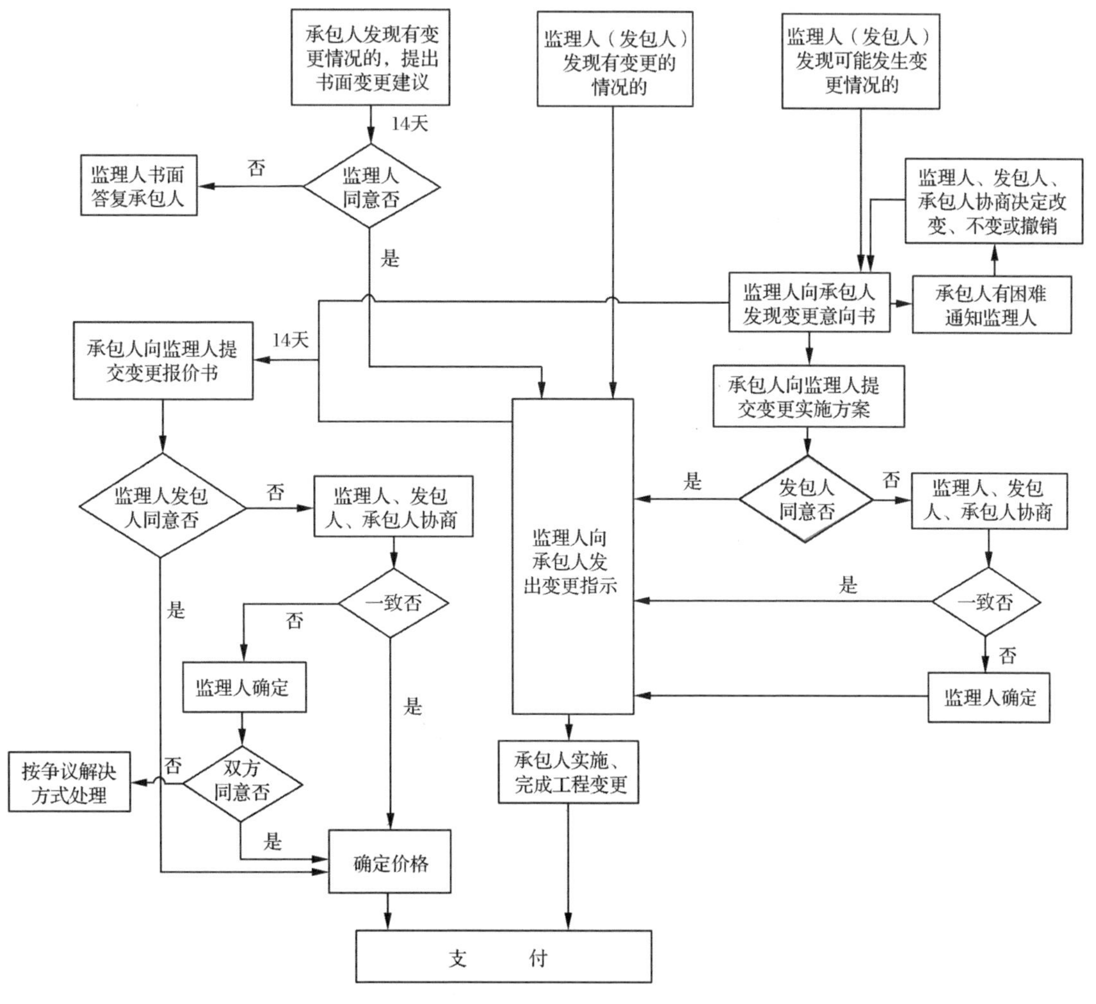

图 5-1　变更的确认、指示和估价流程

项目四 工程索赔

一、工程索赔的概念

工程索赔是指在工程承包合同履行中，当事人一方由于另一方未履行合同所规定的义务或者出现了应当由对方承担的风险而遭受损失时，向另一方提出赔偿要求的行为。在实际工作中，索赔是双向的，《建设工程施工合同(示范文本)》中通用合同条款中的索赔就是双向的，既包括承包人向发包人的索赔，也包括发包人向承包人的索赔。但在工程实践中，发包人索赔数量较小，而且处理方便，可以通过冲账、扣拨工程款、扣保证金等实现对承包人的索赔；而承包人对发包人的索赔则比较困难一些。通常情况下，索赔是指承包人(施工单位)在合同实施过程中，对非自身原因造成的工程延期、费用增加而要求发包人给予补偿损失的一种权利要求。

索赔有较广泛的含义，可以概括为如下三个方面：

(1)一方违约使另一方蒙受损失，受损方向对方提出赔偿损失的要求。

(2)发生应由发包人承担责任的特殊风险或遇到不利自然条件等情况，使承包人蒙受较大损失而向发包人提出补偿损失要求。

(3)承包人本应当获得的正当利益，由于没能及时得到监理人的确认和发包人应给予的支付，而以正式函件向发包人索赔。

二、工程索赔产生的原因

1.当事人违约

当事人违约常常表现为没有按照合同约定履行自己的义务。发包人违约常常表现为没有为承包人提供合同约定的施工条件、未按照合同约定的期限和数额付款等。监理人未能按照合同约定完成工作，如未能及时发出图纸、指令等也视为发包人违约。承包人违约的情况则主要是没有按照合同约定的质量、期限完成施工，或者由于不当行为给发包人造成其他损害。

2.不可抗力或不利的物质条件

不可抗力又可以分为自然事件和社会事件。自然事件主要是工程施工过程中不可避免发生且不能克服的自然灾害，包括地震、海啸、瘟疫、水灾等；社会事件则包括国家政策、法律、法令的变更，战争及罢工等。不利的物质条件通常是指承包人在施工现场遇到的不可预见的自然物质条件、非自然的物质障碍和污染物，包括地下和水文条件。

3.合同缺陷

合同缺陷表现为合同文件规定不严谨甚至矛盾、合同中的遗漏或错误。在这种情况下，工程师应当给予解释，如果这种解释将导致成本增加或工期延长，发包人应当给予补偿。

4.合同变更

合同变更表现为设计变更、施工方法变更、追加或者取消某些工作、合同规定的其他变更等。

5.监理人指令

监理人指令有时也会产生索赔，如监理人指令承包人加速施工、进行某项工作、更换某些材料、采取某些措施等，并且这些指令不是由于承包人的原因造成的。

6.其他第三方原因

其他第三方原因常常表现为与工程有关的第三方的问题而引起的对本工程的不利影响。

三、工程索赔的分类

工程索赔依据不同的标准可以进行不同的分类。

1.按索赔的合同依据分类

按索赔的合同依据可以将工程索赔分为合同中明示的索赔和合同中默示的索赔。

(1)合同中明示的索赔

合同中明示的索赔是指承包人所提出的索赔要求，在该工程项目的合同文件中有文字依据，承包人可以据此提出索赔要求，并取得经济补偿。这些在合同文件中有文字规定的合同条款，称为明示条款。

(2)合同中默示的索赔

合同中默示的索赔，即承包人的该项索赔要求，虽然在工程项目的合同条款中没有专门的文字叙述，但可以根据该合同的某些条款的含义，推论出承包人有索赔权。这种索赔要求，同样有法律效力，有权得到相应的经济补偿。这种有经济补偿含义的条款，在合同管理工作中被称为“默示条款”或称为“隐含条款”。默示条款是一个广泛的合同概念，它包含合同明示条款中没有写入但符合双方签订合同时设想的愿望和当时环境条件的一切条款。这些默示条款，或者从明示条款所表述的设想愿望中引申出来，或者从合同双方在法律上的合同关系引申出来，经合同双方协商一致，或被法律和法规所指明，都成为合同文件的有效条款，要求合同双方遵照执行。

2.按索赔目的分类

按索赔目的可以将工程索赔分为工期索赔和费用索赔。

(1)工期索赔

由于非承包人责任的原因而导致施工进程延误，要求批准顺延合同工期的索赔，称之为工期索赔。工期索赔形式上是对权利的要求，以避免在原定合同竣工日不能完工时，被发包人追究拖期违约责任。一旦获得批准合同工期顺延后，承包人不仅免除了承担拖期违约赔偿费的严重风险，而且可能提前工期得到奖励，最终仍反映在经济收益上。

(2)费用索赔

费用索赔是指承包商在由于业主的原因或双方不可控制的因素发生变化而遭受损失的条件下，向业主提出补偿其损失费用的要求。费用索赔是整个工程合同索赔的重点和最终目标。工期索赔在很大程度上也是为了费用索赔。

3.按索赔事件的性质分类

按索赔事件的性质可以将工程索赔分为工程延误索赔、工程变更索赔、合同被迫终止索赔、工程加速索赔、意外风险和不可预见因素索赔和其他索赔。

(1)工程延误索赔

因发包人未按合同要求提供施工条件，如未及时交付设计图纸、施工现场、道路等，或因发包人指令工程暂停或不可抗力事件等原因造成工期拖延的，承包人对此提出索赔。这是工程中常见的一类索赔。

(2)工程变更索赔

由于发包人或监理人指令增加或减少工程量或增加附加工程、修改设计、变更工程顺序等，造成工期延长和费用增加，承包人对此提出索赔。

(3)合同被迫终止索赔

由于发包人或承包人违约以及不可抗力事件等原因造成合同非正常终止，无责任的受害方因其蒙受经济损失而向对方提出索赔。

(4)工程加速索赔

由于发包人或监理人指令承包人加快施工速度，缩短工期，引起承包人的人、财、物的额外开支而提出的索赔。

(5)意外风险和不可预见因素索赔

在工程实施过程中，因不可抗拒的自然灾害、特殊风险以及一个有经验的承包人通常不能合理预见的不利施工条件或外界障碍，如地下水、地质断层、溶洞、地下障碍物等引起的索赔。

(6)其他索赔

如因货币贬值、汇率变化、物价上涨、政策法令变化等原因引起的索赔。

四、工程索赔的程序

1.《建设工程施工合同(示范文本)》(2017 版)、《建设工程工程量清单计价规范》(GB 50500—2013)中规定的承包人索赔程序

《建设工程施工合同(示范文本)》(2017 版)、《建设工程工程量清单计价规范》(GB 50500—2013)中规定的索赔程序基本相同，两者的区别是《建设工程工程量清单计价规范》(GB 50500—2013)提到监理工程师在索赔中的角色，因此，承包商直接将索赔意向通知和索赔报告都提交给业主。

(1)提出索赔通知。承包商应在知道或应当知道索赔事件发生后 28 天内，向监理人递交索赔意向通知书，并说明发生索赔事件的事由；承包商未在前述 28 天内发出索赔意向通知书的，丧失要求追加付款和(或)延长工期的权利。

(2)承包商应在发出索赔意向通知书后 28 天内，向监理人正式递交索赔报告；索赔报告应详细说明索赔理由以及要求追加的付款金额和(或)延长的工期，并附必要的记录和证明材料。

(3)索赔事件具有持续影响的，承包商应按合理时间间隔(一般是 28 天)继续递交延续索赔通知，说明持续影响的实际情况和记录，列出累计的追加付款金额和(或)工期延长天数。

(4)在索赔事件影响结束后 28 天内，承包商应向监理人递交最终索赔报告，说明最终要求索赔的追加付款金额和(或)延长的工期，并附必要的记录和证明材料。

(5)监理人应在收到索赔报告后 14 天内完成审查并报送业主。监理人对索赔报告存在异议的，有权要求承包商提交全部原始记录副本。

(6)业主应在监理人收到索赔报告或有关索赔的进一步证明材料后的 28 天内，由监理人向承包商出具经业主签认的索赔处理结果。业主逾期答复的，则视为认可承包商的索赔要求。

(7)承包商接受索赔处理结果的，索赔款项在当期进度款中进行支付；承包商不接受索赔处理结果的，按照争议解决中的约定处理。

2.《建设工程施工合同(示范文本)》(2017 版)、《建设工程工程量清单计价规范》(GB 50500—2013)中规定的业主索赔程序

业主的索赔就是因为承包商出现违约行为,根据合同约定,业主认为有权得到赔付金额和(或)延长缺陷责任期,而向承包商提出的权利要求。

(1)业主应在知道或应当知道索赔事件发生后 28 天内通过监理人向承包商提出索赔意向通知书,业主未在前述 28 天内发出索赔意向通知书的,丧失要求赔付金额和(或)延长缺陷责任期的权利。

(2)业主应在发出索赔意向通知书后 28 天内,通过监理人向承包商正式递交索赔报告。

(3)承包商收到业主提交的索赔报告后,应及时审查索赔报告的内容、查验业主证明材料。

(4)承包商应在收到索赔报告或有关索赔的进一步证明材料后 28 天内,将索赔处理结果答复业主。如果承包商未在上述期限内作出答复的,则视为对业主索赔要求的认可。

(5)承包商接受索赔处理结果的,业主可从应支付给承包商的合同价款中扣除赔付的金额或延长缺陷责任期;业主不接受索赔处理结果的,按争议解决的约定处理。

3.FIDIC(2017 版)合同条件规定的工程索赔程序

FIDIC(2017 版)合同条件只对承包商的索赔做出了程序规定。

(1)如果承包商根据合同条件的任何条款或参照合同的其他规定,认为他有权获得任何竣工时间的延长和(或)任何附加款项,他应通知监理工程师,说明引起索赔的事件或情况。该通知应尽快发出,并应不迟于承包商开始注意到,或应该开始注意到,这种事件或情况之后 28 天。如果承包商未能在 28 天内发出索赔通知,竣工时间将不被延长,承包商将无权得到附加款项,并且雇主将被解除有关索赔的一切责任。

(2)承包商还应提交一切与此类事件或情况有关的任何其他通知(如果合同要求),以及索赔的详细证明报告。承包商应在现场或监理工程师可接受的另一地点保持用以证明任何索赔可能需要的同期记录。

(3)在承包商开始注意到,或应该开始注意到,引起索赔的事件或情况之日起 42 天内,或在承包商可能建议且由监理工程师批准的此类其他时间内,承包商应向监理工程师提交一份足够详细的索赔,包括一份完整的证明报告,详细说明索赔的依据以及索赔的工期和(或)索赔的金额。

(4)如果引起索赔的事件或情况具有连续影响,承包商应该按月提交进一步的临时索赔,说明累计索赔工期和(或)索赔款额,以及监理工程师可能合理要求的此类进一步的详细报告;在索赔事件所产生的影响结束后的 28 天内(或在承包商可能建议且由工程师批准的此类其他时间内),承包商应提交一份最终索赔报告。

(5)在收到索赔报告或该索赔的任何进一步的详细证明报告后 42 天内(或在工程师可能建议且由承包商批准的此类其他时间内),监理工程师应表示批准或不批准,不批准时要给予详细的评价。他可能会要求任何必要的进一步的详细报告,但他应在这段时间内就索赔的原则作出反应。

五、索赔报告的内容

索赔报告的具体内容,随该索赔事件的性质和特点而有所不同。一般来说,完整的索赔报告应包括以下四个部分。

1.总论部分

总论部分一般包括以下内容:序言;索赔事项概述;具体索赔要求;索赔报告编写及审核人员名单。

首先应概要地论述:索赔事件的发生日期与过程;施工单位为该索赔事件所付出的努力和附加开支;施工单位的具体索赔要求。在总论部分最后,附上索赔报告编写组主要人员及审核人员的名单,注明有关人员的职称、职务及施工经验,以表示该索赔报告的严肃性和权威性。总论部分的阐述要简明扼要,说明问题。

2.理由部分

理由部分主要是说明自己具有的索赔权利,这是索赔能否成立的关键。理由部分的内容主要来自该工程项目的合同文件,并参照有关法律规定。该部分中施工单位应引用合同中的具体条款,说明自己理应获得经济补偿或工期延长。

理由部分的篇幅可能很大,其具体内容随各个索赔事件的情况而不同。一般地说,理由部分应包括以下内容:索赔事件的发生情况;已递交索赔意向书的情况;索赔事件的处理过程;索赔要求的合同根据;所附的证据资料。

在写法结构上,按照索赔事件发生、发展、处理和最终解决的过程编写,并明确全文引用有关的合同条款。使建设单位和监理工程师能正确合理地了解索赔事件的始末,并充分认识该项索赔的合理性和合法性。

3.计算部分

计算部分是以具体的计算方法和计算过程,说明自己应得经济补偿的款额或延长时间。如果说理由部分的任务是解决索赔能否成立,则计算部分的任务就是决定应得到多少索赔款额和工期。前者是定性的,后者是定量的。

在款额计算部分,施工单位必须阐明下列问题:索赔款的要求总额;各项索赔款的计算,如额外开支的人工费、材料费、管理费和损失利润;指明各项开支的计算依据及证据资料,施工单位应注意采用合适的计价方法。至于采用哪一种计价法,首先,应根据索赔事件的特点及自己所掌握的证据资料等因素来确定。其次,应注意每项开支款的合理性,并指出相应的证据资料的名称及编号。切忌采用笼统的计价方法和不实的开支款额。

4.证据部分

证据部分包括该索赔事件所涉及的一切证据资料,以及对这些证据的说明,证据是索赔报告的重要组成部分,没有翔实可靠的证据,索赔是不能成功的。在引用证据时,要注意该证据的效力或可信程度。为此,对重要的证据资料最好附以文字证明或确认件。例如,对一个重要的电话内容,仅附上自己的记录本是不够的,最好附上经过双方签字确认的电话记录;或附上发给对方要求确认该电话记录的函件,即使对方未给复函,亦可说明责任在对方,因为对方未复函确认或修改,按惯例应理解为已默认。

(1)索赔依据的要求

①真实性。索赔依据必须是在实施合同过程中确定存在和发生的,必须完全反映实际情况,能经得住推敲。

②全面性。索赔依据应能说明事件的全过程。索赔报告中涉及的索赔理由、事件过程、影响、索赔数额等都应有相应依据,不能零乱和支离破碎。

③关联性口索赔依据应当能够相互说明,相互具有关联性,不能互相矛盾。

④及时性。索赔依据的取得及提出应当及时,符合合同约定。

⑤具有法律证明效力。索赔依据必须是书面文件,有关记录、协议、纪要必须是双方签署的;工程中重大事件、特殊情况的记录、统计必须由合同约定的监理人签证认可。

(2)索赔依据的种类

①招标文件、工程合同、业主认可的施工组织设计、工程图纸、技术规范等。

②工程各项有关的设计交底记录、变更图纸、变更施工指令等。

③工程各项经业主或监理人签认的签证。

④工程各项往来信件、指令、信函、通知、答复等。

⑤工程各项会议纪要。

⑥施工计划及现场实施情况记录。

⑦施工日报及工长工作日志、备忘录。

⑧工程送电、送水、道路开通、封闭的日期及数量记录。

⑨工程停电、停水和干扰事件影响的日期及恢复施工的日期记录。

⑩工程预付款、进度款拨付的数额及日期记录。

⑪工程图纸、图纸变更、交底记录的送达份数及日期记录。

⑫工程有关施工部位的照片及录像等。

⑬工程现场气候记录,如有关天气的温度、风力、雨雪等。

⑭工程验收报告及各项技术鉴定报告等。

⑮工程材料采购、订货、运输、进场、验收、使用等方面的凭据。

⑯国家和省级或行业建设主管部门有关影响工程造价、工期的文件、规定等。

六、工程索赔的处理原则

1.索赔必须以合同为依据

不论是风险事件的发生,还是当事人不完成合同工作,都必须在合同中找到相应的依据当然,有些依据可能是合同中隐含的。监理工程师依据合同和事实对索赔进行处理是其公平性的重要体现。在不同的合同条件下,这些依据很可能是不同的。如因为不可抗力导致的索赔,在国内《建设工程施工合同(示范文本)》的合同条款中,承包商机械设备损坏的损失,是由承包商承担的,不能向业主索赔;但在 FIDIC 合同条件下,不可抗力事件一般都列为业主承担的风险,损失都应当由业主承担。如果到了具体的合同中,各个合同的协议条款不同,其依据的差别就更大了。

2.及时、合理地处理索赔

索赔事件发生后,索赔的提出应当及时,索赔的处理也应当及时。

3.加强主动控制,减少工程索赔

对于工程索赔应当加强主动控制,尽量减少索赔。这就要求在工程管理过程中,应当尽量将工作做在前面,减少索赔事件的发生。这样能够使工程更顺利地进行,降低工程投资、减少施工工期。

七、索赔的计算

1.可索赔的费用

费用内容一般可以包括以下几个方面：

(1)人工费。包括增加工作内容的人工费、停工损失费和工作效率降低的损失费等累计，其中增加工作内容的人工费应按照计日工费计算，而停工损失费和工作效率降低的损失费按窝工费计算，窝工费的标准双方应在合同中约定。

(2)设备费。可采用机械台班费、机械折旧费、设备租赁费等几种形式。当工作内容增加引起的设备费索赔时，设备费的标准按照机械台班费计算。因窝工引起的设备费索赔，当施工机械属于施工企业自有时，按照机械折旧费计算索赔费用；当施工机械是施工企业从外部租赁时，索赔费用的标准按照设备租赁费计算。

(3)材料费。

(4)保函手续费。工程延期时，保函手续费相应增加，反之，取消部分工程且业主与承包商达成提前竣工协议时，承包商的保函金额相应折减，则计入合同价内的保函手续费也应扣减。

(5)迟延付款利息。业主未按约定时间进行付款的，应按银行同期贷款利率支付迟延付款的利息。

(6)保险费。

(7)管理费。此项又可分为现场管理费和公司管理费两部分，由于二者的计算方法不一样，所以在审核过程中应区别对待。

(8)利润。在不同的索赔事件中可以索赔的费用是不同的。

2.费用索赔的计算

计算方法有实际费用法、修正总费用法等。

(1)实际费用法

该方法是按照各索赔事件所引起损失的费用项目分别分析计算索赔值，然后将各费用项目的索赔值汇总，即可得到总索赔费用值。这种方法以承包商为某项索赔工作所支付的实际开支为依据，但仅限于由于索赔事项引起的、超过原计划的费用，故也称额外成本法。在这种计算方法中，需要注意的是不要遗漏费用项目。

(2)修正总费用法

这种方法是对总费用法的改进，即在总费用计算的原则上，去掉一些不确定的可能因素，对总费用法进行相应的修改和调整，使其更加合理。

【例 5-1】 某施工合同约定，施工现场主导施工机械一台，由施工企业租得，台班单价为300元/台班，租赁费为100元/台班，人工工资为40元/工日，窝工补贴为10元/工日，以人工费为基数的综合费率为35%，在施工过程中，发生了如下事件：①出现异常恶劣天气导致工程停工2天，人员窝工30个工日；②因恶劣天气导致场外道路中断，抢修道路用工20工日；③场外大面积停电，停工2天，人员窝工10工日。为此，施工企业可向业主索赔费用为多少？

解：各事件处理结果如下：

(1)异常恶劣天气导致的停工通常不能进行费用索赔。

(2)抢修道路用工的索赔额＝20×40×(1＋35%)＝1 080(元)

(3)停电导致的索赔额＝2×100＋10×10＝300(元)

总索赔费用＝1 080＋300＝1 380(元)

项目五 价格调整

工程建设项目中合同周期较长，经常要受到物价浮动等多种因素的影响，其中主要是人工费、材料费、施工机械费、运费等的动态影响。因此应把多种动态因素纳入到工程价款结算过程中加以计算，对工程价款进行调整，使其能够反映工程项目的实际消耗费用，又称为价格调整。发、承包双方应在合同中明确价格调整的范围、承包商承担的价差波动幅度以及价格调整的方法。对物价波动引起的价格调整，通常有如下几种方法：

一、价格调整的方法

1.按实际价格调整法

在我国，由于建筑材料需市场采购的范围越来越大，有些地区规定对钢材、木材、水泥三大材的价格采取按实际价格结算的办法。工程承包商可凭发票按实报销。这种方法方便。但由于是实报实销，因而承包商对降低成本不感兴趣，为了避免副作用，造价管理部门要定期公布最高结算限价，同时合同文件中应规定建设单位或监理工程师有权要求承包商选择更廉价的供应来源。

2.按工程造价指数调整法

按工程造价指数调整法这是指发、承包双方采用合同签订时的预算(或概算)定额单价计算出承包合同价，待竣工时，根据合理的工期及当地工程造价管理部门所公布的该月度(或季度)的工程造价指数，对原承包合同价予以调整，重点调整那些由于人工费、材料费、施工机械费等费用上涨及工程变更因素造成的价差。

3.采用造价信息调整价格差额法

施工期内，因人工、材料、设备和机械台班价格波动影响合同价格时，人工、机械使用费按照国家或省、自治区、直辖市建设行政管理部门、行业建设管理部门或其授权的工程造价管理机构发布的人工成本信息、机械台班单价或机械使用费系数进行调整；需要进行价格调整的材料，其单价和采购数量应由监理人复核，监理人确认需调整的材料单价及数量，作为调整工程合同价格差额的依据。该方法适用于使用的材料品种较多，相对而言，每种材料使用量较小的房屋建筑与装饰工程等。

4.调值公式法

《建设工程施工合同(示范文本)》中的通用合同条款约定，可按以下公式计算差额并调整合同价格：

(1)采用价格指数调整价格差额。此方式主要适用于使用的材料品种较少，但每种材料使用量较大的土木工程，如公路、水坝等。因人工、材料和设备等价格波动影响合同价格时，根据投标函附录中的价格指数和权重表约定的数据，按以下价格调整公式计算差额并调整合同价格：

$$\Delta P = P_0\left(a_0 + a_1 \frac{A_{1-1}}{A_{1-0}} + a_2 \frac{A_{2-1}}{A_{2-0}} + \cdots + a_n \frac{A_{n-1}}{A_{n-0}} - 1\right)$$

式中　ΔP ——需调整的价格差额；

P_0——根据进度付款、竣工付款和最终结清等付款证书中，承包商应得到的已完成工程量的金额。此项金额应不包括价格调整、不计质量保证金的扣留和支付、预付款的支付和扣回。变更及其他金额已按现行价格计价的，也不计在内；

a_0——固定系数，代表合同支付中不能调整的部分；

a_1、$a_2 \cdots a_n$ ——代表有关各项费用(如：人工费用、钢材费用、水泥费用、运输费等)在合同总价中所占的比重；$a_0 + a_1 + a_2 + \cdots + a_n = 1$

A_{1-0}、A_{2-0}、$A_{3-0} \cdots A_{n-0}$ ——投标截止日期前 28 天与对应的各项费用的基期价格指数或价格；

A_{1-1}、A_{2-1}、$A_{3-1} \cdots A_{n-1}$ ——对应的各项费用的现行价格指数或价格。

在运用这一价格调整公式进行工程价格差额调整中，应注意以下三点：

①暂时确定调整差额。在计算调整差额时得不到现行价格指数的，可暂用上一次价格指数计算，并在以后的付款中再按实际价格指数进行调整。

②权重的调整。按变更范围和内容所约定的变更，导致原定合同中的权重不合理时，由监理人与承包商和业主协商后进行调整。

③承包商工期延误后的价格调整。由于承包商原因未在约定的工期内竣工的，则对原约定竣工日期后继续施工的工程，在使用价格调整公式时，应采用原约定竣工日期与实际竣工日期的两个价格指数中较低的一个作为现行价格指数。

【例 5-2】 广东某城市某土建工程，合同规定结算款为 100 万元，合同原始报价日期为 2017 年 3 月，工程于 2018 年 2 月建成交付使用。根据表 5.8 中所列工程人工费、材料费构成比例以及有关价格指数，计算需调整的价格差额。

表 5-8　　工程人工费、材料构成比例及有关造价指数

项目	人工费	钢材	水泥	集料	一级红砖	砂	木材	不调比例
比例/%	45	11	11	5	6	3	4	15
2017.3 指数	100	100.8	102.0	93.6	100.2	95.4	93.4	
2018.2 指数	110.1	98.0	112.9	95.9	98.9	91.1	117.9	

解：需调整的价格差额 $= \Delta P = P_0\left(a_0 + a_1 \frac{A_{1-1}}{A_{1-0}} + a_2 \frac{A_{2-1}}{A_{2-0}} + \cdots + a_n \frac{A_{n-1}}{A_{n-0}} - 1\right)$

$$= 100 \times \left(\begin{array}{l} 0.15 + 0.45 \times \frac{110.1}{100} + 0.11 \times \frac{98.0}{100.8} + 0.11 \times \frac{112.9}{102.0} + 0.05 \times \frac{95.9}{93.6} \\ + 0.06 \times \frac{98.9}{100.2} + 0.03 \times \frac{91.1}{95.4} + 0.04 \times \frac{117.9}{93.4} - 1 \end{array}\right)$$

$= 6.37$(万元)

总之，通过调整，2018 年 2 月实际结算的工程价款，比原始合同价应多结 6.37 万元。

(2)采用造价信息调整价格差额。

此方式适用于使用的材料品种较多，相对而言每种材料使用量较小的房屋建筑与装饰工程。

①人工单价发生变化时,发、承包双方应按省级或行业建设主管部门或其授权的工程造价管理机构发布的人工成本文件调整工程价款。

②材料价格变化超过省级或行业建设主管部门或其授权的工程造价管理机构规定的幅度时应当调整,承包商应在采购材料前就采购数量和新的材料单价报业主核对,确认用于本合同工程时,业主应确认采购材料的数量和单价。业主在收到承包商报送的确认资料后 3 个工作日内不予答复的视为已经认可,作为调整工程价款的依据。如果承包商未报经业主核对即自行采购材料,再报业主确认调整工程价款的,如业主不同意,则不做调整。

③施工机械台班单价或施工机械使用费发生变化超过省级或行业建设主管部门或其授权的工程造价管理机构规定的范围时,按其规定进行调整。

5.法律、政策变化引起的价格调整

在基准日后,因法律、政策变化导致承包商在合同履行中所需要的工程费用发生增减时,监理人应根据法律、国家或省、自治区、直辖市有关部门的规定,商定或确定需调整的合同价款。

二、工程价款调整的程序

工程价款调整报告应由受益方在合同约定时间内向合同的另一方提出,经对方确认后调整合同价款。受益方未在合同约定时间内提出工程价款调整报告的,视为不涉及合同价款的调整。当合同未作约定时,可按下列规定办理:

(1)调整因素确定后 14 天内,由受益方向对方递交调整工程价款报告。受益方在 14 天内未递交调整工程价款报告的,视为不调整工程价款。

(2)收到调整工程价款报告的一方应在收到之日起 14 天内予以确认或提出协商意见,如在 14 天内未作确认也未提出协商意见时,视为调整工程价款报告已被确认。

经发、承包双方确定调整的工程价款,作为追加(减)合同价款,与工程进度款同期支付。

案例一

【背景】

某海滨城市为发展旅游业,经批准兴建一座三星级大酒店,该项目以大酒店(甲方)与某市某建筑工程公司(乙方)、日本某装饰工程公司(丙方)分别签订了主体建筑工程合同和装饰工程承包合同。合同于 2014 年 10 月 10 日正式签订。

大酒店(甲方)与建筑工程公司(乙方)签订的合同约定 2014 年 11 月 10 日正式开工,竣工日期为 2016 年 5 月 1 日。因主体工程与装饰工程作为两个独立的工程分别由两个承包商承建,为保证工期,当事人约定:主体与装饰施工采取立体交叉作业,即主体完成一层,装饰工程承包者立即进入装饰作业。为保证装饰工程达到三星级水平,业主委托香港飞龙咨询公司实施装饰工程监理。

工程施工过程中,甲方要求乙方将竣工日期提前至 2016 年 3 月 8 日,双方协商修订施工方案后达成协议。大酒店于 2016 年 3 月 10 日剪彩开业。

【事件发生】

2019年8月1日，原告(合同乙方)诉称：被告(合同甲方)于2016年3月8日签发了竣工验收报告，酒店已开张营业，至今已达两年有余，但在结算工程款时制造事端，本应付工程总价款1 600万元人民币，但只付1 400万元人民币。特请求法庭判决被告支付200万元人民币及拖期的利息。

2019年10月10日庭审中，被告答称：原告主体施工质量有问题，如大堂、电梯间门洞、大厅墙面、游泳池等主体施工质量不合格。因此，日本装饰工程公司进行返工，并提出索赔，经监理工程师签字报业主代表认可，共支付20万美元，折合人民币125万元。此项费用应由原告承担。另还有其他质量问题，并造成客房、机房设备、设施损失计人民币76万元。共计损失200万元人民币，应从总工程款中扣除，故支付主体工程款总额为1 400万元人民币。

【案例分析】

原告辩称：被告称工程主体不合格不属实，并向法庭呈交了业主及有关方面签字的合格竣工验收报告及业主致乙方的感谢信等证据。

被告又辩称：竣工验收报告及感谢信，是在原法定代表宴请我方时，提出为了企业晋级请我方高抬贵手的情况下，我方代表才签的字。此外，被告代理人又向法庭呈交业主被日本立成装饰工程公司提出的索赔20万美元(经监理工程师和业主代表签字)的清单56件。

原告再辩称：被告代表发言纯属戏言，怎能以签署竣工验收报告为儿戏，请求法庭以文字为证。又指出：被告委托的监理工程师监理的装饰合同，支付给日本立成装饰公司的费用凭单，并无我方(兴城建筑工程公司)代表的签字认可，因此不承担责任。

原告最后请求法庭关注：自签发竣工验收报告后，乙方向甲方多次以书面结算方式提出结算要求，在长达两年多时间里，甲方从未向乙方提出过工程质量问题。

【问题】

(1)原、被告之间的合同是否有效?

(2)主体施工质量不合格时，业主应采用哪些正当措施?

(3)装饰合同中的索赔，是否对承包商具有约束力? 怎样才能具有约束力?

(4)该项工程竣工结算中，甲方从未向乙方提出质量问题。直至乙方于2009年8月1日，向人民法院提出起诉后，甲方在答辩状中才提出质量问题。对此应否依法保护?

【答案】

(1)原、被告之间签订的主体施工合同合法有效。

(2)主体施工质量不合格时，业主在验收时应即时要求主体工程承包商返工，而不应由装修工程承包商返工。

(3)装饰合同中的索赔，对主体工程承包商不具有约束力，因为所谓的主体工程不合格未经主体工程承包商签字认可。如果要求主体承包商承担责任，首先应向主体承包商提出返工。若主体承包商不进行返工处理，可由装饰工程承包商实施补救，再经主体工程承包商签字认可，方可进行转索赔，即对主体工程承包商具有约束力。

(4)《中华人民共和国民法典》规定，普通诉讼时效为两年。该合同纠纷中，甲方在竣工验收后两年中，从未向乙方提出质量问题，直至乙方因结算工程款问题向法院提起起诉时，甲方在答辩中方才提出质量问题。因此，诉讼时效已过，法律规定不予保护其实体权利。

案例二

【背景】

在一房地产开发项目中，业主提供了地质勘察报告，证明地下土质很好。承包商的施工方案，即用挖方的余土作为通往住宅区道路基础的填方材料。由于基础开挖施工时正值雨季，开挖后土方潮湿且易碎，不符合道路填筑要求。承包商不得不将余土外运，另外取土作道路填方材料。对此承包商提出索赔要求。工程师否定了该索赔要求，理由是填方的取土作为承包商的施工方案，它是因受到气候条件影响而改变的，不能提出索赔要求。

【案例分析】

问题分析：在本案例中即使没有下雨，而因业主提供的地质报告有误，地下土质过差不能用于填方，承包商也不能因为另外取土而提出索赔要求。

合同分析：(1)合同规定承包商对业主提供的水文地质资料的理解负责。而地下土质可用于填方，这是承包商对地质报告的理解，应由其负责。(2)取土填方作为承包商的施工方案，也应由其负责。

在线自测

学习情境五　合同中的管理工作

参考文献

[1]王平.工程招标投标与合同管理(第2版)[M].北京:清华大学出版社,2020.

[2]朱晓轩.工程项目招标投标与合同管理(第2版)[M].北京:电子工业出版社,2017.

[3]宋春岩. 建设工程招标投标与合同管理(第4版).北京:北京大学出版社,2018.